設計技術シリーズ

# EMC
*Electro Magnetic Compatibility*

# 原理と技術

## 製品設計とノイズ／EMCへの知見

**監修** 東北大学名誉教授 **髙木 相**

科学情報出版株式会社

# 目　　次

序文
## I. 総論
I-1　測定の科学とEMI/EMC
　EMI / EMC ... 3
　　1．測定は科学の基礎 ... 4
　　2．測定標準 ... 4
　　3．EMI / EMC測定量 ... 5
　　4．EMI / EMC測定の特殊性 ... 7
　　5．EMI / EMCの標準測定の問題 ... 11
　　6．おわりに ... 14

## II. 線路
II-1　電磁気と回路とEMC ―コモン・モード電流の発生―
　　1．はじめに ... 17
　　2．信号の伝送 ... 18
　　3．コモン・モード伝送 ... 19
　　4．大地上の結合線路 ... 20
　　5．結合2本線路 ... 23
　　6．各種の給電方法とモード電圧 ... 25
　　7．結び ... 31
II-2　線路とEMI/EMC（I）線路と電磁界
　　1．線路が作る電磁界 ... 35
　　2．結合2本線路 ... 43
II-3　線路とEMI/EMC（II）中波放送波の線路への電磁界結合を例に
　　1．はじめに ... 49
　　2．誘導電圧の計算方法 ... 50
　　3．計算値と測定値の比較 ... 55
　　4．計算結果から推定される誘導機構の特徴 ... 59

  5．誘導電圧推定のための実験式 ............................................................ *62*
  6．誘導電圧特性の把握による伝導ノイズ印加試験方法への反映 ............. *65*
  7．おわりに ............................................................................................ *67*
II-4 線路とEMI/EMC（III）線路と雷サージ
   雷放電によるケーブルへの誘導機構とその特性
  1．まえがき ............................................................................................ *69*
  2．雷放電による障害 .............................................................................. *69*
  3．雷サージを考えるための基礎的事項 ................................................. *71*
  4．誘導雷サージの計算方法 ................................................................... *76*
  5．むすび ............................................................................................... *94*

## III. プリント配線板

### III-1 プリント配線板の電気的特性の測定
  1．プリント配線板 .................................................................................. *99*
  2．プリント配線板の伝送特性の簡易測定 ............................................ *110*
  3．反射およびクロストークの測定とシミュレーションとの比較 ......... *116*
  4．おわりに .......................................................................................... *119*

### III-2 プリント配線板とEMC
  1．はじめに .......................................................................................... *121*
  2．プリント回路基板の機能設計とEMC設計 ...................................... *123*
  3．信号系のEMC設計：コモンモードの発生の制御 ........................... *125*
  4．バイパスとデカップリング ............................................................. *138*
  5．多層PCBの電源・GND系の設計 ................................................... *144*
  6．まとめ ............................................................................................. *148*

## IV. 放電（電気接点と静電気）

### IV-1 誘導性負荷接点回路の放電波形
  1．はじめに .......................................................................................... *153*
  2．接点間隔と放電の条件 ..................................................................... *154*
  3．接点間放電ノイズ発生の基本原理と波形 ........................................ *155*

4．接点表面形状の変化および接点の動作速度と放電波形の関係 ............ *165*
    5．おわりに ............ *175*
IV-2　電気接点放電からの放射電磁波
    1．まえがき ............ *177*
    2．回路電流と放電モードとの関係 ............ *177*
    3．放射雑音 ............ *179*
    4．誘導雑音 ............ *187*
    5．むすび ............ *192*
IV-3　電気接点の放電周波数スペクトル
    1．まえがき ............ *195*
    2．スイッチ開離時 ............ *196*
    3．スイッチ閉成時 ............ *199*
    4．まとめ ............ *204*
IV-4　電気接点の放電ノイズと接点表面
    1．はじめに ............ *207*
    2．電気接点のアーク放電による電磁ノイズと電極表面変化 ............ *208*
    3．散発的バーストノイズと電気接点表面変化との関連性 ............ *211*
    4．散発的バーストノイズ発生の抑制 ............ *217*
    5．まとめ ............ *219*
IV-5　電気接点アーク放電ノイズと複合ノイズ発生器
    1．まえがき ............ *221*
    2．電気接点開離時のアーク放電と誘導ノイズ ............ *223*
    3．誘導雑音の定量的な計測の方法 ............ *224*
    4．開離時アーク放電中のノイズの統計的性質の計測例 ............ *232*
    5．ノイズ波形のシミュレータ（CNG）とその応用 ............ *236*
    6．あとがき ............ *241*
IV-6　静電気放電の発生電磁界とそれが引き起こす特異現象
    1．はじめに ............ *243*
    2．ESD現象を捉える ............ *244*
    3．界の特異性を調べる ............ *246*

  4．界レベルを予測する ..................................................................................... *248*

  5．おわりに ........................................................................................................... *252*

## V. 電波

### V-1 電波の放射メカニズム

  1．まえがき ........................................................................................................... *257*

  2．電波の放射源 ................................................................................................... *257*

  3．等価定理 ........................................................................................................... *260*

  4．放射しやすい条件 ........................................................................................... *262*

  5．むすび ............................................................................................................... *266*

### V-2 アンテナ係数とEMI測定

  1．電磁界測定におけるアンテナの特性 ........................................................... *269*

  2．アンテナ特性の測定法 ................................................................................... *272*

  3．EMI測定とアンテナの特性 ........................................................................... *273*

### V-3 EMI測定と測定サイトの特性評価法

  1．電磁妨害波の測定法 ....................................................................................... *277*

  2．伝導妨害波の測定法と測定環境 ................................................................... *278*

  3．放射妨害波の測定法と測定サイト（30 MHz～1000 MHz） ................... *279*

  4．1 GHz～18 GHz用測定サイトの特性評価法 ............................................. *286*

### V-4 低周波からミリ波までの電磁遮蔽技術

  1．はじめに ........................................................................................................... *291*

  2．電磁遮蔽材の種類と特性 ............................................................................... *292*

  3．遮蔽材の使用に関する2、3の注意点 ....................................................... *294*

  4．遮蔽材、遮蔽手法の紹介 ............................................................................... *298*

  5．おわりに ........................................................................................................... *306*

### V-5 電磁界分布の測定

  1．序 ....................................................................................................................... *307*

  2．強度分布 ........................................................................................................... *307*

  3．瞬時分布 ........................................................................................................... *315*

  4．むすび ............................................................................................................... *319*

V-6 電波散乱・吸収とEMI/EMC
電波吸収材とその設計と測定（I）
- 1．はじめに ................................................................................................ 321
- 2．概要 ........................................................................................................ 321
- 3．設計法 .................................................................................................... 323
- 4．評価法 .................................................................................................... 329
- 5．各種電波吸収体 .................................................................................... 334
- 6．おわりに ................................................................................................ 344

電波吸収材とその設計と測定（II）―磁性電波吸収体―
- 1．はじめに ................................................................................................ 349
- 2．電波吸収体の分類 ................................................................................ 349
- 3．磁性電波吸収体の構成原理 ................................................................ 350
- 4．フェライトの複素透磁率 .................................................................... 354
- 5．整合条件 ................................................................................................ 358
- 6．電波吸収材としてのフェライト ........................................................ 361
- 7．むすび .................................................................................................... 363

電波無響室とEMI/EMC
- 1．まえがき ................................................................................................ 365
- 2．今までの電波吸収体 ............................................................................ 366
- 3．発泡フェライト電波吸収体 ................................................................ 367
- 4．ピラミッドフェライト電波吸収体と
   それを用いた電波無響室の特性 ........................................................ 368
- 5．ピラミッドフェライト電波吸収体を用いた
   既設簡易電波無響室のリフォーム .................................................... 372
- 6．まとめ .................................................................................................... 374

# VI. 生体とEMC
## VI-1 生体と電波
- 1．まえがき ................................................................................................ 379

2．電磁波のバイオエフェクト ..................................................... *379*
　　3．電波の発熱作用と安全基準 ..................................................... *380*
　　4．携帯電話に対するドシメトリ ................................................. *384*
　　5．むすび ............................................................................. *389*
VI-2　ハイパーサーミア
　　1．まえがき ......................................................................... *393*
　　2．温熱療法の作用機序 ............................................................ *394*
　　3．加熱原理と主なアプリケータ ................................................. *399*
　　4．温度計測法 ...................................................................... *411*
　　5．むすび ............................................................................. *412*
VI-3　高周波電磁界の生体安全性研究の最新動向（I）疫学研究
　　1．はじめに ......................................................................... *415*
　　2．インターフォン研究 ............................................................ *416*
　　3．聴神経腫に関する研究 ......................................................... *416*
　　4．脳腫瘍（神経膠腫、髄膜腫）に関する研究 .............................. *417*
　　5．曝露評価 ......................................................................... *419*
　　6．選択バイアス ..................................................................... *420*
　　7．インターフォン研究以外の研究 .............................................. *421*
　　8．むすび ............................................................................. *422*
VI-4　高周波電磁界の生体安全性研究の最新動向（II）実験研究
　　1．はじめに ......................................................................... *425*
　　2．ボランティア被験者による研究 .............................................. *425*
　　3．動物実験 ......................................................................... *427*
　　4．細胞実験 ......................................................................... *429*
　　5．むすび ............................................................................. *433*

# EMC 原理と技術
## EMI/EMC測定の電磁気と回路

監修：東北大学名誉教授　髙木　相

## 執筆者一覧

序文
### I. 総論
I-1　測定の科学とEMI/EMC

東北大学　　　　　　　　髙木　相

### II. 線路
II-1　電磁気と回路とEMC ―コモン・モード電流の発生―

名古屋工業大学　　　　　池田　哲夫

II-2　線路とEMI/EMC（I）線路と電磁界

電気通信大学　　　　　　上　芳夫

II-3　線路とEMI/EMC（II）中波放送波の線路への電磁界結合を例に

九州東海大学　　　　　　井出口　健

II-4　線路とEMI/EMC（III）線路と雷サージ
　　　雷放電によるケーブルへの誘導機構とその特性

熊本高等専門学校　　　　古賀　広昭

### III. プリント配線板
III-1　プリント配線板の電気的特性の測定

拓殖大学　　　　　　　　澁谷　昇

III-2　プリント配線板とEMC

京都大学　　　　　　　　和田　修己

## IV. 放電（電気接点と静電気）

- IV-1 誘導性負荷接点回路の放電波形
  - サレジオ工業高等専門学校　仁田　周一
- IV-2 電気接点放電からの放射電磁波
  - 熊本大学　内村　圭一
- IV-3 電気接点の放電周波数スペクトル
  - 東北学院大学　嶺岸　茂樹
  - 八戸工業大学　川又　憲
- IV-4 電気接点の放電ノイズと接点表面
  - 大阪大学　江原　康生
  - 東北大学　曽根　秀昭
- IV-5 電気接点アーク放電ノイズと複合ノイズ発生器
  - 秋田大学　井上　浩
- IV-6 静電気放電の発生電磁界とそれが引き起こす特異現象
  - 名古屋工業大学　藤原　修

## V. 電波

- V-1 電波の放射メカニズム
  - 東北大学　澤谷　邦男
- V-2 アンテナ係数とEMI測定
  - 電気通信大学　岩崎　俊
- V-3 EMI測定と測定サイトの特性評価法
  - 財団法人 テレコムエンジニアリングセンター　杉浦　行
- V-4 低周波からミリ波までの電磁遮蔽技術
  - 兵庫県立大学　畠山　賢一
- V-5 電磁界分布の測定
  - 東北学院大学　越後　宏
- V-6 電波散乱・吸収とEMI/EMC
  - ◇電波吸収材とその設計と測定 (I)
    - 青山学院大学　橋本　修

◇電波吸収材とその設計と測定（II）　—磁性電波吸収体—
　　　　　　　　　　　　　　東海大学　　　　　　　　小塚　洋司
◇電波無響室とEMI/EMC
　　　　　　　　　　　　　　東京都市大学　　　　　　徳田　正満
　　　　　　　　　　　日本イーティーエス・リンドグレン（株）　島田　一夫

## VI.　生体とEMC

### VI-1　生体と電波
　　　　　　　　　　　　　　名古屋工業大学　　　　　王　　建青
　　　　　　　　　　　　　　名古屋工業大学　　　　　藤原　　修
### VI-2　ハイパーサーミア
　　　　　　　　　　　　　　東海大学　　　　　　　　小塚　洋司
### VI-3　高周波電磁界の生体安全性研究の最新動向（I）疫学研究
　　　　　　　　　　　　　　首都大学東京　　　　　　多氣　昌生
### VI-4　高周波電磁界の生体安全性研究の最新動向（II）実験研究
　　　　　　　　　　　　　　首都大学東京　　　　　　多氣　昌生

# 序　文

　EMCが電磁気学応用技術の人間社会的適正利用を計る科学技術であるという意味において、EMCは社会科学の一分野といえる。現代社会に電磁気学応用技術は不可欠であるから、安定で平和な社会を実現するための科学的技術的追求はすなわちEMC（環境電磁工学）の追求に他ならない。考えてみればEMCほど漠然とした科学技術分野はない。EMCのすべてを語ることができる者は皆無と言ってよかろう。しからば、EMCの原点をどこに求めるべきか。本書は、"電磁気学と電気回路学の統一的観点にEMCの原点を求める"、という観点からアレンジされた。

　EMCの研究は電気工学者によってなされなければならない、というのは当然のことであろう。しかし残念ながら、電気工学者だけでは、環境アセスメントから近代人間社会の技術的構造のあり方までにわたるEMC全般をカバーすることはできない。EMCの根源を探れば、当然のことながらここまでをカバーする新しい哲学を構築しなければ本物のEMCは語れない。将来この視点からEMCを総括する書物ができることを期待したい。しかし、工学的な側面から見れば、EMCの中枢に電磁気学と回路学があることを否定することはできない。

　「原理の追求とその応用」が科学技術の原点である。そして、科学の原点をさらに追求すれば、そこに「測定」という評価概念にたどり着く。その神髄には基礎となる物理と理論がある。そしてそこには、"新しい"とか"古い"という概念は存在せず真理があるだけである。EMCは工学的には電気と磁気と回路の応用技術とその評価技術であるということができるから、電磁気的回路学的EMCという立場からEMCの原点を探ったのが本書であるといってよかろう。我が国第一線のEMC研究者の長年の研究成果の一つの側面を取りまとめたのが本書である。

　各著者の記事は平成12年から電磁環境工学情報EMC（ミマツコーポレーション）に連載的に掲載されたものをアレンジしたものである。執筆者各位並びにミマツコーポレーション松塚晃佑社長ほか関係者各位に厚く御礼申し上げる。

　　　　　　　　　　　　　　　　　　　　　　　　　　　　高木　相

# I. 総論

# I-1　測定の科学とEMI/EMC

東北大学　髙木　相

## EMI / EMC

　まずEMCから説明しよう。EMCはElectromagnetic Compatibilityの略である。学会では「環境電磁工学」といわれている。直訳すれば、"電磁気学的両立性"である。なぜこの分野が重要になってきたかを具体的に説明しよう。EMCはアメリカで生まれた。コンピュータが実用化され、国防のすべての分野にコンピュータが導入されたが、特に、国中に張り巡らされたレーダーを系統的に制御する段になって、EMCが問題になったといわれる。つまり、コンピュータからの制御信号がレーダーの強力な電波によって、妨害され、レーダー網が機能しなくなるという事例が頻発したということである。これは国防上重大問題であることから、それぞれのシステムが互いに干渉しないようにするにはどのようにすればよいかが、焦眉の課題となったのである。

　EMIはElectromagnetic Interferenceの略である。日本語でいえば"電磁干渉"である。後に、EMC問題として、電磁界の生体効果（安全性）問題が議論されるようになったので、上記のような「電磁干渉問題」をEMI / EMCと表記するようになった。

　現代はエレクトロニクス・通信・情報の時代である。情報があらゆる妨害を克服して、的確に相手に届くことが必要である。妨害は電磁気的妨害だけではないが、EMI / EMCは電磁気的妨害波（ノイズ）からいかに情報を守るかという、比較的新しい科学技術分野である。

## 1．測定は科学の基礎

　EMI / EMCの測定に特別なものがあるわけではない。"測定"という概念はすべての科学に共通のものである。科学は人文、社会、自然の3分野に大別される。それぞれの分野で"測定"の内容が異なる。"測定"という概念は理工分野だけではないが、人文、社会の分野ではまだ測定可能な部分が少ない。しかし、コンピュータの利用が進むにつれて、これらの分野もデータベース化され、マクロ的な意味では、測定すなわち量的表現と数値的処理が可能となりつつある。

　さて、「測定」とは、"もの"を定量化し、数値として表わすことである。当然のことながら、ここでいう"もの"は、人間が量として関心の高いものである。古代では食糧という"もの"が最も重要であったに違いない。食糧の多少、つまり、重さ、大きさなどが量として比較され、その大小が最も重要であったであろう（これは今でも同じであるが）。これらをいかに正確に判断するかが、この時代の測定の科学である。測定には常に比較の概念が存在する。近代科学はこの比較の核となるものを求め続けてきた。この核となるものこそが「標準」と呼ばれるものである。

## 2．測定標準

　19世紀に入ってからの自然科学の発展は著しい。この発展、つまり電気と磁気の関係の発見、電圧と電流の関係すなわちオームの法則などの法則の発見、X線や放射線の発見、電子から原子構造などのいわゆる量子力学の発展を経て、半導体・光エレクトロニクスの時代に入り、現在の我々はコンピュータと通信の時代、つまり情報時代に生きている。

　このような発展の底辺に、全く目立たないところで、測定標準の維持と進展に係わる努力が営々として続けられている。そしてその成果は、これをベースとした世界共通の「単位」に結び付けられている。現在の国際標準（国際単位系SI）はこれまでの人類が到達した科学技術の普遍的な成果に立脚している。

　表1には7個の基本単位と2個の補助単位が示してある。ここに示す基本単位と補助単位で現在知られているすべての量はこれらの合成で表わされるのである。

## 3．EMI / EMC測定量

表1でEMC測定に最も関係の深い単位といえば電流（[A]）である。電気量はこれ以外には直接的には出てこない。EMC測定では電磁界の測定が最も重要である。電磁界とは電界と磁界のことである。単位系でいえば、

$$電界（電界強度 \quad E) = \left[\frac{V}{m}\right] \quad \cdots\cdots(1)$$

$$磁界（磁界強度 \quad H) = \left[\frac{A}{m}\right] \quad \cdots\cdots(2)$$

である。式(1)、式(2)それぞれは空間に存在する電気と磁気の量である。周波数が0の場合（直流の場合）は電界は静電気であり、磁界は永久磁石のそれである。

さて、表1には電流（アンペア：[A]）が定義されており、長さ（メートル：[m]）も定義されている。だから、式(2)の磁界は空間1メートル当たりの電流である、ということを意味している。つまり、磁界は電流によって生じるという物理現象の量的表現である。理解を助けるために、図1に電界と磁界

〔表1〕国際単位系SI

| | 量 | 名称 | 記号 |
|---|---|---|---|
| 基本単位 | 長さ | メートル | m |
| | 質量 | キログラム | kg |
| | 時間 | 秒 | s |
| | 電流 | アンペア | A |
| | 温度 | ケルビン | K |
| | 物質量 | モル | mol |
| | 光度 | カンデラ | cd |
| 補助単位 | 角度 | ラジアン | rad |
| | 立体角 | ステラジアン | sr |

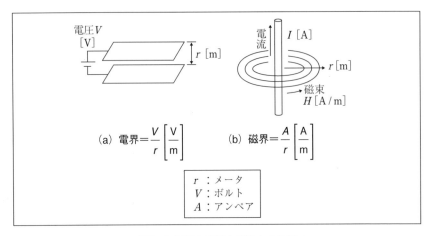

〔図1〕電界と磁界と単位との関係

と単位との関係を示した。
　ところで、式(1)には電圧が出ている。これは表1には定義されていない。オームの法則では、

$$V = IR \quad [\text{V}] \tag{3}$$

で電圧が求まる。$V$は電圧[ボルト]、$I$は電流[アンペア]、$R$は抵抗[オーム]である。この関係から、電圧$V$が電流$I$から導出できる。しかし現在では、実際は電圧[V]は電圧標準（ジョセフソン素子）が使用できるようになったので、式(3)から導出する不便さはなくなった。しかし、表1の国際単位系SIの定義はまだ変更されてはいない。詳しくは、電磁気測定関係の教科書を参照されたい。
　EMI / EMC測定が、基本的には、式(1)、式(2)の電界と磁界の測定であるから、一見簡単にみえる。しかし、現実は簡単ではないのである。それゆえに、本稿から始めて、相当長い間、それぞれの専門家に執筆していただくこととなったのである。

## 4．EMI / EMC測定の特殊性

　EMC問題を測定の立場からみると、それは電磁気測定の問題に帰せられる。もちろん、電磁気学を理解するのに、電気回路学は不可欠であるから、EMI / EMC測定の科学は電磁気と回路を測定の立場から科学することに尽きる。
　EMI / EMC測定が旧来の電磁気・回路測定と異なる点がいくつかある。ここでこのことを述べる。

### 4－1　旧来の電磁気・回路測定

　電磁気と回路の測定法は、現在どの教科書にも書かれており、大学では学生実験で教育され、そして、現在のほとんどすべての生産現場、研究業務において行われているものである。体系化されたこの測定法は、被測定対象の性質を系統的に調べる、いわゆる系統測定法である。
　系統測定法の体系化はおよそ次のように行われる。
(1) 項目別測定法
　　電圧測定法、電流測定法、というように測定対象別に測定法が記述される。
(2) 特性別測定法
　　電圧―電流特性、周波数特性、増幅特性、というように、知りたい特性を取り上げて個々に測定法が記述される。
(3) 基本回路、個々の測定器・装置の原理的説明がなされる。

### 4－2　EMI / EMC測定

　上述のような旧来の測定法はもちろんEMI / EMC測定の基本である。しかし、EMC問題の定量化には、旧来の測定法では不足するものが出てきた。これは、EMC問題が情報通信というシステムの性能評価に直接関係するためである。ここに、旧来の測定法に追加すべき要素概念として、
　①ランダム信号の評価
　②デジタル信号の評価
の2つを挙げなければならない。

### 4－2－1　ランダム信号の評価
◇ランダム信号（ノイズ）
　図2(a)のような、一見捕らえどころのないような波形がEMI / EMC測定では

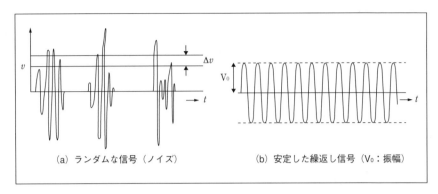

(a) ランダムな信号（ノイズ）　　(b) 安定した繰返し信号（$V_0$：振幅）

〔図2〕ランダム信号と安定した繰り返し信号

大事なのである。旧来の測定は、図2(b)のような安定した繰り返し信号が主として教科書に出ているが、今我々が必要とする測定は図2(a)のような、むしろ系統性のない信号の性質を客観的に捕らえることが求められているのである。このような系統性のない信号は一般にノイズと呼ばれ、情報・通信機器やコンピュータの動作を妨害するいわゆる妨害波となる。この意味で、EMI／EMC問題はノイズとその影響の問題であるといえる。

◇ノイズの評価

つまり、図2(a)のような、系統性のない信号は邪魔になるだけで、役に立たないものである。しかしこのようなノイズは常に存在し、有効な情報を担う信号の邪魔をするから、我々としては、このようなノイズがどの程度邪魔をするのかを知らなければ、安定して情報信号を送信したり、受信したりすることができない。そこで、大変面倒であるが、このようなノイズを定量化して、理論的に数量的に扱えるようにしなければならない。このような、系統性のない信号波は確率的、統計的に取り扱わざるを得ないのである。

しかし、通信工学として考えてみると、元来通信工学はノイズとの戦いであったし、それがずっと継続していたのであるが、最近まで、半導体の進歩やコンピュータの進歩に気を取られて、忘れられた存在になっていただけなのである。

図2(a)のようなランダムな波形を定量化するのに、新しい概念を導入する必要はない。従来からある確率統計量をあてはめればよいだけのことである。

ここで当面必要な確率統計量は、

a) 振幅確率分布（APD：Amplitude Probability Distribution）－図2(a)で、振幅$v$が、$v+\Delta v$の間にどれだけの密度で存在しているかという値。
b) 平均周波数（Frequency, ACR：Average Crossing Rate）－ノイズの周波数はやはりランダムであるが、観測している時間内の平均的周波数をいう。
c) 発生頻度（Noise Occurrence Frequency）－パルス的ノイズは時間的にランダムに発生する。これがどのような確率統計量で与えられるかという問題。

この他にも確率統計量はたくさんある。しかし、あまり中身に入りすぎると、EMC問題から離れてしまうので、当面これで十分である。

4－2－2　デジタル信号の評価

(1) デジタル信号

　現在の情報通信信号は、すべてデジタル信号である。現在の情報社会はデジタル技術によって支えられている。デジタルの時代になっても、電磁気・回路測定の基本は変わらない。しかし、信号の形態が変われば、測定技術も、基礎的原理の運用も変わるのは当然である。旧来の信号はアナログ信号であった。そしてその信号はほとんど音声電話信号であった。しかし、デジタル信号技術が発達するにつれて、我々が欲するすべてのものが、デジタル信号として伝送できるようになった。すでに音声電話は回線のほとんどの部分はデジタル化され、テレビもデジタル時代に入った。デジタル信号で送られる情報量はビット（bit）という単位で計られる。ビット信号（符号）は0と1を組み合わせた符号列で作られる。ある時点でパルスがあれば"1"を、なければ"0"を表わす（図3参照）。

　さて、アナログ信号は、波形そのものに情報が乗っている。古くからよく知られているように、音声信号は、その周波数スペクトルに情報が乗っているのであるが、これをデジタル化すれば、情報は波形（符号列）に情報が乗ることになるところが、音声通信としては大きく旧来と異なるところである。このために、音声信号も画像信号も全く区別することなく取り扱うことができるようになった。つまり、マルチメディアの時代がきたのである。

(2) デジタル信号の評価

　デジタル信号はノイズによって誤りを起こす。よって、デジタル信号の評価

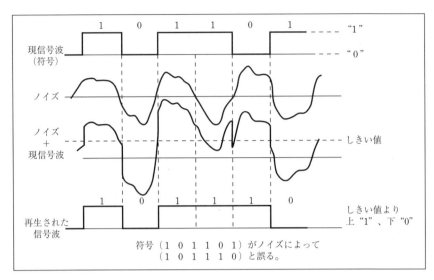

〔図3〕ノイズによるデジタル符号誤り

は容易である。つまり伝送品質の点からいえば、

◇デジタル信号は単位時間に何ビット誤るかによって評価できる。これを符号誤り率（Bit Error Rate; BER）という。

　これはアナログ信号のノイズによる品質劣化をSN比（信号とノイズの電力比）で評価するのに対応している。

　もうひとつのデジタル信号の評価は伝送速度である。すなわち、

◇一本の伝送路（1チャネル）で毎秒何ビットの情報符号が伝送できるかということである。これを表わすのにbps（bits per second）という単位が用いられ、これをビットレートという。

　符号誤りは情報通信チャネルに混入する妨害波（ノイズ）によって起こる。そして、これは高速通信になればなるほど（ビットレートが大きくなればなるほど）起こりやすくなる。高速通信になればなるほど、符号ビットを伝送するためのエネルギーが小さくなるからである。図3にノイズによるデジタル信号（符号）が誤る様子を概念的に示す。

4—3　EMI／EMC測定の特長

　アナログ信号の時代の諸技術に加えて、デジタル時代で考えなければならな

い最も大切なことは、ランダム性である。ランダム性はアナログ時代の系統的測定法ではほとんど問題にされなかったが、デジタル時代のEMI / EMC測定ではこのことが大きくかぶさってくる。測定に用いる測定装置は旧来の装置がまだ主体であるのが現状である。少しずつ現代的EMI / EMC測定装置が開発されてきているが、まだ不十分で、国際的に通用する装置は相当先のことであろう。旧来の測定装置は単一周波数の測定用が多く用いられているが、EMI / EMC測定では、測定すべき周波数範囲は極めて広い。つまり、非系統的現象を系統的に測定する技術を確立することが必要となっているのである。

## 5．EMI / EMCの標準測定の問題
### 5-1　測定標準とトレーサビリティ

　表1に国際単位系（SI）を示した。これらの単位には明確で正確な標準が存在し、各国はこれを正確に維持して国家標準としている。そして、その国の国家標準は各国の標準とほんのわずかの誤差で一致している。我々が使用しているすべての測定器はこの国家標準に基づいており、常に国家標準と比較して校正できるように体系づけられている。これを国家標準とのトレーサビリティという。

　EMI / EMC測定についても当然国家標準とのトレーサビリティが成立しなければならない。しかし、EMC問題のような新しい科学の分野で、このトレーサビリティを得ることは極めて困難であり、これが達成できるのは遠い将来のように思われる。

　本文2で述べたように、表1に記した7個の基本単位と2個の補助単位で、現在の科学で知られているすべての量がこれらの合成、あるいは組み立てによって表わされる（例えば速度はm/sというように）。EMI / EMC測定についても、すべての量について、国家標準と原理的にはトレーサブルであるはずであるが、なぜこれが難しいのかについて述べよう。

### 5-2　電磁界の測定

　電磁界とは電界と磁界のことである。それぞれは式(1)、式(2)で書き表わされることを述べた。そして、表1に示した基本単位と補助単位ですべての量がそれらを組み立てて表現できることを述べた。我々はこれをディメンジ

ョンという。例えば速度のディメンジョンはメートル毎秒 [m/s] である。よって、速度を測定する測定器の出力（測定値）は国際標準とトレーサブルである。なぜかといえば、距離 [m] はあらかじめ測定しておいて、その後そこを通過する時間を時計で測定することができるからである。距離 [m] も時間 [s] も国際標準があり、各国はそれぞれ、国家標準として、同じ標準を持っているから、どこで測定しても誤差は極めて少ない。

では、電界〔式(1)〕、磁界〔式(2)〕も同じように、国家標準とトレーサブルであろうか。答えは「ノー」である。確かに、電界は [V/m] で表わされ、[m] も [V] も国家標準がある。また、磁界は [A/m] で表わされ、[A] はもちろん国家標準がある（実際は電圧 [V] から標準が維持されている）。しかるになぜ電界（電界強度）も磁界（磁界強度）も国家標準とトレーサブルではないのか。

速度の測定と電磁界の測定との大きい違いは、前者が距離 [m]、時間 [s] それぞれの測定器を別々に使って測定することができるのに対して、後者（電磁界）は基本単位に結びつけるためには、いわゆるセンサ（電磁界測定用アンテナ）を仲介しなければならないというところにある。つまり、[V/m] や [A/m] なる組み立て単位用の国家標準が必要であるということである。言い換えれば、電磁界測定用標準アンテナが必要である、ということである。

電界も磁界もアンテナと呼ばれる金属センサによって測定される。図4 (a) は電界センサのなかで最も基本的な型でダイポールアンテナと呼ばれるものである。(a)の場合は、アンテナが金属であるため、電気の場は乱されることとなる。電界を測定しようとすると、場が乱れるのは避けなければならないのは当然のことであるが、高周波電界の測定ではセンサとしてよいものがないので、やむを得ずこのようなアンテナを使っているのである。

(a)の場合、電界を$E$として、

$$e = EF \quad \quad (4)$$

なる関係から電圧$e$を測定して電界$E$を知るのである。ここに$F$はアンテナファクタと呼ばれるセンサに固有の定数である。

この場合、図4 (a)に示すように、電界がセンサ（アンテナ）によって乱さ

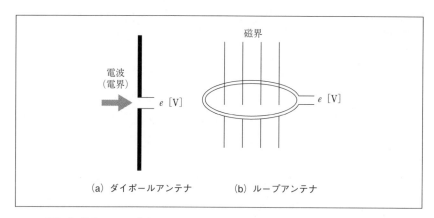

〔図4〕電界センサ（ダイポールアンテナ）と磁界センサ（ループアンテナ）

れるのをどのように考えたらよいかという問題が出てくる。しかし、現在そのような議論はまだなされていない。ダイポールアンテナは最も標準的なアンテナであるが、電界の乱れとアンテナファクタについての突っ込んだ議論はまだない。ここにアンテナ標準の難しさがあるのである。

図4(b)の磁界測定はやはり、磁界を$H$とすると、

$$e = KH \tag{5}$$

なる関係から電圧$e$を測定して磁界$H$を知ることになる。ここには$K$やはりアンテナファクタである。この場合は磁界の場を乱さず測定できるが、この型のセンサは同時に電界にも感度をもつので、標準アンテナとするのは困難である。

## 5—3 ランダム信号の測定

信号論の中で、ランダムなもの（ノイズ）はガウス性ノイズ以外には多く研究されていなかった。いわゆるEMCが重要分野として認識されるようになってから、非ガウス性ノイズが重要な研究課題であることが認識されるようになった。

ランダム性には
① ノイズ発生時間のランダム性
② 振幅のランダム性

の2つがある。

①はスイッチの切断から発生するノイズのように、発生時間がランダムなもので、②はノイズの大きさがその時その時でままちまちである、というものである。EMCでは時々衝撃的に（インパルス的に）くるノイズが問題になることが多く、理論構成も難しく、従って対策技術も難しい。特にデジタル信号は符号パルスであるから、インパルス的ノイズが問題になる。つまり、インパルス性ノイズの影響が大きいのである。

では、このようなインパルス的ノイズとデジタル符号の誤り率の関係はどのような測定技術によって把握できるのか。現在この答えはないのが現状である。

## 6．おわりに

情報通信の世界は、コンピュータ技術の発展とともに急激に変化しつつある。ラジオの時代のEMC問題は、スピーカの音にノイズが入るというのが、唯一の問題であった。現在もこの問題は片付いてはいない。現在の情報機器の種類は数え切れないほど多種類にわたっている。測定器も同様に進歩しているのであるが、しかし、EMCの立場からみると決して十分ではない。とくに、デジタル時代のEMC問題に適合する測定器は今から開発されなければならないものが多い。先に述べたランダムネス、時間領域信号（デジタル符号）がキーワードとなる時代になった現在、EMC測定技術は今から、研究開発されなければならないものばかり、といっても言い過ぎではないであろう。

# II. 線路

# II-1　電磁気と回路とEMC
## ―コモン・モード電流の発生―

名古屋工業大学　池田　哲夫

## 1. はじめに

　回路設計が正しいにもかかわらず、回路が正しい動作をしない、あるいは、時々設定されている動作以外の応答を示すことがある。この場合の原因のすべてがノイズではないが、主たる要因は描かれている回路が理想化されて解析、設計されているために、回路素子が現実のものと異なることに起因することが多い。例えば、コンデンサーは高い周波数では、インダクタンスまたは抵抗として動作する場合、あるいは温度特性によって異なった性質を示す場合や、素子の使用周波数以外の特性を考慮しなかった場合などである。

　さらに、配線図に示されていないアース回路の問題がある。基本的にアースで示されている部分は、同一電位であり、信号の帰路として利用されている。しかし、信号の迂回路として、あるいは迷路として存在する場合には、ノイズの原因となり得る。

　電気は電流として回路内部を流れるだけでなく、電界、磁界として近傍の素子と結合することが多く、この場合にはさらに複雑な振る舞いを示すことになる。

　ノイズの混入や放射の原因は、描かれている回路が不適当な場合も多いが、上記のように回路に描かれていない要因によることも多い。いずれにしても、電気の性質をきちんと把握することが、不測の事態が発生した場合に正確に原因を究明し、的確なる対策を行うことができることになるであろう。

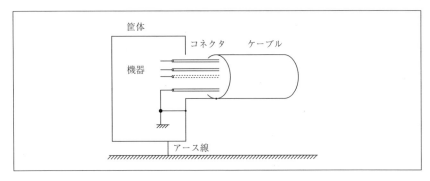

〔図1〕ケーブルと機器の接続

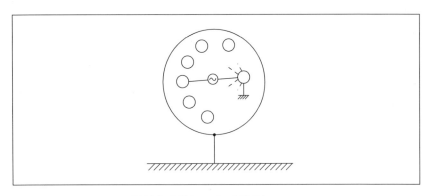

〔図2〕多対ケーブルの接続とアース

## 2．信号の伝送

　EMCの問題を論ずる場合には、考えている信号の帯域以外の周波数特性を論ずる必要がある。つまり、ノイズの周波数は直流から超高周波数にまで及んでいる。そのために、回路も集中定数としてではなく、分布定数として扱う必要がある。

　実効周波数が1GHzで動作しているマイクロ・プロセッサでは、集中定数と考えられる線路の長さは、1cm程度である。このように、回路配線長を短くなるように設計しても、回路の曲がりや不連続に起因する放射や、基板や筐体の共振による放射の可能性は避けられない。

　回路からの放射の要因としては、コモン・モード電流が考えられる。コモ

ン・モード電流の抑制には、電流帰路を明確にすると同時に、回路に不連続や迂回回路を作らないことが重要である。

## 3. コモン・モード伝送

　大地上の結合線路は、複数の伝送モード（姿態）が存在し、伝送線路が一様であれば、適当なモードはお互いに変換されることなく伝送される。このモードとして通常知られているものは、導波管の伝送モードであり、矩形導波管では、$TE_{01}$、$TE_{11}$、$TE_{12}$モードなどである。また、三相3線式の送電においては、正相、逆相、零相伝送として解析されている。

　大地上の結合線路では、いくつかのモード分解方法があるが、最も良く知られている分解方法は、導体を往路、帰路する伝送と導体のすべてを往路とし、大地を帰路とする伝送モードである。

　大地を帰路とするモードは、EMC分野ではコモン・モードと呼ばれているが、他の分野ではそれぞれの名前で呼ばれている。伝送回路の分野では、不平衡伝送あるいは同相伝送であり、米国では偶モードと言われている。電話伝送では、縦回線あるいは地回線と言われ、電力線搬送では、アース・リターン回線であり、三相送電では、零相伝送がこのモードに相当する。

　このモードの特徴は、線路が十分に大地に近い場合には通常の伝送と考えられるが、大地からの距離が波長に比べて同程度以上に大きくなると、電磁界放射の原因となり、また、外来雑音の影響を受けやすくなるという問題が生ずる。とくに、機器の間を接続するケーブルにおいては、この問題が顕著になり、シールド付きのケーブルであっても、ケーブルの外被を流れる電流は大地を帰路とすることになり、電磁界の放射の原因となる。ただし、この場合には、厳密な意味では、コモン・モードではなく、アース・リターン・モードと言うべきである。プリント基板上の電流の流れ方はほとんどがこのモードであり、従来の低い周波数では、放射はほとんど問題にならなかったが、信号の周波数が高くなるにつれて、問題が顕在化している。

　もう1つの伝送モードは、平行2本線路では、平衡伝送、奇伝送、横伝送、実回路、差動伝送、ノルマル・モードなどと言われ、通常の線路を往復路とする伝送モードである。

## 4. 大地上の結合線路

多数の線路が大地上に平行に架設されている線路系においては（図3・図4）、一般に複数個の伝搬定数が存在するので、それらの定数の計算は甚だ複雑になる。しかし、簡単化のために系は完全導体で、線路の断面構造は波長に比べて十分に小さく、線路間は一様で無損失の媒質で構成されていると仮定すれば、伝搬モードはTEMであると考えられ、伝搬定数は1個になり解析は容易になる。

以上の仮定を行えば、線路伝送の独立な定数は、伝搬定数、特性インピーダンス、線路の対称度、電流分配率、結合係数などで表現され、全部でn(n+1)/2+1個となる。

上述の仮定の下に、多線線路の伝送方程式は、線路断面における電圧・電流を [V]、[I] とすれば、

$$-d[V]/dx = [Z][I]$$
$$-d[I]/dx = [Y][V] \quad \cdots (1)$$

となる。ただし [Z]、[Y] はそれぞれ結合線路のインピーダンス行列、アドミスタンス行列であり、以下のように記述される。

$$[V] = [V_1, V_2, \cdots V_n]^T$$
$$[I] = [I_1, I_2, \cdots I_n]^T \quad \cdots (2)$$

ここで、記号Tは転置行列を示している。

$$[Z] = \begin{vmatrix} z_{11}, z_{12}, \cdots z_{1n} \\ z_{21}, z_{22}, \cdots z_{2n} \\ \cdots \\ z_{n1}, z_{n2}, \cdots z_{nn} \end{vmatrix}$$

$$[Y] = \begin{vmatrix} y_{11}, y_{12}, \cdots y_{1n} \\ y_{21}, y_{22}, \cdots y_{2n} \\ \cdots \\ y_{n1}, y_{n2}, \cdots y_{nn} \end{vmatrix} \quad \cdots (3)$$

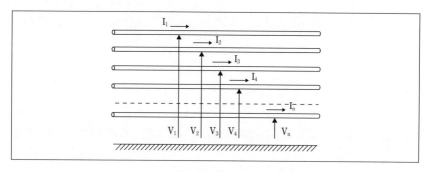

〔図3〕結合n本線路の電圧・電流

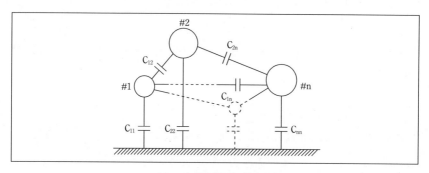

〔図4〕線路間の結合容量

である。線路が伝搬方向（x方向）に一様であれば、

$$d[Z]/dx = 0$$
$$d[Y]/dx = 0 \quad \cdots\cdots\cdots(4)$$

であるから、

$$d^2[V]/dx^2 = [Z][Y][V]$$
$$d^2[I]/dx^2 = [Y][Z][I] \quad \cdots\cdots\cdots(5)$$

ここで、

$$[Z][Y] = [Y][Z] = \gamma^2[1] \quad \cdots\cdots\cdots(6)$$

ただし、

$$[1] = \begin{vmatrix} 1,0,0,\cdots 0 \\ 0,1,0,\cdots 0 \\ \cdots \\ 0,0,0,\cdots 1 \end{vmatrix} \quad \cdots\cdots (7)$$

である。$\gamma$は伝搬定数である。線路断面における電圧・電流を任意のベクトル$[\mu]$、$[\nu]$を用いて、

$$[V] = [\mu][v]$$
$$[I] = [\nu][i] \quad \cdots\cdots (8)$$

と変換する。ここで、[v]、[i]は各モードの電圧・電流である。この線路での伝送電力が不変であれば、

$$[V]^{*T}[I] = [v]^{*T}[i] \quad \cdots\cdots (9)$$

である。ただし、記号＊は共役行列を示している。ここで、変換行列の間に、

$$[\mu]^{*T}[\nu] = [1] \quad \cdots\cdots (10)$$

の関係がある。変換された電圧と電流の間に、

$$[v] = [z][i]$$
$$[i] = [y][v] \quad \cdots\cdots (11)$$

の関係があり、

$$[z] = [\mu]^{-1}[Z][v] = [\mu]^{-1}[Z][\mu]^{*T-1}$$
$$[y] = [\nu]^{-1}[Y][\mu] = [\nu]^{-1}[Y][\nu]^{*T-1} \quad \cdots\cdots (12)$$

であり、適当な$[\mu]$あるいは$[\nu]$を選択すれば、$[z]$、$[y]$は対角行列となる。ただし、－1は逆行列である。$[z]$、$[y]$が対角行列で表現できれば、

$$v_j = z_{jj} i_j \quad (j = 1, 2, \cdots n)$$
$$i_j = y_{jj} v_j \quad \cdots\cdots (13)$$

となり、独立な単相伝送の和として表わされる。$z_{jj}$はモードjの特性インピーダンスであり、$y_{jj}$はモードjの特性アドミタンスである。

ここで [μ]、[ν] は一般的に複素数でも構わないが、実数で表現できれば、独立な伝送モードへの変換の変成器の変成比となる。

## 5．結合2本線路

結合2本線路の断面における単位長さ当たりの容量行列は、

$$[C] = \begin{vmatrix} C_{11} + C_{12}, & -C_{12} \\ -C_{12}, & C_{22} + C_{12} \end{vmatrix} \quad\quad\quad (14)$$

である（図5）。この容量行列を用いれば、線路断面における特性インピーダンス行列は、

$$[Z] = \sqrt{\mu\varepsilon}\,[C]^{-1} \quad\quad\quad (15)$$

である（図5）。ここで、ノルマル・モード、コモン・モードに分解するためには、

$$[\mu] = \begin{vmatrix} \delta/(1+\delta), & 1 \\ -1/(1+\delta), & 1 \end{vmatrix} \quad\quad\quad (16)$$

とすればよい。この結果、各モードの特性インピーダンスは次のように求められる。まず、ノルマル・モードの特性インピーダンスは、

$$Z_N = z_{11} + z_{22} - 2z_{12} \quad\quad\quad (17)$$

であり、コモン・モードの特性インピーダンスは、

$$Z_C = \left(z_{11}\,z_{22} - z_{12}^{\,2}\right) \Big/ \left(z_{11} + z_{22} - 2z_{12}\right) \quad\quad\quad (18)$$

となる。また、対称度δは、

$$\delta = \left(z_{11} - z_{12}\right) \Big/ \left(z_{22} - z_{21}\right) \quad\quad\quad (19)$$

となる。これらの値を線路間の容量で表現すれば、

$$C_N = C_{12} + C_{11} C_{22}/(C_{11} + C_{22})$$
$$C_C = C_{11} + C_{22} \quad \cdots\cdots (20)$$

である。

このようにモード分解できれば、線路電圧とモード電圧の関係は、

$$V_1 = \{\delta/(1+\delta)\}V_N + V_C$$
$$V_2 = -\{1/(1+\delta)\}V_N + V_C \quad \cdots\cdots (21)$$

あるいは、

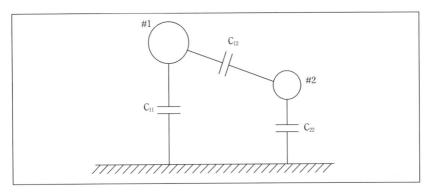

〔図5〕線路間の結合容量

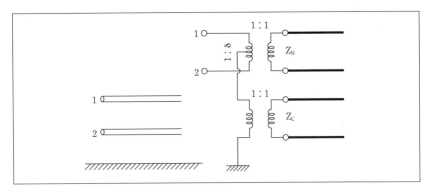

〔図6〕平行2本線路の等価回路

$$V_N = V_1 - V_2$$
$$V_C = (V_1 + \delta V_2)/(1+\delta) \quad \cdots \quad (22)$$

電流の関係は、

$$I_1 = I_N + \{1/(1+\delta)\} I_C$$
$$I_2 = -I_N + \{\delta/(1+\delta)\} I_C$$
$$I_N = (\delta I_1 - I_2)/(1+\delta)$$
$$I_C = I_1 + I_2 \quad \cdots \quad (23)$$

である。ここで、各モード電圧と電流の関係は、

$$V_N = Z_N I_N$$
$$V_C = Z_C I_C \quad \cdots \quad (24)$$

である。

## 6．各種の給電方法とモード電圧

### 6―1　ノルマル・モード給電（図7）

端子条件は、

$$V_0 = V_1 - V_2 \quad \cdots \quad (25)$$

であるから、モード電圧は、

$$V_N = V_0$$
$$V_C = (V_1 + \delta V_2)/(1+\delta) \quad \cdots \quad (26)$$

となるが、

$$V_2 = -V_1/\delta \quad \cdots \quad (27)$$

の関係であるので、

$$V_C = 0 \quad \cdots \quad (28)$$

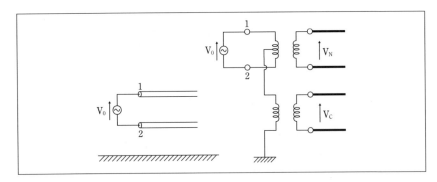

〔図7〕ノルマル・モード給電の電圧

となる。また、電流に関する条件は、

$$I_N = I_1 = -I_2 = V_0/Z_N \quad \cdots\cdots(29)$$

である。

## 6—2 コモン・モード給電（図8）

端子条件は、

$$V_0 = V_1 = V_2 \quad \cdots\cdots(30)$$

であり、各モードの電圧・電流は、

$$\begin{aligned} V_C &= V_0 \\ V_N &= 0 \\ I_1 &= V_0/(1+\delta)Z_C \\ I_2 &= \delta V_0/(1+\delta)Z_C \\ I_C &= V_0/Z_C \end{aligned} \quad \cdots\cdots(31)$$

となる。

## 6—3 片線接地の給電（図9）

端子条件は、

$$\begin{aligned} V_1 &= V_0 \\ V_2 &= 0 \end{aligned} \quad \cdots\cdots(32)$$

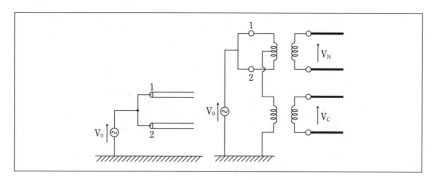

〔図8〕コモン・モード給電の電圧

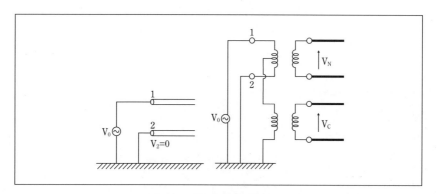

〔図9〕片線接地給電の電圧分布

であり、各モードの電圧・電流は、

$$V_N = V_0$$
$$V_C = V_0/(1+\delta)$$
$$I_N = V_0/Z_N \qquad \qquad \cdots\cdots(33)$$
$$I_C = V_0/(1+\delta)Z$$

となり、ノルマル・モードとコモン・モードの両者が励振される。

6 — 4　片線開放の給電（図10）

　端子条件は、

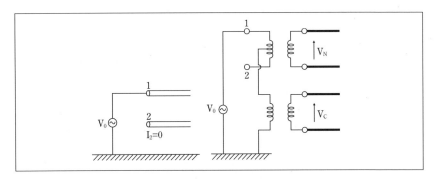

〔図10〕片線開放給電の電圧分布

$$V_1 = V_0$$
$$I_2 = 0 \quad \cdots\cdots\cdots\cdots (34)$$

であり、各モードの電圧・電流は、

$$V_N = \delta(1+\delta)Z_N V_0 \Big/ \{\delta^2 Z_N + (1+\delta)^2 Z_C\}$$
$$V_C = (1+\delta)^2 Z_C V_0 \Big/ \{\delta^2 Z_N + (1+\delta)^2 Z_C\}$$
$$I_C = \delta(1+\delta)V_0 \Big/ \{\delta^2 Z_N + (1+\delta)^2 Z_C\}$$
$$I_C = (1+\delta)^2 V_0 \Big/ \{\delta^2 Z_N + (1+\delta)^2 Z_C\} \quad \cdots\cdots (35)$$

と求められる。

## 6－5 片線に負荷が接続された伝送（図11）

ノルマル・モードで給電されている場合に、片線に負荷Z（2端子対回路）が接続された端子条件は、

$$V_0 = V_N = V_{11} - V_{22}$$
$$V_{11} = z_{11}I_{11} + z_{12}I_{11}' \quad \cdots\cdots\cdots (36)$$
$$V_{11}' = z_{21}I_{11} + z_{22}I_{11}'$$

ただし、2端子対回路はインピーダンス行列で与えられている。この結果、

$$V_{11}' = (z_{21}/z_{11})V_{11} + (\Delta/z_{11})I_{11}'$$
$$V_{22}' = V_{22} \quad\quad\quad\quad\quad\quad\quad\quad\quad\quad\quad\quad\quad (37)$$

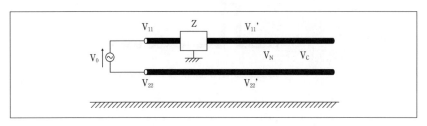

〔図11〕1線にインピーダンスが接続された伝送

となり、この電圧をモード電圧に変換すれば、

$$V_N' = V_{11}' - V_{22}'$$
$$= (z_{21}/z_{11})V_{11} - V_{22} + (\Delta/z_{11})I_{11}'$$
$$2V_C' = V_{11}' + V_{22}'$$
$$= (z_{21}/z_{11})V_{11} + V_{22} + (\Delta/z_{11})I_{11}'$$
$$I_{11}' = (V_N'/Z_N) + (V_C'/2Z_C) \quad\quad\quad\quad (38)$$

ただし、$\Delta = z_{11}z_{22} - z_{12}^2$である。
この式を整理して、

$$V_N' = \frac{Z_N\{2Z_C(z_{21}-z_{11})+\Delta\}V_0}{\{4z_{11}Z_CZ_N - \Delta(4Z_C+Z_N)\}}$$
$$V_C' = \frac{Z_C\{Z_N(z_{21}+z_{11})-2\Delta\}V_0}{\{4z_{11}Z_CZ_N - \Delta(4Z_C+Z_N)\}} \quad\quad (39)$$

となる。ここで示すように一方の線路に回路が挿入されたような非対称回路はコモン・モードの発生原因となる。ここでは、簡単のために、線路は対称である（δ=1）とした。一方の線路に迂回回路が入った場合は、このような場合に

相当する（図12）。アース回路にスリットが入った場合には、電流の帰路に迂回路が生じ、同様の解析が必要になる。

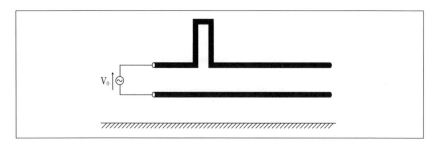

〔図12〕1線に迂回回路が接続された伝送

6 — 6 　異種線路の接続（図13）
　異なった特性インピーダンスを持つ線路を接続した場合には、接続点において、反射波が生じ、ノルマル・モードの伝送が行われていた場合にも、コモン・モードの電圧が発生する。
　このような場合の解析を進行波理論によって行えば、接続点への入力の電圧・電流を$V_i$、$I_i$、同様に反射電圧・電流を$V_r$、$I_r$、透過電圧・電流を$V_t$、$I_t$とし、入力側の特性インピーダンス行列を$Z_i$、透過側の特性インピーダンス行列を$Z_t$とすれば、接続点での電圧と電流の連続の条件は、

$$V_i + V_r = V_t$$
$$I_i - I_r = I_t \quad \cdots\cdots(40)$$

であり、透過側の電圧は、

$$V_t = 2\left(Z_i^{-1} + Z_t^{-1}\right)^{-1} Z_i^{-1} V_i \quad \cdots\cdots(41)$$

である。ただし、この節の値はいずれも、行列で定義されている。ここで求められた電圧より、式(22)を用いて変換すれば、各モードの電圧は求められる。

6 — 7 　大地上の同軸線路（シールド付き導体）の伝送（図14）
　同軸線路の主たる伝送モードは、中心導体を往路とし、外部導体の内側を帰路とする伝送である。これは、変形された差動伝送モードと考えることができる。

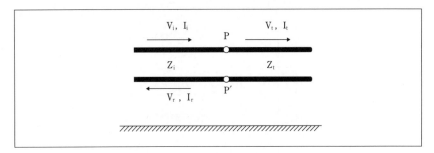

〔図13〕異種線路の接続

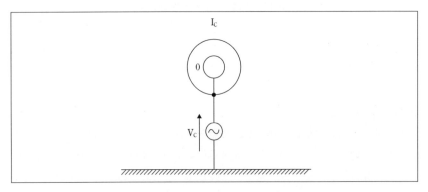

〔図14〕同軸ケーブルとアース・リターン回路

　一方、大地を帰路とするモードは、アース・リターン・モードである。この場合には、同軸線路の中心導体には電流が流れないので、正確にはコモン・モードではなく、疑似コモン・モードといえる。

　同軸線路の伝送では、基本的にモード変換は行われない。実際問題として、同軸線路伝送において、アース・リターン・モードが発生するのは、コネクタ部分の不完全性に起因することが多い。また、同軸線路の外導体の不完全さ（例えば、編組による漏洩電流など）から発生する場合もあるが、シールド効果が非常に大きいことが期待される場合は無視できる。

## 7．結び

　プリント基板やシステム間のケーブルからの放射がEMCの主要な問題とし

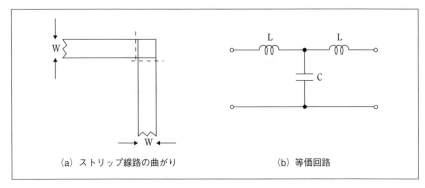

(a) ストリップ線路の曲がり　　　(b) 等価回路

〔図15〕線路の曲がりと等価回路

て、議論されているが、これらの問題がコモン・モードとして簡単に処理されている場合が多いように感ずる。そこで、大地上の2線条結合線路の問題として、モードを論じ、分解方法を述べた。この解析方法は多線条結合線路へ一般化することができる。

　分布定数線路の途中に不連続がある場合のコモン・モードの発生の状況についても、例題を挙げて説明した。線路のわずかな不連続やコネクタの接続の仕方などが、コモン・モードの発生の原因となり、これらの不注意が放射の原因となることに留意されたい。

　線路の曲がり（図15）や迂回が回路定数として、どのような値を持つかについても検討を加える必要があるが、今回は紙面の都合で割愛した。全体として、多くの例題を記述したために、説明不足となった点があることをお許し頂きたい。

　また、線路構造と特性インピーダンス行列、あるいは各モードの特性インピーダンスを求める問題も存在するが、これも専門書に譲ることとした。

　分布定数線路のモード分解による解析は、東北大学在学中に佐藤教授の指導の下に研究した問題であるが、それらを思い出して、コモン・モード、ノルマル・モードとして記述した。この解析の結果が、この分野の研究の一助になれば幸いである。

**参考文献**

1) 佐藤 利三郎:「伝送回路」, コロナ社, 昭和38年, 第8章
2) Ed. A. Matsumoto : Microwave Filters and Circuits, Academic Press, 1970, Ch. 2, 7.
3) H. Uchida : Fundamentals of Coupled Lines and Multiwire Antennas, Tohoku University Electronics Series, 1967.

# II-2 線路とEMI/EMC (I)
## 線路と電磁界

電気通信大学　上　芳夫

　我々は何気なく線路という言葉を使っている。このとき線路の意味するものは、その時々によって電気的な意味合いは非常に異なってくる。理論的に、かつ厳密に定義できる場合であったり、定性的にしか理解できないものであったりする。ここでは伝送線路と呼ばれるものを電磁気学的な面から解説し電気回路的な電圧と電流との関係について述べる。

### 1. 線路が作る電磁界
　一般に線路と呼ばれるもののうち、理論的に取り扱える典型的なものがTEM (transverse electromagnetic) モードと呼ばれる伝送姿態をもつ線路であり、一般に伝送線路 (transmission line) と呼ぶときはこのようなTEMモードの線路を指す場合が大部分である。まずこのような線路を電磁気学的立場から見た場合について取り上げる。

#### 1—1　TEMモード
　一般に電磁波の進行方向が$x$-方向であるときその電磁界が$x$-方向成分を持たないときは、このモードをTEMモード（姿態）という。図1の座標系において媒質は一様均質であるとする。TEMモードとは電磁界が進行方向（ここのモデルでは$x$-方向）にはその成分が零で、進行方向に垂直な横断面 (transverse plane：このモデルでは$y$-$z$平面) にだけ存在する伝搬モード (propagation mode) である。このときTEMモードの電磁界成分は、

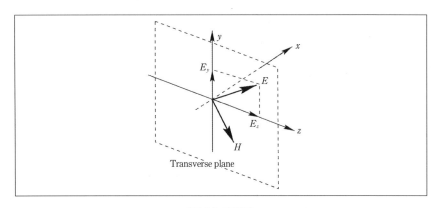

〔図1〕座標系

$$E = E_t\ (0, E_y, E_z) \quad \cdots\cdots(1)$$
$$B = B_t\ (0, B_y, B_z) \quad \cdots\cdots(2)$$

と表現することができる。ここで、$E$は電界であり、$B = \mu H$は磁束密度（$H$は磁界）である。また、添え字$t$は横断面を意味している。このTEMモードと同じ電磁界をもつ伝送線路をTEM伝送線路という。前述したように伝送線路と言えば、これを指す場合がほとんどである。

例として、図2に示すように無限に広いグラウンド面から高さ$y=h$の位置に無限に長く細い導体線路が$x$-軸方向（紙面に直角方向）に張ってあるとする。横断面の形状は任意であるが、後述するモデルではわかりやすくするために円形構造の断面導体を例示している。$x$-軸（線路）方向の電磁界が存在しないと仮定すれば、横断面である$y$-$z$面での電磁界は、$x$-方向のどこの点で考えても電気的な性質は全く同じである。この仮定は線路高が波長に比べて非常に低いという条件のときに近似できる。このような問題を取り扱うとき、これを2次元問題という。このとき、この線路系がTEM伝送線路である。線路系に導体損があるときは、厳密に言えば線路方向に電界が発生するのでTEMモードであるとは言えないが伝送線路として使われている導体は損失の小さい材質のものが使われるので近似的にTEM伝送線路であるとして取り扱われる。TEM伝送線路では、電磁界を考えるとき2次元問題として取り扱うことができ、TEMモードでは横断面の電磁界は、ある瞬間瞬間では静電磁界と同じ振る舞いをする。高周

波電流の波長λと線路高との間にλ≫hの関係が成立すれば、この伝送線路が作る電磁界がTEMモードであると近似できる。このとき$y$-$z$面で考えた電磁界が図2である。ここで実線は電気力線であり、破線は磁力線である。この電界は円柱導体に正電荷を与えたときの様子と同じであり、磁界は直流電流が流れているときに作る磁界と同じである。図に示した点の電界$E$と磁界$H$は、$y$-方向成分と$z$-方向成分とを持っている。

### 1－2　線路方向の電磁界

伝送線路の横断面では、電磁界は例えば、図2に示した例のように、$y$-と$z$-方向の両成分を持っているが、簡単のために導体線路の直下の電磁界を考える（図3参照）。

このとき、$E_t$の成分が $(0, E_y, 0)$ である。このとき、マックスウエル（Maxwell）の方程式にTEMの条件を与えてやると、$B_t=(0, 0, B_z)$となることが導ける。すなわち、電界と磁界とは図に示すように直交していることがわかる。

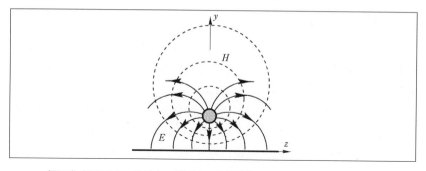

〔図2〕無限に広いグラウンド面上の円柱導体からなる伝送線路の電磁界

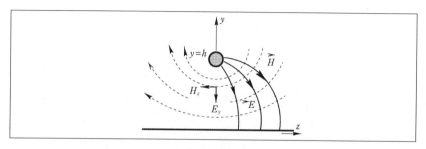

〔図3〕円柱導体直下の電界と磁界

これは、図3の任意の点においても成立しており、電気力線と磁力線とは直交している。

TEMモードであるためのもうひとつの条件は、この例の場合は次の微分方程式を満足することである。

$$\frac{\partial E_y}{\partial x} = -\mu \frac{\partial H_z}{\partial t} \quad \cdots\cdots(3)$$

$$-\frac{\partial H_z}{\partial x} = \varepsilon \frac{\partial E_y}{\partial t} \quad \cdots\cdots(4)$$

この式は電界と磁界とが単独で存在するのではなく、お互いに結合していることを示している。正弦波TEM電磁界のとき、複素記号法で表現すれば、電界がどのような状態になっているか知ることができる。$\partial/\partial t \to j\omega$ と書き換えて、式(3)を$x$で微分し、式(4)を代入すれば、

$$\frac{d^2 E_y}{dx^2} + \omega^2 \mu\varepsilon E_y = 0 \quad \cdots\cdots(5)$$

が導ける。この方程式は波の伝搬を表わす波動方程式（wave equation）であり、電界$E_y$が速度$v = 1/\sqrt{\mu\varepsilon}$で$x$-方向に伝搬することを意味している。

磁界についても全く同じ形の微分方程式で表現でき、ある瞬間の電界と磁界の様相は図4に示すようになる。また、このTEM波が進む（伝搬する）方向は、この例では$x$-方向であり、この方向は電界の向きを磁界の向きに右ねじをまわして重ねるとき、ねじの進む方向となる。すなわち電磁界で表現した電力の流

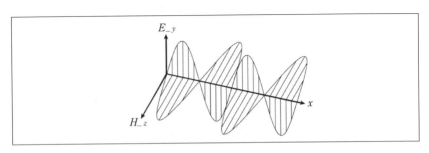

〔図4〕ある瞬間における電界と磁界の様子

れは、ポインティングベクトル $S = -E \times H^*$ で表現されることになる。ここで上部添字*は共役複素数を意味している。

## 1－3 電磁界と線路電圧・電流

　静電界において、任意点の電位（potential）は無限遠点から任意点まで電界を線積分することで定義されている。前述のTEM伝送線路でこの関係を考える。簡単のために、線路高$h$が線路径2$a$に比べて非常に大きいと仮定しよう。グラウンド面は無限遠点まで続き、無限遠点に接続された零電位の面と等電位になる。横断面では静電界と同じ取り扱いが可能であるので、グラウンド面のある点から円柱導体のある点までの線積分を考えれば、線路の電圧（線路電圧）$V_x$は定義できる。このとき、積分経路には関係しないので、一番簡単な経路として$y$-軸上を考え、グラウンド面から線路高$h$まで電界を線積分することによって

$$V_x = -\int_0^h E_y dy \quad \cdots (6)$$

と定義される。

　線路の容量（線路容量[F/m]）は、静電界のときを考えれば、図5(a)から、単位長さあたり$\lambda_Q$の電荷を与えたときを考えればよいので、線路容量$C$は

$$\lambda_Q = CV_x \quad \cdots (7)$$

の関係から決定できる。また、線路のインダクタンス（線路インダクタンス[H/m]）は、図5(b)を参照して、線路を流れる電流（線路電流$I_x$）の作る磁界

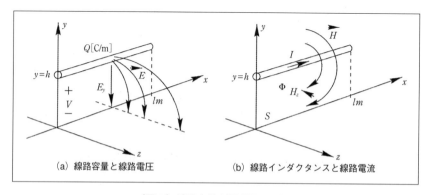

（a）線路容量と線路電圧　　　（b）線路インダクタンスと線路電流

〔図5〕線路定数と電磁界の関係

が、領域 $S$ を鎖交する磁束 $\Phi$ と

$$\Phi = \int_s \mu H_z dS = L(-I_x) \quad \cdots\cdots (8)$$

の関係にある。ここで、電流の負符号は $L$ が正の定数となるように、$H_z$ と右ねじの関係が成立するようにするためである。ここで表現したインダクタンスは外部インダクタンスと呼ばれるものであり、導体線路内部を鎖交する内部インダクタンス成分については小さいとして無視している。この条件は大部分の線路で成立する。

式(3)を $y=0 \sim h$ まで線積分すると、

$$-\frac{\partial}{\partial x}\int_0^h E_y dy = \frac{\partial}{\partial t}\int_0^h B_z dy \quad \cdots\cdots (9)$$

右辺は線路の単位長あたりの鎖交する磁束 $\Phi$ の時間変化である。正弦波電磁界とし、複素記号法で表示すれば、式(8)を代入して、

$$-\frac{dV_x}{dx} = j\omega L I_x \quad \cdots\cdots (10)$$

となる。

式(4)の両辺に $\mu$ を掛けて同様に積分すると $\mu H_z = B_z$ であるので、

$$-\frac{\partial}{\partial x}\int_0^h B_z dy = \mu\varepsilon\frac{\partial}{\partial t}\int_0^h E_y dy \quad \cdots\cdots (11)$$

この左辺の積分は $LI_x$ であり、右辺の積分は $-V_x$ で表現できるので、

$$L\frac{\partial I_x}{\partial x} = -\mu\varepsilon\frac{\partial V_x}{\partial t} \quad \cdots\cdots (12)$$

さらに、後述するように電圧波・電流波と見たときの伝搬速度と電磁波としたときの伝搬速度とは等しいことから、$LC=\mu\varepsilon$ の関係を用い、複素記号法で表示すれば、

$$-\frac{dI_x}{dx} = j\omega CV_x \quad \cdots\cdots(13)$$

となる。式(10)と式(13)は無損失線路に関する電信方程式（telegrapher's equation）と呼ばれる分布定数線路の基本方程式である。

式(10)と式(13)から、線路電圧は、式(5)と全く同じ波動方程式で表現される。

$$\frac{d^2V_x}{dx^2} + \omega^2 LCV_x = 0 \quad \cdots\cdots(14)$$

このとき線路電圧は電圧波として速度$v = 1/\sqrt{LC}$で$x$-方向に伝搬していることを示している。電流についても全く同じである。

上に述べたことは、伝送線路を流れる電流はTEM電磁界を作っており、電界が電圧に、磁界が電流に対応しており、この電磁界は電流の流れている方向に伝搬していることになる。

また電信方程式の解は縦続行列表示で書けば、任意点$x$での線路電圧$V_x = V(x)$と線路電流$I_x = I(x)$は、

$$\begin{bmatrix} V(x) \\ I(x) \end{bmatrix} = \begin{bmatrix} \cos\beta x & jZ_0\sin\beta x \\ j\frac{1}{Z_0}\sin\beta x & \cos\beta x \end{bmatrix} \begin{bmatrix} V(0) \\ I(0) \end{bmatrix} \quad \cdots\cdots(15)$$

となる。ここで$Z_0 = \sqrt{L/C}$、$\beta = \omega\sqrt{LC}$は、伝送線路の特性インピーダンスと位相定数である。伝送理論においては、この式に端子の条件を代入すれば、例えば、伝送される信号の大きさが求められることになる。しかしながら、この式自体は伝送線路が作っている電磁界については直接言及していない。しかしEMC/EMIにおいては、伝送線路が作る電磁界が重要である。線路キャパシタンスやインダクタンスはどのように決定されているかを考えれば、電界と磁界との関係が重要な関係にあることが理解できる。

## 1－4　グラウンドが有限な広さでの伝送線路の電磁界

伝送線路に電源と負荷を接続したときの伝送回路網としての振る舞いは、例えば、縦続行列表示に電源や負荷の状態を表現する端子条件を与えれば求まる。

無限に広いグラウンド面上に導体線路が張られている線路系モデルを考えると、現実の問題としては、グラウンド面が無限に広いという条件がいつも満足されているとは限らない。線路導体が円柱形状でグラウンド面が無限に広い場合は、図2に示した。このときグラウンド面上の電界は垂直成分のみであり、この垂直成分とグラウンド面上の面電荷密度$\sigma$[C/m$^2$]との関係は、

$$E_n = \frac{\sigma}{\varepsilon} \quad \text{................................................................................................(16)}$$

である。この関係式は、導体線路の表面にも当てはまる。

　図6は、円形導体直径と高さの比を0.3としたときの円形導体とグラウンド面での電荷密度分布を計算したものである。電荷移動が電流に対応していることを考えるとこれはTEMモードでの電流密度分布にも対応している。(a)は、円形導体表面での分布である。グラウンド面に対向している方向（$-y$方向）を基準にして、左回りする方向を$\phi$の正方向として表現したものである。$\phi=0$で最大の電荷密度を有しており、このモデルでは$\phi=\pm 180°$の最上部では約半分の電荷密度になっている。すなわち、電流分布は一様ではないことを示している。(b)は、グラウンド面上の電荷密度分布であり、導体線路直下（$z=0$）の位置で最大の電荷密度であり離れるに従って次第に小さくなる。線路高の6倍離れた位置では線路直下の約3%であることがわかる。(c)は、グラウンド面がどの程度広ければ導体線路の電荷量に対応する電荷が存在することになるかを示している$z$-方向に対する累積電荷量の状況を示している。このモデルの場合は、グラウンド面の幅が線路高の10倍になった状態でもまだ90%であることを示している。このことはグラウンド面が有限な厚さで、有限な広さになっているとEMC/EMI問題では、重要な現象が出現する。例えば、プリント回路基板のパターン線路を基板の縁に近く配置したとき、パターン線路の電荷から出る電気力線はグラウンド面の裏側に回りこんでくることを意味している。銅で作られているグラウンド層（面）では、有限な導電率をもっており表皮効果のために高周波電流は、グラウンド面の表裏を全く別々の形態で流れることになる。このためコモンモード放射が大きくなるなどの非常に重要なEMC/EMI問題を引き起こす原因となる。

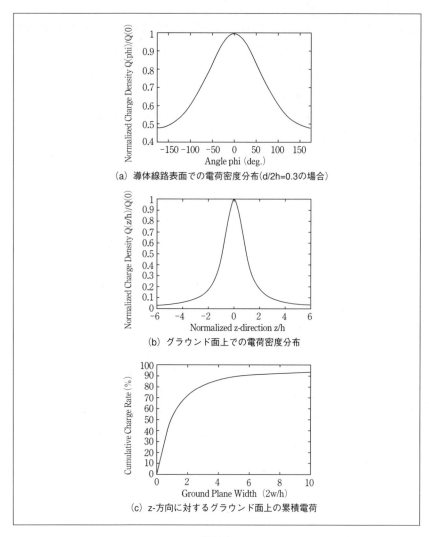

(a) 導体線路表面での電荷密度分布(d/2h=0.3の場合)

(b) グラウンド面上での電荷密度分布

(c) z-方向に対するグラウンド面上の累積電荷

〔図6〕

## 2．結合2本線路

　グラウンド面上に多くの導体線路が存在するときはどのようになるのだろうか。このようなモデル線路系はEMC/EMIの問題としては多くの場面で遭遇し、その典型例がハーネスやプリント配線間でのクロストーク問題である。$n$本の

導体線路がTEMモード動作をすれば、形式的な表現は可能であるが、実際的に解析関数で表現するには困難である。すなわち電信方程式に対応するものは書き下すことはできるが、この微分方程式を解析解で求めることは、一般には不可能である。このような場合は、例えば、状態変数法を用いる数値計算法に頼らなければならなくなる。ここでは、解析解で表現でき、最も基本となる2本線路について考える。

## 2—1 平衡モードと不平衡モード

グラウンド面上に同じ高さで2本の導体線路が平行に張られているときを考える。このときの線路系をマイクロ波回路では結合2本線路という。この伝送線路系にはふたつの独立な伝搬モードが存在する（$n$本であれば、$n$個の独立な伝搬モードが存在する）。この伝搬モードは平衡モード（balanced mode）、不平衡モード（unbalanced mode）と呼ばれている。マイクロ波回路ではそれぞれ奇（odd）モード、偶（even）モードと呼ばれている。このモードもTEMモードであり、線路方向の電磁界成分は持たないものである。この電磁界は図7に示すような電気力線と磁力線をもっている。

図7に示したモードの電磁界は、図8に示すような電源を接続することによって発生させることができる。すなわち、2本の導体を流れる電流は平衡モードでは等量異符号（大きさ等しく逆位相）の電流が流れ、不平衡モードでは同符号（同位相）の電流が流れるようにすればよい。不平衡モードでは完全に対称な物理的構造でなければ、等量の電流とはならない。

## 2—2 2本線路の線路キャパシタンス

結合2本線路の場合もTEMモードであると仮定すれば、2次元問題であるので、図7に示した電気力線に着目すれば、電気力線が出入りしている導体間に

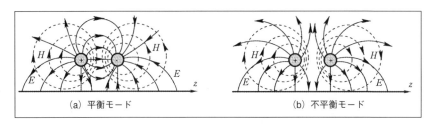

〔図7〕 2本線路の電界と磁界

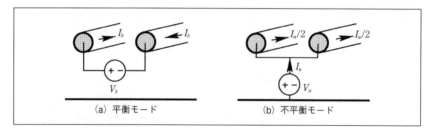

〔図8〕 2本線路の励振

は静電容量が存在することになる。この導体間の静電容量の問題は電磁気学においては帯電導体系の電界問題として取り扱われている。2つの導体（厳密に言えば、3つの導体系であり、ここでは第3の導体はグラウンドで零電位になっている）に電荷$Q_1$と$Q_2$を与えたとき、それぞれの導体電位を$V_1$と$V_2$とすれば、

$$Q_1 = c_{11}V_1 + c_{12}V_2 \quad \cdots (17)$$
$$Q_2 = c_{21}V_1 + c_{22}V_2 \quad \cdots (18)$$

の関係式で表現できる。ここで、$c_{ii}$を容量係数、$c_{ij}=c_{ji}<0$を誘導係数という（この係数は、導体間の静電容量ではないことに注意）。これを電気回路的に考えるために、電荷$Q_i$が時間変化するとする。電荷の時間的な変化の割合が電流として定義されるので、これは各導体に電流を与えたこと、すなわち電流源を接続したことと等しくなる。この関係は、前式を時間微分して、

$$i_1 = \frac{dQ_1(t)}{dt} = c_{11}\frac{dV_1(t)}{dt} + c_{12}\frac{dV_2(t)}{dt} \quad \cdots (19)$$

$$i_2 = \frac{dQ_2(t)}{dt} = c_{21}\frac{dV_1(t)}{dt} + c_{22}\frac{dV_2(t)}{dt} \quad \cdots (20)$$

となる。時間変化が正弦波的であるとして、複素記号法で表現すれば、

$$\begin{aligned}I_1 &= j\omega c_{11}V_1 + j\omega c_{12}V_2 \\ &= j\omega(c_{11}+c_{12})V_1 - j\omega c_{12}(V_1-V_2) \\ &= j\omega C_{g1}V_1 + j\omega C_m(V_1-V_2)\end{aligned} \quad \cdots (21)$$

同様に、

$$I_2 = j\omega C_m (V_2 - V_1) + j\omega C_{g1} V_2 \quad \text{………………………………………(22)}$$

となる。ここで$C_{g1}=c_{11}+c_{12}$, $C_{g2}=c_{22}+c_{21}$はそれぞれの導体がグラウンド面に作る容量（自己容量）であり、$C_m = -c_{12} = -c_{21}$は2本の導体間の容量（相互容量）である。式(21)と式(22)は、キルヒホッフ（Kirchhoff）の電流則を表わす節点方程式である。この関係を回路図で書けば図10(a)となる。また、この現象は、EMC/EMI的には近くの導体間に電位差があれば、結合が発生することを意味しており、電磁気学的には電界結合（electric field coupling）、回路的には容量結合（capacitive coupling）と呼ばれるものである。

### 2－3 自己・相互インダクタンス

線路を流れる電流は磁界を作り、線路が作る回路と鎖交する。今、電流が流れている閉じた第1の回路があり、この回路の近くに第2の閉じた回路があるとする。この電磁気的な様子を模式的に書いたものが図9である。図からわかるように電流が流れている第1の回路には、それ自身で作る磁界が鎖交している鎖交磁束成分$\Phi_{11}$と第2の回路と鎖交している鎖交磁束成分$\Phi_{21}$とがある。前述したように鎖交磁束は、流れる電流とインダクタンスとの関係で与えられる。磁束が自分自身の回路（第1の回路）と鎖交する成分$\Phi_{11}$は、その回路の自己インダクタンス$L_1$と関係があり、第2の回路と鎖交する成分$\Phi_{21}$は相互インダクタンスMと関係がある。さらに電流が時間変化すれば、鎖交磁束も時間変化することになり、第2の回路においてはファラデ（Faraday）の法則で説明さ

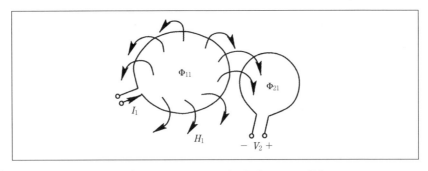

〔図9〕近接する閉じた回路で発生している磁束

れる電圧が誘起される。逆に第2の回路だけに電流が流れているとすれば、同様な現象が発生している。両方の回路に電流が流れているのであれば、この二つの重ね合わせとして取り扱えばよいことになる。この関係は、磁界による相互誘導現象であり、クロストーク現象においては、電磁気学的には磁界結合（magnetic field coupling）、回路的には誘導性結合（inductive coupling）を意味している。

伝送線路系における閉じた回路とは、例えば、単位長さあたりの伝送線路を考えれば良い。このときの等価回路的な表現はインダクタンスだけを考えれば、図10(b)となる。

## 2－4　2本線路の電信方程式

図10に示した等価な表現は、単位長さあたりの伝送線路系に存在するキャパシタンスとインダクタンス成分である。これは、1本の線路の場合と同じような形で表現して2本線路での電信方程式を求めると次のようになる。

$$\left.\begin{aligned} -\frac{dV_1}{dx} &= j\omega L_1 I_1 + j\omega M I_2 \\ -\frac{dV_2}{dx} &= j\omega M I_1 + j\omega L_2 I_2 \end{aligned}\right\} \quad \cdots\cdots (23)$$

$$\left.\begin{aligned} -\frac{dI_1}{dx} &= j\omega(C_{g1} - C_m)V_1 - j\omega C_m V_2 \\ -\frac{dI_2}{dx} &= -j\omega C_m V_1 + j\omega(C_{g2} - C_m)V_2 \end{aligned}\right\} \quad \cdots\cdots (24)$$

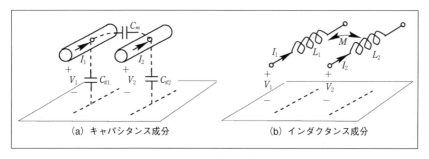

(a) キャパシタンス成分　　　　(b) インダクタンス成分

〔図10〕 2本線路の回路表現

この微分方程式を解くためには平衡モードと不平衡モードの条件を与えて各モードでの電信方程式を導き、その解を重ね合わせる手法が簡単である。また、この微分方程式はクロストーク現象を説明するための基本式でもある。

**参考文献**
1）佐藤利三郎：「伝送回路」，コロナ社，昭和60年（17版）
2）熊谷信明：「電磁気学基礎論」，コロナ社，昭和62年
3）関根泰次，雨谷昭弘：「分布定数回路論」，コロナ社，1999年
4）仁田周一他編：「環境電磁ノイズハンドブック」，朝倉書店，1999年

# II-3 線路とEMI/EMC (II)
## 中波放送波の線路への電磁界結合を例に

九州東海大学　井出口　健

## 1. はじめに

　無線放送電波の1/4波長程度より長いメタル通信線が一種のアンテナとなって無線放送電波による誘導電圧を発生させる。そして、このメタル通信線に接続された通信装置に伝搬して誤動作や情報信号品質劣化を与えることがある[1〜2]。例えば、1MHz前後の周波数帯域にある中波放送電波が電話機内部の回路に直接影響を与えることはまずない。なぜならば1MHz程度の放送波であれば数十m程度以上の長さのメタル線路でないと有効なアンテナにならないからである。

　このように無線放送電波はまず通信線―大地間回路、すなわちコモンモード回路に誘導電圧を発生させる。さらにこのコモンモード誘導電圧は次のような侵入経路を経て通信装置に影響を与えるのである[3]。1つ目は、コモンモード誘導電圧が直接通信装置に侵入し、内部回路で符号誤りを発生させる。2つ目は、通信装置の入力回路の対地不平衡により、コモンモード誘導電圧がメタル対線間のノーマルモード電圧に変換され、情報信号に重畳され情報信号品質劣化を発生させる。3つ目は、メタル通信線部分でメタル通信線の対地不平衡によりコモンモード誘導電圧がノーマルモード電圧に変換され、情報信号に重畳され情報信号の品質劣化を発生させる。以上3つのケースである。いずれにしても、無線放送電波によってメタル通信線―大地間回路、すなわちコモンモード回路に発生する誘導電圧が重要な役割を果たしている。

## 2．誘導電圧の計算方法

　大地上に架渉されているメタル通信線が無線放送電波に曝されている場合、メタル通信線―大地間に発生する誘導電圧はどのようなモデルで計算できるのであろうか。長いメタル通信線にとって最もポピュラーな誘導源である中波放送波を例にとって説明しよう。

　中波放送波は垂直偏波である。中波放送送信アンテナをご存知であろう。垂直に建てられた数十mのモノポールアンテナが用いられている。大地による鏡像とで垂直のダイポールアンテナを構成している。このダイポールアンテナから発生する電界は大地に垂直となる。したがって中波放送波は垂直偏波である。ということは、大地に水平に張られたメタル導線にとって分布電圧源はメタル導線―大地間に発生するものを考えればよいのであろうか。もちろんこの分布電圧源は考える必要がある。しかしこれだけではだめなのである。大地は完全導体ではない。有限の導電率を有する大地を伝搬する垂直電界は進行方向に対して大地表面で斜めに傾くのである。この現象はZenneckにより理論が与えられている[4, 5]。その結果、水平方向の電界が発生しこの電界成分が大地上に張られたメタル導線の長手方向に分布電圧源として作用するのである[6]。Zenneckの理論によると、進行方向に発生する電界強度の水平成分と垂直成分の比pは次式で与えられている。$\varepsilon_r$は大地の比誘電率、$\sigma$は大地の導電率、$\varepsilon_0$は真空の誘電率、$\omega$は電磁波の角周波数である。

$$p = \frac{1}{\sqrt{\varepsilon_r - j\frac{\sigma}{\omega\varepsilon_0}}}$$

　ここで大地上に架設されたメタル通信線に垂直偏波である中波放送波が入射した場合に発生する誘導電圧を求める理論式を導出してみよう。図1に電磁波の進行方向とメタル導線の架渉状態モデルを示している。x方向に架設されたメタル導線は両端を$Z_L$および$Z_R$で終端し、電波はこれに$\theta$の角度で入射している。入射電磁波の垂直電界成分を$E_v$、水平電界成分を$E_h$'、メタル導線の軸方向の水平成分を$E_h$で表わしている。

　メタル導線と中波放送送信アンテナとの離隔がメタル導線長に比べて十分大

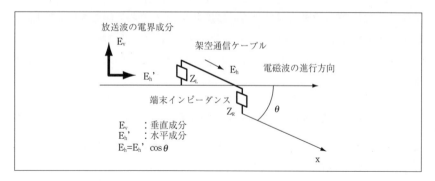

〔図1〕中波放送波の進行方向とケーブルの架渉状態

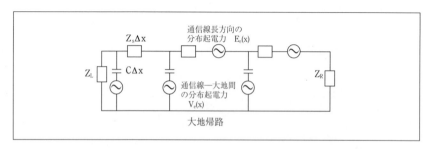

〔図2〕放送波が入射したときの通信線―大地帰路の等価回路

きい場合、すなわち、メタル導線の軸方向（x方向）の各場所での電波の入射角がいつも$\theta$である場合、x軸上での$E_v(x)$、$E_h(x)$は次式で表わせる。

$$E_V(x) = |E_V| e^{-j\beta_0 (\cos\theta) x} \quad \cdots\cdots (1)$$

$$E_h(x) = p\cos\theta |E_V| e^{-j\beta_0 (\cos\theta) x} \quad \cdots\cdots (2)$$

ここで、$|E_v|$はメタル導線架設場所での中波放送電波の電界強度の垂直成分である。起誘導源が十分遠いとの仮定があるため、メタル導線の各場所で同一値をとるものとしている。また、$\beta_0$は自由空間中での電磁波の位相定数である。上述した電界が入射している場合のメタル導線―大地帰路回路の等価回路は図2のように描ける。ここで、$Z_s$はメタル導線―大地帰路回路の単位長あたりの自己インピーダンス、Cはメタル導線―大地間の単位長あたりの静電容量、

$V_e(x)$はxにおいてメタル導線と大地間に静電容量Cを介して印加される電圧源、$E_e(x)$はメタル導線の長手方向に分布して印加される電圧源である。電圧源$V_e(x)$はメタル導線の地上高hに対して電界の垂直成分$E_v(x)$の変化が小さくて無視できるとすると、

$$V_e(x) = hE_V(x) \quad \cdots (3)$$

で表わすことができる。一方、電圧源$E_e(x)$は、水平電界成分$E_h(x)$と先に求めた垂直方向の電圧源$V_e(x)$の変化分の差として、

$$E_e(x) = E_h(x) - h\frac{d}{dx}E_V(x) \quad \cdots (4)$$

で表わすことができる。その結果、分布給電を受けた伝送線路方程式として次式が成立し、この方程式を解くことによって任意の地点での電圧V(x)、電流I(x)を求めることができる。

$$-\frac{dV(x)}{dx} = Z_s I(x) - E_e(x) \quad \cdots (5)$$

$$-\frac{dI(x)}{dx} = j\omega C\{V(x) + V_e(x)\} \quad \cdots (6)$$

この方程式の解は、分布給電電圧が$E_e(x)$だけの場合と$V_e(x)$だけの場合をそれぞれ求め、最後に重畳させるとわかりやすい。まず、分布電圧源として$E_e(x)$のみが存在する場合の伝送方程式の解を考えてみる。この種の伝送方程式は誘導の問題には必ず現れてくる。電流$I(x)=I_1(x)$は、両端が特性インピーダンスで終端されている場合の電流$I_{10}(x)$と、x=0地点で不整合があることによって生ずる電流$I_{1L}(x)$、x=$l$地点で不整合があることによって生ずる電流$I_{1R}(x)$の和として次式のように求めることができる。

$$I_1(x) = I_{10}(x) + I_{1L}(x) + I_{1R}(x) \quad \cdots (7)$$

$$I_{10}(x) = \frac{1}{2Z_{01}} \{ \int_0^x E_e(\xi) e^{-\gamma_1(x-\xi)} d\xi + \int_x^l E_e(\xi) e^{-\gamma_1(\xi-x)} d\xi \} \quad \cdots (8)$$

$$I_{1L}(x) = \frac{\Gamma_L \{ e^{-\gamma_1 x} + \Gamma_R e^{-\gamma_1(2l-x)} \}}{1 - \Gamma_L \Gamma_R e^{-2\gamma l}} I_{10}(0) \quad \cdots (9)$$

$$I_{1R}(x) = \frac{-\Gamma_R \{ e^{-\gamma_1(l-x)} - \Gamma_L e^{-\gamma_1(l+x)} \}}{1 - \Gamma_L \Gamma_R e^{-2\gamma l}} I_{10}(l) \quad \cdots (10)$$

同様に

$$V_1(x) = V_{10}(x) + V_{1L}(x) + V_{1R}(x) \quad \cdots (11)$$

$$V_{10}(x) = \frac{1}{2} \{ \int_0^x E_e(\xi) e^{-\gamma_1(x-\xi)} d\xi - \int_x^l E_e(\xi) e^{-\gamma_1(\xi-x)} d\xi \} \quad \cdots (12)$$

$$V_{1L}(x) = \frac{-\Gamma_L \{ e^{-\gamma_1 x} - \Gamma_R e^{-\gamma_1(2l-x)} \}}{1 - \Gamma_L \Gamma_R e^{-2\gamma_1 l}} V_{10}(0) \quad \cdots (13)$$

$$V_{1R}(x) = \frac{-\Gamma_R \{ e^{-\gamma_1(l-x)} - \Gamma_L e^{-\gamma_1(l+x)} \}}{1 - \Gamma_L \Gamma_R e^{-2\gamma_1 l}} V_{10}(l) \quad \cdots (14)$$

なお、端末条件として、

$$V_1(0) = Z_{1L} I_1(0) \quad \cdots (15)$$

$$V_1(l) = Z_{1R} I_1(l) \quad \cdots (16)$$

を使えば上式は求まる。ここで、

$$\gamma_1 = \sqrt{Z_1(j\omega C)} \quad \cdots (17) \quad :\text{伝搬定数}$$

$$Z_{01} = \sqrt{Z_1/j\omega C} \quad \dotfill (18) \quad :特性インピーダンス$$

$$\Gamma_L = (Z_{01} - Z_{1L})/(Z_{01} + Z_{1L}) \quad :x=0での電流反射係数 \dotfill (19)$$

$$\Gamma_R = (Z_{01} - Z_{1R})/(Z_{01} + Z_{1R}) \quad :x=lでの電流反射係数 \dotfill (20)$$

次に通信線と大地間に印加される分布給電$V_e(x)$により発生する誘導電圧について考えてみよう。この場合、式(5)、式(6)において、$E_e(x)=0$として計算を行うことになる。すなわち、通信線と大地間回路に電流源$j\omega CV_e(\zeta)$を挿入した伝送線路となる。前述した分布給電が$E_e$の場合と同様に、$I_{20}(x)$、$V_{20}(x)$は次式で求めることができる。

$$I_2(x) = I_{20}(x) + I_{2L}(x) + I_{2R}(x) \dotfill (21)$$

$$V_2(x) = V_{20}(x) + V_{2L}(x) + V_{2R}(x) \dotfill (22)$$

すなわち、両端が特性インピーダンスで終端されている場合の、電流$I_{20}(0)$、$I_{20}(l)$、および電圧$V_{20}(0)$、$V_{20}(l)$を求め、x=0とx=$l$で不整合がある場合の電流$I_{2L}(x)$、$I_{2R}(x)$、および電圧$V_{2L}(x)$、$V_{2R}(x)$を求めるのである。ただし前述の$E_e$による給電の場合と異なるのは$I_{20}(x)$および$V_{20}(x)$の導出式であり、次式となる。

$$I_{20}(x) = \frac{1}{2}\{\int_0^x j\omega CV_e(\xi)e^{-\gamma_1(x-\xi)}d\xi \\ + \int_x^l j\omega CV_e(\xi)e^{-\gamma_1(\xi-x)}d\xi\} \quad \dotfill (23)$$

$$V_{20}(x) = \frac{1}{2}\{\int_0^x j\omega CV_e(\xi)Z_{01}e^{-\gamma_1(x-\xi)}d\xi \\ - \int_x^l j\omega CV_e(\xi)Z_{01}e^{-\gamma_1(\xi-x)}d\xi\} \quad \dotfill (24)$$

以上導出した式から、最終的に図2の遠端に発生する誘導電圧を求める式をまとめて記すと以下のようになる。

【$E_e$による誘導電圧】

$$V_1(l) = V_{01}(l)$$
$$+ \frac{-\Gamma_R}{1-\Gamma_L\Gamma_R e^{-2\gamma_1 l}}(1-\Gamma_L e^{-2\gamma_1 l})V_{01}(l)$$
$$+ \frac{-\Gamma_R}{1-\Gamma_L\Gamma_R e^{-2\gamma_1 l}}(1-\Gamma_L e^{-2\gamma_1 l})V_{01}(l) \quad \cdots (25)$$

$$V_{01}(0) = -\frac{(p+j\beta_0 h)\cos\theta}{2}|E_v|\frac{1-e^{-(\gamma_1+j\beta_0\cos\theta)l}}{\gamma_1+j\beta_0\cos\theta} \quad \cdots (26)$$

$$V_{01}(l) = \frac{(p+j\beta_0 h)\cos\theta}{2}|E_V|e^{-j\beta_0\cos\theta \cdot l}\frac{1-e^{-(\gamma_1-j\beta_0\cos\theta)l}}{\gamma_1-j\beta_0\cos\theta} \quad \cdots (27)$$

【$V_e$による誘導電圧】

$$V_2(l) = V_{02}(l)$$
$$+ \frac{-\Gamma_R}{1-\Gamma_L\Gamma_R e^{-2\gamma_1 l}}(1-\Gamma_L e^{-2\gamma_1 l})V_{02}(l)$$
$$+ \frac{-\Gamma_L}{1-\Gamma_L\Gamma_R e^{-2\gamma_1 l}}(1-\Gamma_R)e^{-\gamma_1 l}V_{02}(0) \quad \cdots (28)$$

$$V_{02}(0) = -\frac{j\omega CZ_{01}h}{2}|E_V|\frac{1-e^{-(\gamma_1+j\beta_0\cos\theta)l}}{\gamma_1+j\beta_0\cos\theta} \quad \cdots (29)$$

$$V_{02}(l) = \frac{-j\omega CZ_{01}h}{2}|E_V|e^{-j\beta_0\cos\theta \cdot l}\frac{1-e^{-(\gamma_1-j\beta_0\cos\theta)l}}{\gamma_1-j\beta_0\cos\theta} \quad \cdots (30)$$

## 3．計算値と測定値の比較

　上記理論計算式の妥当性を確認するために、フィールドでの測定を行った。NTT名崎送信所から1.5km離れた地点で、周囲に障害物の少ない平坦な場所に、円筒アルミシースを有するCCP-APケーブルを架設し、ケーブルシースと大地間に発生するコモンモード誘導電圧を測定した。コモンモード誘導電圧の測定系を図3に示す。

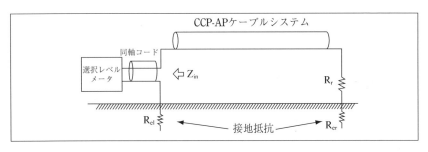

〔図3〕コモンモード誘導電圧の測定系

〔表1〕誘導源の概要と測定条件

| 項目 | | | 特性および測定条件 | | |
|---|---|---|---|---|---|
| 無線電波 | 周波数 | | 40kHz | 2.5MHz | 10MHz |
| | アンテナと測定点の距離 | | 1550m | 1360m | 1300m |
| | 電波の進行方向とケーブルのなす角度 | | 34° | 31° | 23° |
| | アンテナ形状 | | 逆L形 | 1/4波長接地形 | 垂直折り返しタブレット形 |
| | ケーブル位置の電界強度 | | 0.24V/m | 0.1V/m | 12.6mV/m |
| 測定回路定数 | $Z_{in}$ | 実部 | 7.0kΩ | 6.7Ω | 1.1Ω |
| | | 虚部 | −4.6kΩ | −239Ω | −50Ω |
| | $R_r$ | | 10kΩ | | |
| | $R_{el}$、$R_{er}$ | | 20Ω | | |

　コモンモード誘導電圧は近端で1mの同軸コードを介して選択レベルメータ（入力抵抗100kΩ、入力キャパシタンス75pF）で測定されている。ただし、測定端から選択レベルメータ側を見込んだ入力インピーダンス$Z_{in}$は、高周波で低下することが考慮される必要がある。無線電波の周波数、送信アンテナから測定点までの距離、電波の進行方向と通信線のなす角度$\theta$、送信アンテナの形状、測定地点での電界強度、測定端から選択レベルメータへの入力インピーダンス$Z_{in}$、終端抵抗$R_r$、接地抵抗$R_{el}$、$R_{er}$を表1に示す。

　次にケーブルシース端末のコモンモード誘導電圧の計算値と実測値を比較して示す。計算では、式(25)〜式(30)を使用し、端末のインピーダンスは、$Z_L=Z_{in}+R_{el}$、$Z_R=R_r+R_{er}$として、$Z_L$に発生する電圧を計算している。この計算値は、

$|Z_{in}/(Z_{in}+R_{el})|$倍して、測定端子の電圧に換算している。

図4はコモンモード誘導電圧の線路長依存性、図5は線路高依存性を示して

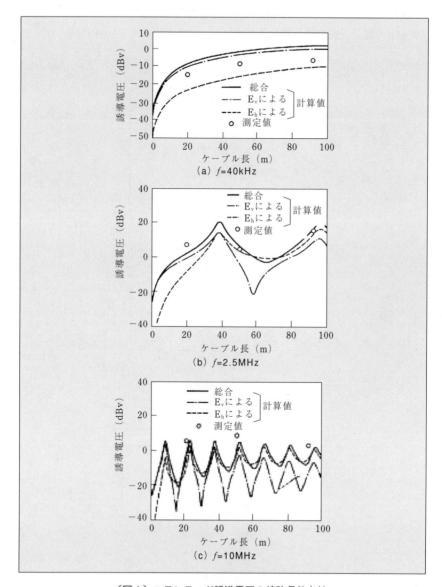

〔図4〕コモンモード誘導電圧の線路長依存性

いる。誘導電圧は、電界強度が1V/mの場合の値を示すよう規格化している。実線は前述した計算式による計算値、破線は水平電界成分$E_H$のみによる計算値、一点鎖線は垂直電界$E_V$のみによる計算値である。実測値は○印で示している。

40kHzの場合、実測値と計算値の差はケーブル長によらず10dB以内となって

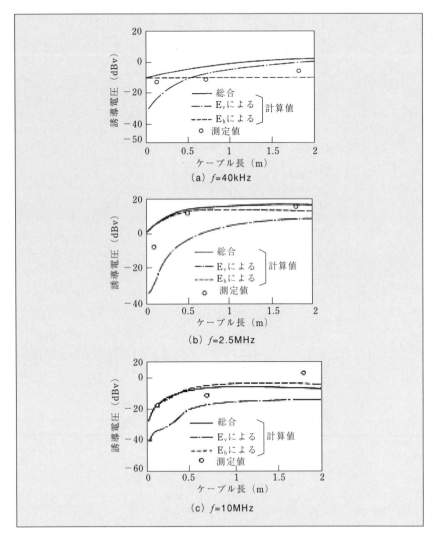

〔図5〕コモンモード誘導電圧の線路高依存性

いる。波長に比べケーブル長が十分短い状態にあり、この場合、誘導電圧は主に垂直電界成分によって発生していることが計算値から伺える。2.5MHz、10MHzの場合も実測値と計算値はよく一致している。計算値を見ると、ケーブル長が短いときは垂直電界成分による誘導電圧が水平電界成分による誘導電圧に比べて大きいが、ケーブル長が長くなると水平電界によって発生する誘導電圧が垂直電界による誘導電圧より大きくなっている。

線路高依存性についても、実測値と計算値はよく一致している。なお、この場合線路長は92mである。計算値によると、ケーブル地上高が0.2mと低い時には垂直電界成分の影響をほとんど受けず、1.8mになると垂直電界成分の影響が出てきている。

以上述べたように、誘導コモンモード電圧の計算は、水平電界成分はZenneckの理論にしたがって発生するとして、垂直電界成分は大地上の成分のみを使用して実施したが、この計算方法で誘導コモンモード電圧が予測できるものと考えられる。

## 4．計算結果から推定される誘導機構の特徴
### 4－1　線路長、入射角依存性

前節で示したように、垂直電界成分と水平電界成分によって生ずる誘導コモンモード電圧は、ケーブル長、入射角によって変化する。ケーブル長に対しては、図4に示すように誘導コモンモードはハンプをうち、そのピーク値は一定である。このピーク値の最大値を推定値として用いて対策すると安全側の対策ができる。また、このピーク値の最大値の入射角$\theta$に対する依存性を図6に示す。誘導コモンモード電圧は、電波の入射角$\theta$が0°または180°の時に最大となり、90°の時に最小となる。したがって通信線への入射角を0°の時の誘導コモンモード電圧を推定値として用いると安全側となる。

### 4－2　水平電界成分と垂直電界成分の関わり

図7に地上高5mのケーブルに発生する誘導コモンモード電圧の推定結果を示す。図中には本稿の計算方法、水平電界成分$E_h$のみによる計算方法、垂直電界成分$E_v$のみによる計算方法によって行った計算結果をそれぞれ示している。

これによると、入射電磁波の周波数が低い場合には、水平電界成分による誘

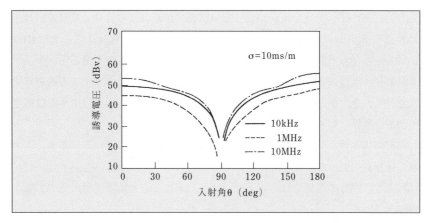

〔図6〕コモンモード誘導電圧の入射角依存性

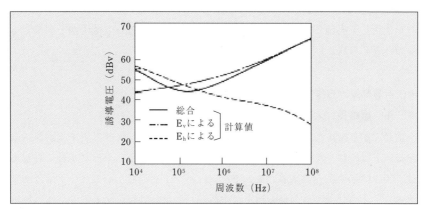

〔図7〕水平電界成分と垂直電界成分の誘導電圧への寄与

導コモンモード電圧が支配的である。周波数が高くなり100kHz程度になると水平電界成分と垂直電界成分による誘導コモンモード電圧がほぼ同等になり、さらに周波数が高くなると垂直電界成分によって発生する誘導コモンモード電圧が支配的となっている。このことから、約100kHz以下の周波数成分から成る長波帯や誘導雷などについては水平電界成分のみによって推定をおこなっても誤差が小さいものと考えられる。これに対し、短波帯以上では垂直電界成分のみによる推定を行っても良いものと考えられる。

### 4—3 大地導電率の影響

雷による誘導コモンモード電圧は大地導電率の1/2乗に反比例することが知られている[7]。数十kHz以下の低周波においては、水平電界成分による誘導電圧が支配的であったが、水平電界成分はZenneckの理論によって生ずるため大地導電率が低くなると大きくなる。一方、通信ケーブルの大地帰路回路の伝送損失は大地導電率が小さくなるほど大きくなり誘導電圧は小さくなる。このことから、大地導電率により誘導電圧が変化する様子が周波数によって違ってきそうである。

図8は、本稿の計算方法で誘導電圧の大地導電率特性を計算した結果である。10kHzの計算結果は、大地導電率の1/2乗に反比例しており、雷による誘導電圧の観測結果と良く一致している[7]。これに対して、中波放送帯域である1MHzでは、大地導電率が5ms/m以下では誘導電圧は大地導電率に依存せず、5ms/m以上になると大地導電率が大きくなるに従い誘導電圧が大きくなっている。さらに短波帯の10MHzでは大地導電率が大きくなるに従って誘導電圧が増加している。

周波数が高くなるにつれて大地導電率依存性のある水平電界成分の影響が小さくなり、伝送損失の大地導電率依存性が大きくなったためであると思われる。

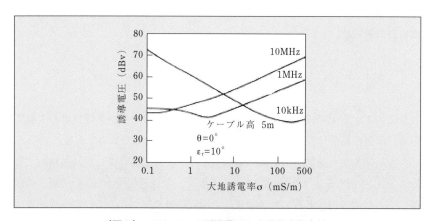

〔図8〕コモンモード誘導電圧の大導電率依存性

## 5．誘導電圧推定のための実験式

　今まで述べてきた理論計算はあくまでも単純で理想的な配置における計算を行うものであり、対策に結びつく基本的なメカニズムを明らかにするものである。

　実際に架渉されている通信線は直線ではないため放送波の入射角度が場所によって変わったり、ブリッジタップやドロップワイヤによる端末装置への引き落としがあったり、ケーブルに接地が存在したりして複雑な構成になっている。そのため、誘導電圧の理論的な推定は困難である。そこで、実用的な推定法として、中波放送波によって様々な通信線に発生する誘導電圧測定値から求めた実験式が用いられる。

　中波放送送信所から数十km離れた三鷹地区での各種加入者通信線で得られた誘導電圧測定値から次の実験式が得られている[8]。誘導コモンモード電圧を$V_L$、誘導ノーマルモード電圧を$V_n$、測定地点での放送波の電界強度を$E_v$、通信線の不平衡平衡度をLCLとすると次式で与えられる。

$$平均値：V_L = 20\log_{10} E_v \ (dBV) \tag{31}$$

$$V_n = V_L - LCL - 5 \ (dBV) \tag{32}$$

$$標準偏差：\sigma = 10 \ (dB) \tag{33}$$

　ここで式は、$E_v$ (V/m)×1(m)の値が1Vの時を0dBVとして表わされている。また、中波放送アンテナの出力P (W)とアンテナからの距離r (m)の地点での電界強度$E_v$との関係は、

$$|E_v| = \frac{1}{r} \cdot \sqrt{\frac{1.5 P Z_0}{2\pi}} \tag{34}$$

となるので、上記の誘導電圧の平均値の実験式は図11の黒い実線で表わされている。灰色の実線は$2.33\sigma$値であり、危険率1％を推定したものである。

　しかし従来から通信システムに影響を与える放送波誘導は、放送送信所が数km以内に存在するような場所である。そこで、放送送信所から0.4～5.6kmの距離にある複数の加入者線での誘導電圧の測定結果に基づき、この実験式が放送送信所近傍に布設された通信線にも適用できるのかどうかが検討されており、

この結果を次に紹介する。通常の加入者線は図９に示すように地下線路と架空線路で構成されており、実測ではこのような線路構成からなる５ルートを使用している。線路長は2.5km～5.5kmである。誘導電圧の測定は加入者端末で行われている。このとき、地下線路と架空線路を接続した場合と、地下線路を切り離した場合について測定を行っている。放送送信所と加入者線との距離は、この測定端末と送信所の距離としている。測定回路を図10に示す。コモンモード誘導電圧は高入力インピーダンスプローブを用いて測定を行い、ノーマルモード誘導電圧は、110Ω：75Ωの平衡・不平衡変換トランスを介して測定している。なお、このトランスの平衡度は中波放送周波数帯域において通信線の平衡度より十分良く、通信線部分で発生するノーマルモード誘導電圧を精度良く測定できるようにしている。

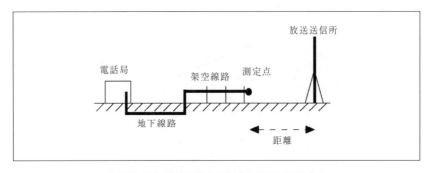

〔図９〕加入者通信線路の構成と放送誘導測定点

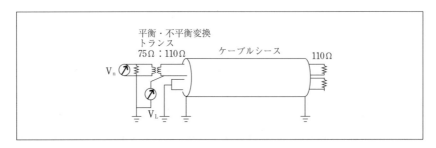

〔図10〕測定回路

測定結果を図11に示している。○印は地下―架空線路を含む場合、×印は架

空線路のみを切り分けて測定した場合である。これらプロットした点は1か所の測定値の平均値である。地下一架空線路を含む加入者線路全体での測定結果と架空線路100～150mを切り分けて得た測定結果はほとんど一致している。このことは、架空線路での誘導が支配的であることを意味している。

数十km遠方の加入者線の実測値から得られた実験式による推定値と、0.5～5.6kmの近傍における実測値の各地点での平均値はよく一致している。また、各測定点で誘導電圧が最大となる心線についても危険率1%の推定値を越えていない。これらのことから、送信所近傍の通信線についても式(31)～(33)に示した実験式が使える。

ここで、実験式の標準偏差が10dBあるが、この大きさは次の理由で妥当であ

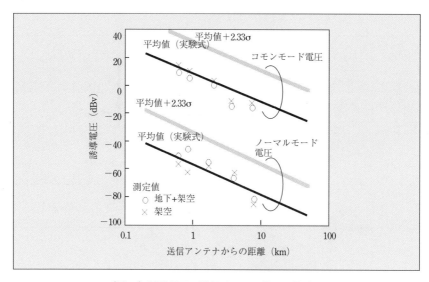

〔図11〕誘導電圧の送信所からの離隔距離特性

ると考えられる。

加入者線路において架空線路部分での誘導が支配的であることがわかった。したがって、先に示した垂直偏波の電波による架空通信線のコモンモード誘導電圧理論式を用いて各種パラメータ依存性を調べると、実験式の標準偏差の妥当性がわかる。図4に示すように、誘導コモンモード電圧は1/4波長程度まで

はケーブル長が長くなるにしたがって大きくなるが、それ以上長くなるとケーブル長に対してハンプをうち、その平均値は一定となる。平均値の大きさは誘導電圧最大値より約10dB小さくなる。また、図6に示すように電波入射角依存性については、$\sigma=0°$と180°で誘導コモンモード電圧は最大となり、ほとんど垂直入射でない限り10dB程度の変化となる。また大地導電率依存性については、図8に示すように中波放送波帯域では約9dB/decadeの変化となる。線路の地上高依存性は1mを越えるとなくなり、通常の架空線路では考慮する必要はない。

　実際の架空線路は必ずしも直線上に布設されておらず、線路長もまちまちであり、場合によっては分岐も有する。さらに布設場所の大地導電率の違いもある。したがって、放送電波によって架空通信線端末に発生するコモンモード誘導電圧は、10dBから20dB程度のばらつきを有することは容易に推測できる。

## 6．誘導電圧特性の把握による伝導ノイズ印加試験方法への反映

　放送波によって通信線に誘導するコモンモード誘導電圧を通信機器に印加する試験回路としては、通信線に接続された通信機器などの負荷のインピーダンスが変化しても忠実に印加される電圧状態を実現できるものが望ましい。そのため、印加電源の出力インピーダンスを設定することが重要となる。

　擬似誘導電圧印加電源の出力インピーダンスは、誘導コモンモード電圧の端末インピーダンス依存性を調べることにより得ることができる。

　2節の誘導電圧理論式を用いて、コモンモード誘導電圧の測定端インピーダンス$|Z_x|$依存性を計算した結果を図12に示す。実線は測定端を純抵抗とした場合、細い点線は静電容量とした場合である。両者は殆ど同じ変化をしており、測定端インピーダンスは絶対値のみを考慮すればよい結果となっている。測定端インピーダンスを大きくするに従い誘導電圧は大きくなり、約1kΩを超えると変化が少なくなっている。また他の変数を変化させても$|Z_x|$依存性は上下方向に平衡移動するだけである。

　一方、点線は、図13のように、出力インピーダンス$Z_0$を有する電圧源に負荷インピーダンス$Z_x$を接続したときに、$|Z_x|$に生ずる相対電圧

$$K = 20\log_{10}\{|Z_x|/(|Z_0|+|Z_x|)\} \quad \text{(35)}$$

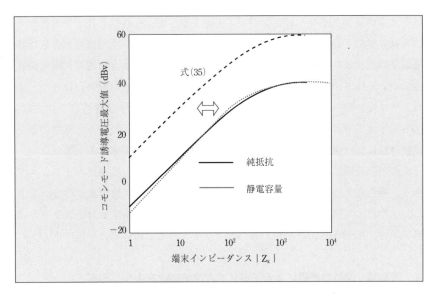

〔図12〕コモンモード誘導電圧の測定端インピーダンス依存性

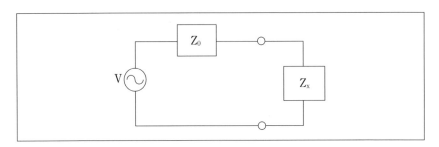

〔図13〕疑似誘導電圧印加回路

の$|Z_x|$依存性を示したものである。誘導電圧の$|Z_x|$依存性は点線の変化と極めて似ている。このことから、放送波による誘導電圧の$|Z_x|$依存性は式（35）で近似できることが推測される。

　図14は前節で述べた中波放送波による近傍加入者線のコモンモード誘導電圧の実測結果を示したものである。測定端インピーダンスを30Ω～90kΩに変化させたときの実測値である。高インピーダンスになるに従い誘導電圧は大きくなるが、数kΩ以上では一定値となる傾向は、式（35）による推定結果とよく一

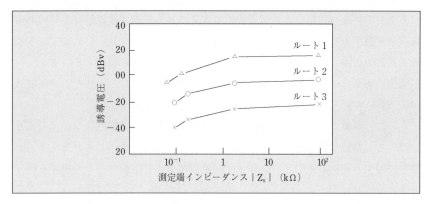

〔図14〕コモンモード誘導電圧の測定端インピーダンス依存性（実測値）

致している。このことから、ある値を出力インピーダンスとした印加回路で表わせることになる。出力インピーダンスの求め方は次のとおりである。図13の負荷に出力インピーダンス$Z_0$を接続した場合に$Z_0$両端に現われる電圧は、負荷を開放にした場合の1/2となる。したがって、図14において、測定端が開放の時の誘導電圧から6dB小さくなった時の測定端インピーダンス値が出力インピーダンスとなるわけである。このようにして求めた出力インピーダンスの平均値は142Ωとなっている。なお、印加回路の電源電圧は測定端を開放にしたときの電圧値を採用すればよい。言い換えると、測定端を開放と見なせるようにハイインピーダンス測定を行ったときの測定電圧を採用するのである。

## 7．おわりに

垂直偏波である中波放送波により、有限な導電率を有する大地に架渉された通信線に誘導するコモンモード電圧の計算式および計算値と実測値の比較結果を示した。計算式はZenneckの理論に従って発生する水平電界成分と、大地面からケーブルまでの垂直電界成分を考慮して導出している。この計算式による計算値と実測値との差は、長波〜短波帯域で、最大でも10dB以下であり、実際の通信線路が複雑な構成となっていることを考慮すると妥当な結果であろう。この計算式により対策に結びつく誘導メカニズムと特性が明らかにされたものと考えられる。

また、中波放送送信所と通信線の位置関係や通信線の架渉状態が多様である現実を考慮すると、マクロで実用的な推定法があると望ましい。そこで、中波放送送信所近傍に架渉された実際の加入者通信ケーブルに誘起するコモンモード電圧の実測データに基づいて導出された実験式を紹介した。またこの実験式の妥当性については上述した計算結果との対比により論述した。

　さらに、誘導コモンモード電圧の端末インピーダンス依存性についても言及した。この特性に基づいて、通信線に誘起する中波放送波によるコモンモード電圧に対する通信装置のイミュニティ試験回路および試験レベルの設定を行う考え方を紹介した。

**参考文献**

1) 栗山明海，島村辰男，中川正和：「ラジオ放送波の電話機への混入対策」，信学技報，EMCJ82-1

2) M.Hattori,F.Ohtsuki,T.Motomitsu and H.Koga: "Radio broadcast wave induction on voltage and pair unbalance in subscriber cable", International EMC Symposium in Tokyo,18PD2 1984

3) 徳田正満，井手口健：「通信機器のEMC（電磁環境両地立性）」，電子情報通信学会誌，Vol.74，No.5 (1991)

4) J.Zennek: "Uber die fortpflanzung ebener electromagnetiscer wellen langs einer ebenen leiterflache und ihre beziehung zur drahtlosen telegraphie", Annalen der Phisik, 23,846‐866, September 1907

5) H.M.Barlow and J.Brown: "Radio Surface Waves", Oxford at the clarendon press, 1962

6) 服部光男，涌田睦雄，井手口健：「垂直偏波の電磁波により通信線に発生する誘導縦電圧」，信学論B，Vol.J70‐B, No.10, pp.1237‐1244, 1987

7) H.Koga and T.Motomitsu : "Ligtning induced surges in paired telephone subscriber cable in Japan", IEEE Trans.on EMC, EMC‐27, 3, pp.152‐161, 1985

8) M.Hattori : "Radio broadcast wave induction voltage and pair unbalance in subscriber cable",International EMC symposium in Tokyo 1984

## II-4　線路とEMI/EMC（III）
# 線路と雷サージ
### 雷放電によるケーブルへの誘導機構とその特性

熊本高等専門学校　古賀　広昭

## 1．まえがき

　雷が落ちると大きな電圧が発生し、それが伝送線路を伝わって接続されている機器を破壊したり、機器の誤動作が発生したりする。
　本稿では、①雷が落ちる（以下、雷放電と記す）ことによって生じる障害、②雷放電から生じる、電流や電圧の考え方、③雷放電によって発生する電圧や電流の計算方法、④雷放電によって生じるケーブルに発生する電圧の特性、などについて解説する。

## 2．雷放電による障害

　落雷が発生すると、その周辺の機器や伝送路に雷サージを発生させる。この雷サージが機器を破壊したり、ノイズ源になったりして悪影響を与える。その内容は以下の二つの種類がある。
①高電圧、高電流が侵入することによる電気機器など絶縁破壊等
②通信信号へのノイズの発生の原因
　以下に、それぞれの内容について述べる。
### 2−1　高電圧、高電流が侵入することによる電気機器など絶縁破壊等の問題
　落雷が機器の近くに生じた場合、高電圧のサージが通信線や電源線に発生する。そのサージによってケーブルに接続された機器が破壊を起こすが、破壊を起こすには2つの状態がある。

(1) 電圧により破壊する場合

　　ある高電圧が加わると絶縁破壊を起こし破壊する。半導体の絶縁層はブレークスルー電圧を超えると破壊する。また、絶縁体は破壊電圧以上の電圧が加わることにより生じ、過電圧が通り過ぎても、その多くはもとの状態に復旧しない。液体（絶縁オイルなど）の場合には、復旧することがあるが、オイルなどに劣化が生じることがあるので、復旧する場合でも注意が必要である。

　　電圧により破壊を起こすものは、静電気などの高電圧によっても破壊することがある。

(2) エネルギーにより破壊する場合

　　エネルギーにより破壊するものは、発熱によって破壊が起こることが基本である。ヒューズなど融けることによって破壊するものは、雷サージ電流が流れて発熱し、それを融かして破断する。したがって、雷サージが高い電圧であっても電流が小さければ破壊しないので、静電気などで破壊することはない。

　　以上のように、機器などの破壊というのは2つの場合があるので、保護しようとする対象が絶縁破壊で壊れるのか、発熱で壊れるのかについて明確にしておかなければ充分な対策を行うことができない。また、上記の(1)と(2)の複合によって破壊することもある。すなわち、ある電圧以上で絶縁破壊を起こし、その破壊によってインピーダンスが小さくなって大電流が流れ本格的な破壊を起こすという場合である。

　　これらの条件をよく考慮した雷サージ防護をしなければならない。

2—2　通信信号へのノイズの発生の原因

　　雷放電によって通信設備に雷サージが発生しノイズの原因になることはしばしば経験する。ラジオ放送において、落雷が生じるとかなり遠方でもバリバリという音がすることを経験するであろう。電話のような通信伝送路においては、その伝送路に雷サージが発生する。通信伝送路のノイズはディジタル伝送路において、ディジタル信号のエラーとなって影響する。しかし、雷サージノイズはバースト状ノイズであるために、その対策を行っていれば、伝送信号に対する大きな問題はない。

## 3. 雷サージを考えるための基礎的事項
### 3－1 雷サージの分類

 雷サージは一般には直撃雷と誘導雷に分けて考える。直撃雷は、機器などに直接落雷して生じるものであり、大きな電流を流す。誘導雷は機器の近傍に落雷した場合、それによる電磁結合等によって発生するものであり、直撃雷よりは小さな電流（電圧）である。

 一般的な説明としては、上記のとおりであるが、現実には直撃雷と誘導雷を分離することは難しい。図1は通信ケーブルに直接落雷している状態を表わしており、雷放電電流がケーブルを伝わって流れる直撃雷の様子を示す。図3は通信ケーブルの遠方に落雷した状態であり、落雷によって空間に生じた電磁界によって通信ケーブルに誘導電圧が発生する様子を示している。これが誘導雷サージと呼ばれる。一方、図2はケーブルの近くに落雷した状態を示す。雷放電があると、大地の電位が上昇する。例えば、立ち木に落雷した場合、立ち木

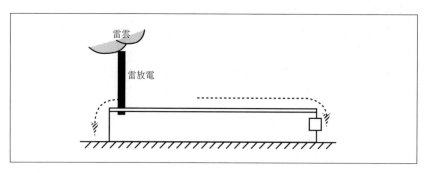

〔図1〕ケーブルへの直撃サージ電流

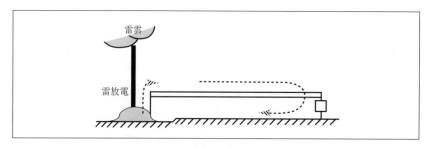

〔図2〕ケーブルへの直撃（一部）雷サージ電流

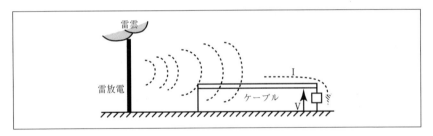

〔図3〕雷放電によるケーブルへの誘導雷サージ

の接地抵抗が10Ωであったとすれば、雷放電電流が20kAの場合、大地の電位が20万Vに上昇する。その電位は落雷地点周辺数十m四方の電位が上昇するであろう。数十m付近にケーブルの片端があり、その端末が接地されていると大地の電位が数万Vに上昇し、遠方の端末は電位がゼロであるから、遠方に向かって電流が流れる。これは半分は直撃雷の成分であり、誘導雷サージであるか、直撃雷サージであるか明確に分離できない。

本稿では、誘導雷というのは図3の電磁界によるものを述べることとする。

### 3－2　被害を与える雷サージ

直撃雷サージは大きな電圧、電流であるため直撃雷サージの方が誘導雷サージより問題なのだろうか。これは考える対象による。

#### 3－2－1　直撃雷サージについて

(1) 直撃雷サージの問題

直撃雷サージについて以下のように考える。

①直撃雷が発生するのは、山頂の施設や高い鉄塔・建物などであり、特殊な地域や場所と考えてよい。

②これらの場所では、あらかじめ落雷しやすい場所をわざわざ設置し（避雷針）、そこに落雷を発生させ機器を守る。

③直撃雷が発生しそうにない場所に、もし直撃雷が発生すれば、上記のような対策を行っていないので防護が困難である。しかし、その確率は非常に少ないであろう。

(2) 障害の問題

直撃雷サージは1万アンペア程度の電流が流れるから、通常の電線に直撃雷

サージが流れると融けて蒸発してしまう。通信機器や装置、電線など直撃雷ではすべて破壊されてしまうと考えてよい。いいかえれば、直撃雷サージが生じても、機器や重要な電線には直接電流が流れないようにすることが大事であり、問題がない場所に雷電流を流すような通路を用意しておく。

3－2－2　誘導雷サージについて

(1) 誘導雷サージの問題

　誘導雷サージは数十～数百アンペアの電流を発生させる。通信ケーブルなどの周辺500m以内に落雷すれば、誘導雷サージが発生する可能性が高く、直撃雷サージより数百倍以上も発生する確率が大きい。図4に直撃雷、誘導雷サージの発生する領域を示している。直撃雷はケーブル線上であり、誘導雷サージはケーブル周辺500mの範囲であるが、その面積比が直撃雷、誘導雷サージの発生する割合になる。いいかえれば、誘導雷サージは頻度が非常に多く、かつその電圧、電流も防護できる範囲なので、いろいろな雷誘導問題を扱う場合には誘導雷サージを取り扱うことが多い。

(2) 障害の問題

　障害は以下のようなものである。

　①通信機器の絶縁破壊

　②機器の誤動作

　これらを防ぐために、アレスタによる防護などの研究がされているが、このほとんどは誘導雷サージを対象としたものである。

3－3　**誘導雷サージを考える上での問題と雷放電特性**

　3－2において、頻度が多く、雷防護を考える上で誘導雷サージが重要であ

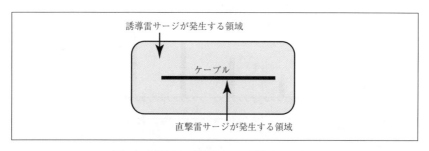

〔図4〕直撃雷、誘導雷サージが発生する領域

ることを述べた。誘導雷サージを考えるために問題となることは、雷そのものが明確でないために、雷サージ電圧などの特性が把握できないことである。

　誘導問題を考えるときに、誘導源と誘導される物の両方がある。誘導雷サージ問題では、誘導源が雷そのものであり、誘導されるものが例えば通信ケーブルである。通信ケーブルへの誘導雷サージ特性の理論的な検討においては、誘導源と通信ケーブル間の結合問題を解析しなければならない。しかし、誘導源である雷そのものの特性が明確でない。

　雷は図5に示すように、大地から雷雲に向かって上昇する。落雷が発生するたびに、雷放電電流（電流の大きさ（電流波高値）、波形、放電する長さ（大地と雷雲の距離）等）が表1に示すように一定ではない[1, 2]。すなわち、ある落雷があったとき、その雷の大きさも波形も長さもわからないことになる。また、落雷点すらわからないこともしばしばであり、雷の細かな特性、例えば、雷放電が図5のように地面から垂直なのか、いくつか枝分かれしているのか、雷の上昇速度は一定速度かなどまでは観測不可能であろう。

　したがって、通信ケーブルに誘導する雷サージを観測したとしても、その時の雷の電流はどうなっていたか観測することができない。このように、誘導源そのものがほとんどわからないために誘導雷サージの特性を考えることは困難である。

　このような問題では、「統計的にとらえる」ことが重要な考え方になる。以上の観点から、雷サージ特性がたびたび統計的手法により取り扱われている理由である。

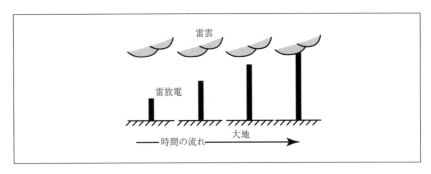

〔図5〕雷放電の成長

〔表１〕雷放電電流の主な特性

| 項目 | 主な値 |
|---|---|
| 上昇速度 | $5.0 \times 10^7$ m/s |
| 電流波高値 | 10〜100kA |
| 波頭長 | 1〜2$\mu$s |
| 波尾長 | 10〜40$\mu$s |
| 放電路長 | 2〜5km |
| 多重性 | 2〜5個 |

雷放電電流波形と定義

## 3−4　雷サージ誘導現象と放送波誘導現象の相違

　放送波から通信ケーブルへの誘導現象が求められているが、雷サージ誘導現象はそれと異なるのだろうか。
　この相違点は以下の2つである。
(1) 誘導源について、放送波はわかっているが、雷放電はわからない。
(2) 誘導波形として、通常放送波は正弦波であるが、雷サージは表1に示したようなパルス状の波形である。

　上記の(1)については3−3に述べているように、通信ケーブルに誘導された雷サージは分布関数として統計的に処理するが、放送波誘導においては誘導源とケーブルの誘導電圧はきちんと対応していると考えてよい。ただし、放送波による誘導電圧も分布関数として取り扱うことがあるが、それは建物や地形などによって誘導電圧が多少ばらつくためである。
　(2)については、通信ケーブルに誘導する雷サージの計算は時間領域の計算方法で行わなければならず、かなり面倒である。後述するように、本書では誘導雷サージの計算においては、差分方程式によって行っている。

## 4. 誘導雷サージの計算方法

### 4−1 誘導雷サージの計算のための基本

雷放電によって通信ケーブルに誘導する雷サージを求めるために、以下の3つのステップで考える。

(1) 雷放電電流による、ある空間の電磁界の計算
(2) 大地に有限の導電率がある場合の電磁界の水平、垂直成分の発生
(3) 水平、垂直電磁界成分による通信ケーブル端末への雷サージの計算

上記の3つのステップにより、雷放電による通信ケーブルへの誘導雷サージの計算を行う。ただし、これらの計算においてもいくつかの考え方があり、たいへん難しいものとなっている。以後、これらの計算について各種の考え方を含めて述べるが、1つひとつのステップに対して、電磁界の高度な計算方法を理解しておかなければならない。

### 4−2 雷放電電流による空間に生じる電磁界の計算方法

雷放電電流による空間に生じる電磁界の計算方法として考慮する重要な点は次の二つである。

(1) 雷放電電流のモデルをどのように考えるか。
(2) 雷放電地点から遠くに離れた地点での電磁界の伝達は時間がかかるため、放電地点から観測地点までの伝達に時間(遅延ポテンシャルという)を考慮すること。

雷放電によって生じる大地上の電界計算方法を述べるが、2つの方法がある。この2つの計算方法では、雷放電現象に対して①雷放電路が時間とともに上昇し伸びていく、②①の雷放電路の中の電流密度が時間的に変化する、③遅延ポテンシャルの影響を考慮する、ことに対して共通に考えている。

#### A. Umanの電界計算式[3]

雷放電現象のように電流が時間的に高さ方向に進みながら、かつその大きさも変化する過渡現象を考える場合、空間的に離れた位置に生じる電界は、時間を含むMaxwallの方程式から導く必要がある。時間を含むMaxwallの方程式は次式で与えられる。

$$\nabla E = \frac{\rho}{\varepsilon_0} \quad \cdots (1)$$

$$\nabla B = 0 \tag{2}$$

$$\nabla \times E = -\frac{dB}{dt} \tag{3}$$

$$\nabla \times B = \mu_0 + \frac{1}{c^2}\frac{dE}{dt} \tag{4}$$

この一般解はスカラーポテンシャル$\phi$、ベクトルポテンシャルAを用いて次式で与えられる。

$$E = -\nabla \phi - \frac{dA}{dt} \tag{5}$$

$$B = \nabla \times A \tag{6}$$

ここで、$\phi$、Aは図6に示す雷放電モデルにおいて次式のように表わされる。なお、図6は大地から雷放電が上昇する状態を示しており、雷放電開始点oと観測点までの距離を$P_0$、雷放電路の頂点と観測点までの距離をRで表わしている。

$$\phi(P_0, t) = \frac{1}{4\pi\varepsilon_0}\int \frac{\rho\left(z, t-\frac{R}{c}\right)}{R}dz \tag{7}$$

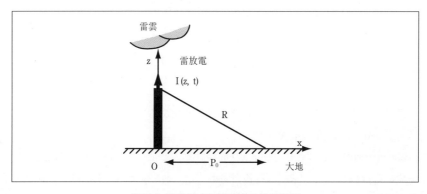

〔図6〕雷放電点と観測点の位置関係

$$A(P_0,t) = \frac{\mu_0}{4\pi}\int \frac{I\left(z,t-\frac{R}{c}\right)}{R}dz \quad \cdots (8)$$

ただし、$R = \sqrt{P_0^2 + z^2}$ で$P_0$は原点（電流の流れ出る点）から観測点までの距離

 $\rho(z、t)$　　：電荷密度
 $I(z、t)$　　：電流密度　　　$t<0$では、$I=0$
 $c$　　　　：光速

電流はz方向のみなのでAはz成分のみを持つ。また、この$\phi$とAは次のローレンツ条件を満たしている。

$$\nabla A + \frac{1}{c^2}\frac{d\phi}{dt} = 0 \quad \cdots (9)$$

このローレンツ条件より$\phi$をAで表わすことができる。

$$\phi(P_0,t) = -c^2\int_0^t \nabla A d\tau \quad \cdots (10)$$

電界Eは式(5)に式(8)および式(10)を代入することにより得られる。ここでは完全導体上の電界を問題としているので、地表面上の電界Eはz成分のみとなり、次のように与えられる。

$$E_z(P_0,t) = \frac{1}{2\pi\varepsilon_0}[\int_{-\infty}^{\infty}\left(\frac{2}{R^3} - \frac{2P_0^2}{R^5}\right)\int_0^t I\left(z,\tau-\frac{R}{c}\right)d\tau dz$$
$$+\int_{-\infty}^{\infty}\left(\frac{2}{R^3} - \frac{3P_0^2}{R^5}\right)I\left(z,t-\frac{R}{c}\right)dz - \int_{-\infty}^{\infty}\frac{P_0^2}{c^2R^3}\frac{dI\left(z,t-\frac{R}{c}\right)}{dt}dz] \quad \cdots (11)$$

式(11)がUmanの方法による垂直電界表示式である。

B．Chowdhuriの電界計算式[4]

 Chowdhuriの電界計算式もUmanの電界計算式と全く同じMaxwell方程式から始め、式(7)および、式(8)からスカラポテンシャル$\phi$とベクトルポテンシャルAを導く。

この場合、式(7)において、放電電流の上昇速度をvとすると、電荷$\rho$の上昇がすなわち電流Iであるから、

$$\rho = \frac{I}{v}$$

とおく。さらに放電電流を単位ステップ電流（I(t)=U(t)、U(t)=0　t<0のとき、U(t)=1　t≧0のとき）として、式(7)および式(8)を解き、式(5)に代入して垂直電界$e_z(P_0, t)$を求めると次式で表わされる。

$$e_z(P_0,t) = \frac{1}{2\pi\varepsilon_0}\left[\frac{c^2-v^2}{cv\sqrt{v^2c^2t^2+(c^2-v^2)P_0^2}} - \frac{c}{vP_0}\right] \quad \cdots\cdots(12)$$

ただし、$t < P_0 / c$では$e_z = 0$

　式(12)は、単位ステップ電流に対する電界であるから、任意に大きさが変化する放電電流に対する電界を求める場合は、回路理論的に単位ステップに対する応答電界（インディッシャル応答電界）を次式のようにたたみ込み積分を行って求めることができる。

$$E_z(P_0,t) = \int_0^t e_z(P_0,\tau)I'(t-\tau)d\tau \quad \cdots\cdots(13)$$

　ここで、ダッシュはtでの微分を意味する。

## C. 両電界の計算方法の比較

　A、Bは2つの電界計算方法を示した。この両者の使い分けについて述べる。

　A．で示したUmanの電界計算方法(11)はどのような雷放電電流の場合でも用いることができる。しかし、電流波形がパルス状の過渡的な波形では、電流が時間の関数になり、(11)の2重積分の項などが実際には解析的に実行できないことが多い。

　一方、Chowdhuriが示した計算方法(13)は非常に簡単な式で表されており、さらに(12)のInditial応答電界を求める場合には非常に簡単に解析的に電界$E_z$を計算できる。ただし、この計算方法の適用条件は電流が大地から一定の速度で上昇するという条件が必要であり、この条件があるから簡単な式で与えられていると考えてよい。

## 4―3 大地上に生じる電磁界の考え方

　雷放電電流によって空間に電磁界が発生する。特に大地上の電磁界の計算式を求めるには、①大地を完全導体として計算する、②大地を有限の導電率を持つものとして計算する、という2つの方法がある。①の計算式は4―2に述べた方法でよいが、②の計算式について以下に述べる。

　4―2は大地を完全導体として計算したものである。4―2を考察するときに、雷放電を鏡像の位置に設定して計算しているが、このことが大地を完全導体とみなしたことになる。実際には大地が有限の導電率であることは当然であるが、この場合の空間の電磁界の計算方法は非常に困難であるために、やむをえず、大地を完全導体として計算している。図7は大地を完全導体にした場合の、電磁界の模様を示しており、大地表面では電界は大地に垂直になっている。

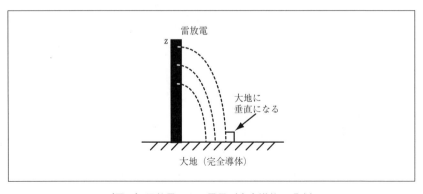

〔図7〕雷放電による電界（完全導体の場合）

　図8は大地が有限の導電率の場合の電界の模様を示している。この電界は大地に垂直ではなく、わずかに傾いた形になり、水平電界成分が現われる。でもその形は図7の完全導体の電界の形とわずかにしか違っていないので、大地が有限の導電率の場合の複雑な電界の計算式をわざわざ用いる意味がないと考えてよい。周波数にもよるが、水平電界成分は垂直電界成分の1/100くらいであり、わずかにしか傾いていないことがわかるだろう。

　それなのに、本稿では大地を有限の導電率を持つ場合の電磁界によって、考

えることとした。この理由は、通信ケーブルの長さは100m以上であることが多く、水平電界による誘導成分が累積して次第に支配的になるためである。すなわち、小さな水平電界成分が長いケーブルでは累積されて支配的になってしまう。

　以上のように、雷放電による空間の電磁界を計算するためには、大地を有限の導電率の場合を考えることとする。大地を有限の導電率の場合の電磁界の計算方法を次に述べる。

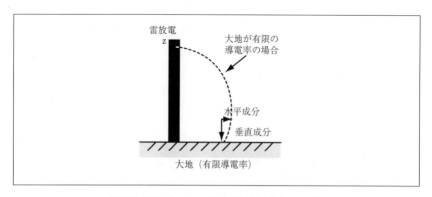

〔図8〕雷放電による電界（有限導電率の場合）

## 4—4　大地が有限の導電率を持つ場合の電磁界の計算方法

　大地が有限の導電率を持つ場合の空間の電磁界を求めるために、次の3つの計算を考えなければならない。

(1) 雷放電電流が過渡的に変化する（パルス状の電流）。
(2) 雷放電電流が地面付近にあるときから上空に達するまでに時間がかかるので、それらの地点から伝達してくる電磁界の伝搬時間を考えておかなければならない。
(3) 大地が有限の導電率であり、電磁界が歪んでいる効果を考えなければならない。

　上記の項目を考慮した電磁界の計算方法は、どの1点をとってもかなり難しい計算方法になる。そのために以下、計算を進めるにあたって、3つの部分の計算手法に注意して実施する。

A．垂直電界の計算式

　雷放電の電流とその電荷による空間に生じる垂直電界は、Maxwellの方程式から次式により与えられる。

$$E_z = -\mathrm{grad}\phi - \frac{dA_z}{dt} \qquad (14)$$

　ここで、$\phi$は雷放電電荷によるスカラポテンシャル、$A_z$は雷放電電流によるベクトルポテンシャルである。図9において、雷放電がzまで上昇したとき、スカラポテンシャル$\phi$とベクトルポテンシャル$A_z$は次のように表わされる。

$$\phi(P_0, t) = \frac{1}{4\pi\varepsilon_0} \int^z \frac{q\left(z - \dfrac{R}{v_c}\right)}{R} dz \qquad (15)$$

$$A_z(P_0, t) = \frac{\mu_0}{4\pi} \int^z \frac{I\left(z - \dfrac{R}{v_c}\right)}{R} dz \qquad (16)$$

　ここで、$R = \sqrt{P_0^2 + (z-h)^2}$、$v_c$：光速、$t$：時間、$P_0$：落雷点―観測点の地表面間距離、$z$：放電路先端の地上高、$h$：観測点の地上高

　$q(z, t)$および$I(z, t)$はそれぞれ高さz、時間tにおける電荷密度、電流密度であり、t＜0ではI=0である。

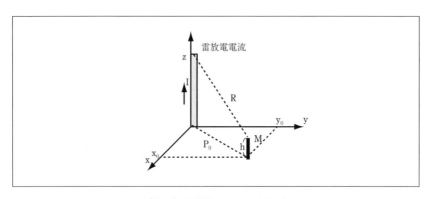

〔図9〕雷放電モデルの座標系

なお、以下の説明では、Chowdhuriの電界計算式の方法を適用することにした（雷放電電流が大地から一定の速度で上昇とする）。

## A.1 スカラポテンシャルの計算

雷放電路から観測点までの伝搬時間を考慮しないときには式(15)は次のように表わされる。

$$\phi = \frac{q}{4\pi\varepsilon_0}\int_0^z \frac{1}{\sqrt{P_0^2 + (z-h)^2}}dz \quad \cdots\cdots(17)$$

ここで、$P_0 = \sqrt{x_0^2 + y_0^2}$。また、$q = \frac{I}{v_1}$ と表わすことができる。$v_1$は放電電流の上昇速度である。式(17)の積分を実行すると、次式が得られる。

$$\phi = \frac{q}{4\pi\varepsilon_0}\log\left[\frac{(z-h)+\sqrt{(z-h)^2+P_0^2}}{-h+\sqrt{h^2+P_0^2}}\right] \quad \cdots\cdots(18)$$

t=0で雷放電が開始し、観測点ではt=R/$v_c$で電界が観測され始めるので、放電路の高さがz点に上昇したときの到着時間は次式で表わされる。

$$t = \frac{z}{v_1} + \frac{R}{v_c} = \frac{z}{v_1} + \frac{\sqrt{(z-h)^2+P_0^2}}{v_c} \quad \cdots\cdots(19)$$

式(19)からzは次式となる。

$$z = \frac{\left(h-\frac{v_c^2}{v_1}t\right) - \sqrt{v_c^2\left(t-\frac{h}{v_1}\right)^2 + P_0^2\frac{v_c^2-v_1^2}{v_1^2}}}{1-\frac{v_c^2}{v_1^2}} \quad \cdots\cdots(20)$$

遅延ポテンシャルは式(20)を式(18)に代入して、次のように表わすことができる。

$$\phi = \frac{q}{4\pi\varepsilon_0}\log\left[\frac{T+\sqrt{T^2+P^2}}{-h+\sqrt{h^2+P_0^2}}\right] \quad \cdots\cdots(21)$$

ここで、

$$T = \frac{(v_c t - h)}{1 + \frac{v_1}{v_c}}, \quad P^2 = \frac{v_c - v_1}{v_c + v_1} P_0^2$$

## A.2 ベクトルポテンシャルの計算

式(16)に示したベクトルポテンシャルは同様にして、次式で与えられる。

$$A_z = \frac{\mu_0 I}{4\pi} \int_0^z \frac{1}{\sqrt{P_0^2 + (z-h)^2}} dz \quad \cdots\cdots (22)$$

また、遅延ベクトルポテンシャルは遅延スカラポテンシャルと同じ方法で次式のように与えられる。

$$A_z = \frac{\mu_0 I}{4\pi} \log \left[ \frac{T + \sqrt{T^2 + P^2}}{-h + \sqrt{h^2 + P_0^2}} \right] \quad \cdots\cdots (23)$$

## A.3 遅延ベクトルポテンシャルと遅延スカラポテンシャルから得られる電界

垂直電界は式(14)に示したように、スカラポテンシャルの項とベクトルポテンシャルによる項の和によって求められる。

スカラポテンシャルによる電界$e_s$とベクトルポテンシャルによる電界$e_m$は後述するように、ケーブルに誘導する雷サージの計算において異なる働きをするため、それぞれについて求める。

電界$e_s$は次式である。

$$e_s = -\mathrm{grad}_z \phi = -\frac{q}{4\pi\varepsilon_0} \left( -\frac{\frac{v_c}{v_c + v_1}}{\sqrt{T^2 + P^2}} + \frac{1}{\sqrt{h^2 + P_0^2}} \right) \quad \cdots\cdots (24)$$

また、電界$e_m$は次式で与えられる。

$$e_m = -\frac{dA_z}{dt} = -\frac{\mu_0 I}{4\pi}\left(\frac{\frac{v_c v_1}{v_c + v_1}}{\sqrt{T^2 + P^2}}\right) \quad \cdots\cdots(25)$$

ここで、光速度$v_c$は次式で与えられる。

$$v_c = \frac{1}{\sqrt{\varepsilon_0 \mu_0}} \quad \cdots\cdots(26)$$

また、

$$\frac{1}{4\pi}\sqrt{\frac{\mu_0}{\varepsilon_0}} = 30 \quad \cdots\cdots(27)$$

式(26)と式(27)を式(24)と式(25)に代入すると次式のように$e_s$および$e_m$を書くことができる。

$$e_s = 30 U(t)\frac{v_c}{v_1}\left(\frac{\frac{v_c}{v_c + v_1}}{\sqrt{T^2 + P^2}} - \frac{1}{\sqrt{h^2 + P_0^2}}\right) \quad \cdots\cdots(28)$$

$$e_m = -30 U(t)\left(\frac{\frac{v_c}{v_c + v_1}}{\sqrt{T^2 + P^2}}\right) \quad \cdots\cdots(29)$$

ここで、U(t)は雷放電電流を単位ステップ電流とおいたもので、その記号である。すなわち、t≧0ではU(t)=1であり、t＜0ではU(t)=0である。このように単位ステップ電流で考えると、雷放電電流が任意の波形であれば、そのときの電界は次式のようにたたみこみ積分を行うことによって求めることができる。

$$E_x = \int_{t_1}^{t_2} e_x(\tau) I'(t-\tau) d\tau \quad \cdots\cdots(30)$$

ここで、$e_x(\tau)$は単位ステップ電流に対する応答電界であり、$I'(t-\tau)$は雷放電電流の微分をしたものである。

雷放電電流は図10のように三角波形状であるとすれば、雷放電電流は$t<0$、$0 \leq t < t_f$、$t_f \leq t < t_e$、$t_e < t$の4つの直線で表わすことができる。したがって、式(30)を4つの領域に分けて積分を実行すると次式のように表わすことができる。なお、4つの領域は雷放電点から観測点までの遅延時間$t_0$を加えて示している。

$$E_s(t) = 0, \quad E_m(t) = 0$$
$$E_s(t) = E_{s1}(t), \quad E_m(t) = E_{m1}(t) \quad \quad \quad \quad \quad \quad \quad \quad \quad \quad \quad \quad (31)$$
$$E_s(t) = E_{s1}(t) + E_{s2}(t), E_m(t) = E_{m1}(t) + E_{m2}(t)$$
$$E_s(t) = E_{s1}(t) + E_{s2}(t) + E_{s3}(t), E_m(t) = E_{m1}(t) + E_{m2}(t) + E_{m3}(t)$$

ここで、$E_{s1}\cdots$、$E_{m1}\cdots$は式(28)および式(29)を式(30)に代入して次のように表わすことができる。

$$E_{sn}(t) = 60 b_n \left( \frac{v_c}{v_1} \right) h \left( \frac{1}{v_c} \right) \log \frac{t_n + \sqrt{t_n^2 + \frac{v_0^2 - v_1^2}{v_0^2 v_1^2} P_0^2}}{\frac{P_0}{v_c} + \frac{P_0}{v_1}} - \left( \frac{t_n}{P_0} - \frac{1}{v_0} \right) \quad \quad (32)$$

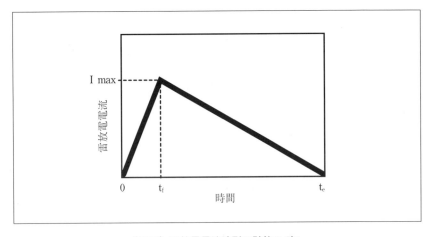

〔図10〕雷放電電流波形の計算モデル

$$E_{mn}(t) = -60b_n \left(\frac{1}{v_c}\right) h \left[ \log \frac{t_n + \sqrt{t_n^2 + \frac{v_0^2 - v_1^2}{v_0^2 v_1^2}P_0^2}}{\frac{P_0}{v_c} + \frac{P_0}{v_1}} \right] \quad \text{..................................(33)}$$

ここで、n=1、2または3である。また、$b_1$〜$b_3$は次のように与えられる。

$$b_1 = \frac{I_0}{t_f}, \quad t_1 = t \qquad (n = 1)$$

$$b_2 = -\frac{I_0}{t_f} - \frac{I_0}{(t_e - t_f)}, \quad t_2 = (t - t_f) \qquad (n = 2)$$

$$b_3 = \frac{I_0}{(t_e - t_f)}, \quad t_3 = (t - t_e) \qquad (n = 3)$$

垂直電界$E_z$はスカラポテンシャルから求めた電界$E_s$とベクトルポテンシャルから求めた電界$E_m$の和として次式で与えられる。

$$E_z = E_s + E_m \quad \text{....................................................................................(34)}$$

B．水平電界の計算式（大地が有限の導電率の場合）

　A．の項目で述べた垂直電界は、大地を完全導体とした場合の計算式である。この場合には水平電界が生じない。したがって、水平電界を求めるには大地が有限の導電率であるとしなければならない。しかし、大地を有限の導電率とした場合の垂直電界の計算は非常に困難である。そこで、まず大地を完全導体と考えて垂直電界を求め、つぎに大地を有限の導電率を持つものと考える。そのときに、その垂直電界が有限の導電率のためにわずかに進行方向に傾く現象がおきるが、その傾きによって水平電界が発生すると考えた。

　大地が有限の導電率の場合、電界が傾く現象はZenneckの表面波として知られており、Zenneckの表面波によって垂直電界$E_z$と水平電界$E_{H\sigma}$の間に次の関係がある。

$$E_{H\sigma}(\omega) = \frac{1}{\sqrt{\varepsilon_r + \dfrac{\sigma}{j\omega\varepsilon_0}}} E_z(\omega) \quad \dotfill (35)$$

ここで、

 $\varepsilon_0$ ：空間の誘電率

 $\sigma$、$\varepsilon_r$：大地の導電率、比誘電率

式(34)の垂直電界を式(35)に代入すれば水平電界は次式で与えられる。

$$E_{H\sigma}(\omega) = T(R_0, \theta) \sqrt{\frac{j\omega\varepsilon_0}{\sigma}} E_z(\omega) \quad \dotfill (36)$$

ここでT $(R_0、\theta)$は図11に示すように、ケーブルと落雷点のなす角度により、あるケーブルx点におけるケーブルに平行な成分を求めるためのベクトル成分であり、次式で与えられる。

$$T(R_0, \theta) = \frac{x - \left(R_0 \cos\theta + \dfrac{1}{2}\right)}{\sqrt{(R_0 \sin\theta)^2 + \left\{x - \left(R_0 \cos\theta + \dfrac{1}{2}\right)\right\}^2}} \quad \dotfill (37)$$

なお、式(36)は次の条件を置いている。

$$\varepsilon_r \ll \frac{\sigma}{j\omega\varepsilon_0} \quad \dotfill (38)$$

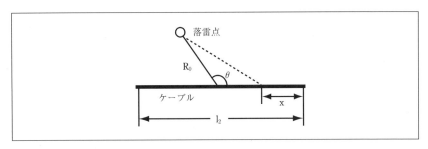

〔図11〕落雷点とケーブルの関係

なお、このとき式(36)の垂直電界は周波数の関数であるため、次の関係式によって垂直電界の時間関数を周波数関数に変換する。

$$E_z(\omega) = \int_{-\infty}^{\infty} E_z(t) e^{-j\omega t} dt \quad \cdots (39)$$

以上によって、水平電界を求めることができる。

上記のように、雷放電による観測点に生じる垂直電界、水平電界を求めることができた。

ここで、いくつかの内容を整理して説明する。

(1) 雷放電電流はパルス状の波形であるが、電流をインステップ状電流と仮定することにより、簡単に応答電界が得られる[5]。そして、その結果をたたみこみ積分をすることにより、任意の電流波形でも求められる。
(2) 時間的に遅れのない状態でポテンシャルを計算し、その後遅延の項を代入することによって、時間的な伝搬効果を考えた遅延ポテンシャルの式が得られる。
(3) 垂直電界では大地を完全導体として計算し、水平電界ではその垂直電界が大地が有限の導電率によって傾くとして近似的な計算を行っている。このことによって非常に簡単に水平電界が得られる。

4—5 雷放電による電磁界からケーブルへの誘導雷サージの計算方法

ケーブルの長さ方向に水平電界が起電力として働き、垂直電界がケーブルの高さ方向に起電力として働く、と考えて計算する。なお、垂直電界のうち、スカラポテンシャル成分が大地とケーブル間に起電力として働くが、ベクトルポテンシャル成分はケーブルの電位全体が上昇するように働いている[6]。

上記の説明の等価回路を図12に示している。この等価回路は次の式で書くことができる。

$$-\frac{dV_s(x)}{dx}dx = \left\{ RI(x) + L\frac{dI(x)}{dt} \right\}dx + E_{H\sigma}(x)dx \quad \cdots (40)$$

$$-\frac{dI(x)}{dx}dx = C\frac{d\{V_s(x) - V_{es}(x)\}}{dt}dx \quad \cdots (41)$$

$$V(x) = V_s(x) + V_{em}(x) \quad \cdots (42)$$

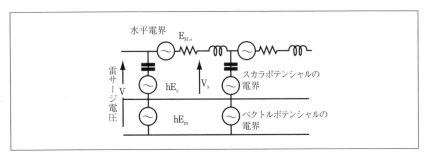

〔図12〕誘起起電力を含むケーブルの等価回路

ここで、$V_{es}=hE_s$, $V_{em}=hE_m$である。なお、hはケーブル高さである。

式(40)～式(42)によってケーブルに生じる雷サージ電圧を計算することができる。この計算は差分方程式によって計算できる。

計算において注意すべきことは以下のことである。

(1) 等価回路において、ケーブル上の各位置に誘起している印加電圧$E_H$や$E_s$などは位置によって変化するので、そのデータを用いなければならない。
(2) 端末の終端条件を考慮すること。

## 4－6　4－4～4－5を用いた計算例と特徴

水平電界を考える場合と考えない場合で誘導雷サージが非常に異なる。観測した雷サージ波形には水平電界を考慮して求めたほうがより正確であると考えられる。すなわち、本計算方法により、かなり正確に誘導雷サージを求めることができる。特徴としては、誘導雷サージ波形の性質を細かく説明できるようになった。その主な性質を以下に述べる[7,8]。

(1) 大地の導電率によって誘導雷サージ電圧が異なる。すなわち、導電率が小さい（大地の抵抗が大きい）山岳地域などでは大きな雷サージが発生するが、導電率が大きな海岸や河川地域では雷サージ電圧は小さくなる。これは雷サージによる被害の経験と一致する。
(2) 雷サージ波形の幅がかなり広い（50～200$\mu$s）。これは水平電界によって生じるものであることがわかる。また、観測値も同程度であり、よく一致している。
(3) ケーブルの周囲の落雷点によって、誘起する雷サージ電圧が異なる。ケー

ブルの長さ方向の延長上に落雷すると大きな誘導雷サージが発生する（図13参照）。

(4) ケーブルの高さを変化させても雷サージはほとんど変化しない。これは水平電界が影響していることを証明している。また、本稿には示していない

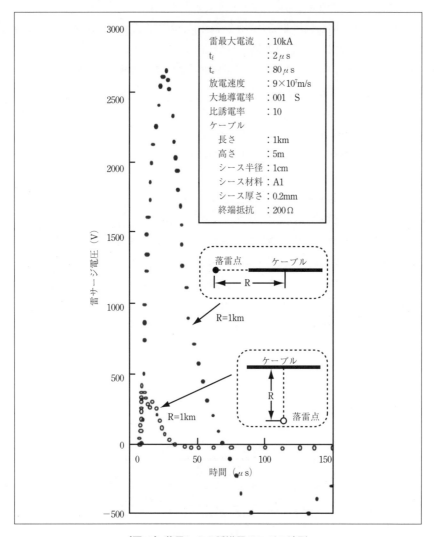

〔図13〕落雷による誘導雷サージの波形

が、地下ケーブルにおいて、数m程度大地内部に埋めておいても、水平電界成分の発生により、ほぼ同じ雷サージ電圧が発生する。これは実験によっても確かめられている。
(5) ケーブル周囲の落雷により、同じ雷サージ電圧が発生する地点を結ぶ等価誘導雷サージ曲線を計算により描くことができる。

この概念図を図14に示しているが、例えば2000Vの雷サージがケーブルに発生する等価曲線内の面積と1000Vの等価曲線内の面積比が各電圧が発生する確率の比率を表す。すなわち、ケーブル端末に発生する誘導雷サージ電圧の発生確率を計算でも求めることができる。

以上述べたように、本計算方法によって、誘導雷サージの発生についてはほとんどの問題を解決できるようになった。

### 4-7 誘導雷サージの大きさ、波形の検討

誘導雷サージの発生は高い電圧のサージは発生確率が少なく、小さな電圧のサージは頻繁に発生する。これは、図14でもわかるように、小さな電圧の面積が非常に大きいからである。

誘導雷サージ電圧は確率的に求められるが、その分布は正規分布ではなく、高い電圧ほど確率が小さく、小さな電圧ほど確率が大きいものである。測定された結果を図15に示している。また、誘導雷サージの波形（波頭長、波尾長）の発生分布も測定しているが、この場合は対数正規分布形になる。すなわち、ある波形で発生する確率が一番多いことを示しているが、経験的にも妥当である。

なお、図15、図16において、加入者側、電話局側と記入しているのは、通信

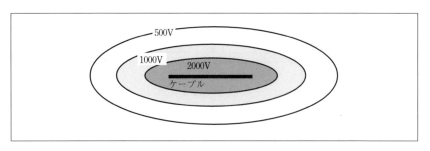

〔図14〕ケーブル周囲の雷サージ等電圧を与える落雷点（概略図）

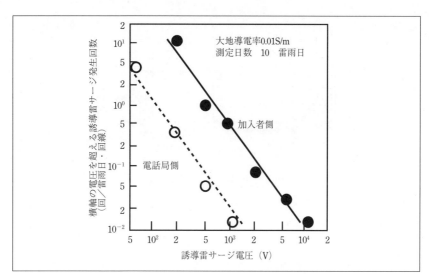

〔図15〕誘導雷サージ電圧とその発生回数

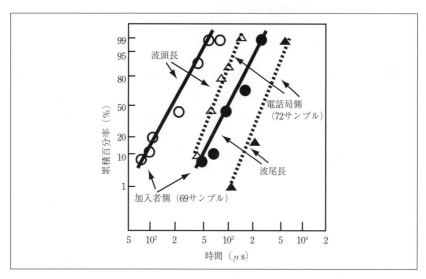

〔図16〕波頭長、波尾長分布

ケーブルの加入者端末側で観測した場合と、電話局側で観測した場合を意味している。電話局側の電圧が約1/5程小さいのは、測定条件が異なるためであり、

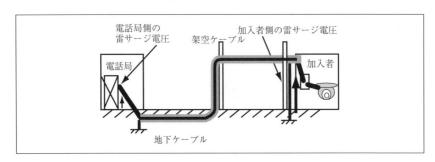

〔図17〕誘導雷サージの観測点

実際に通信機器が接続されている状態で観測している。この観測系のモデルを図17に示している。

また、本稿では図面が複雑になるので、特に示していないが、本計算方法によって求めた誘導雷サージ電圧の発生確率、誘導雷サージ波形の分布形ともに、計算からもほぼ同じ特性が得られている。

## 5．むすび

雷サージを考える上での基本的な考え方を全般的に述べるとともに、誘導雷サージが通信ケーブルに生じる理論的な考察を行った。とはいっても、雷サージ問題は、個別に対応していかなければならない場合が多いので、経験的な面も必要である。

経験的な内容はなかなか表現できないが、今後の課題として考えたい。

## 参考文献

1) 畠山久尚：「雷の科学」，河出書房新社，1970年
2) M.A.Uman : Lightning, Dover publications, NewYork, 1984
3) M.A.Uman, D.K.Mclain, and R.J.Fisher : Electric Field Intensity of the Lightning Return Stroke, Journal of Geophysical Research, 78, 18, pp.3523-3529,1973
4) P. Chowdhuri: Voltages Surges Induced on Overhead Lines by Lightning Strokes, Proc., IEE, 114, 12, pp.1899-1907, 1967
5) H.Koga, T.Motomitsu and M. Taguchi : Lightning Surge Waves Induced on

Overhead Lines, Trans. of IECE of Japan, E62, 4, pp.216〜223, 1979
6）山本賢司，松原一郎，木下仁志，岡重信：「架空配電線の近傍落雷時の誘導雷サージ解析」，電気学会論文誌B，103，11，pp.735-742，昭58-11
7）H.Koga and T.Motomitsu : Lightning-Induced Surges in Paired Telephone Subscriber Cable in Japan, IEEE Trans. on EMC, EMC-27, 3, pp.152-161, 1985
8）井手口健，古賀広昭，下塩義文，上田直行：「情報通信システムの電磁ノイズ問題と対策方法」，森北出版，1997年

# III. プリント配線板

# III-1 プリント配線板の電気的特性の測定

拓殖大学 澁谷　昇

　最近では、ノイズ対策というよりはEMC・EMI設計という言葉がよく使われる。ここでもEMC設計という観点からプリント配線板のEMCについて述べることにする。

　なお、本シリーズで線路のEMI/EMCの問題が議論される予定であるが、ここでも、伝送線路の基礎理論および、Signal IntegrityあるいはSignal Propagationとして論じられている反射、クロストークなどについて簡単に述べ、プリント配線板の伝送特性の測定法について述べる。

## 1. プリント配線板

　プリント配線板は製法により呼び方が異なるものの、両面配線板では誘電体基板材料の両面に銅箔が、多層配線板では銅箔と誘電体材料がサンドイッチ構造になっている。電気的には信号線と電源・グラウンド面からなる、図1 (a) のようなマイクロストリップ線路構造、あるいは図1 (b) のようなストリップ線路構造をしている。配線板では電磁波は準TEM波として伝搬する。

### 1-1 伝送線路としてのプリント配線板

　最近では回路上を伝わる信号が高周波化してきており、信号の伝送を議論する場合には分布定数回路的な取り扱いをする必要がある。電気信号の波長$\lambda$と周波数fとの間には$\lambda=v/f$の関係がある。ここで$v$は信号の伝搬速度で、真空中では$3\times10^8$m/s、プリント配線板上ではその1/2-2/3程度になる。従って、

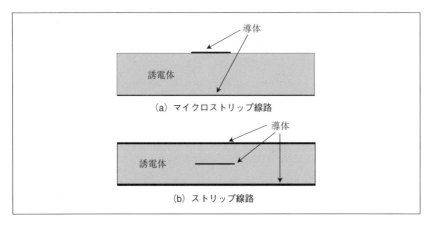

〔図1〕プリント配線板の構造

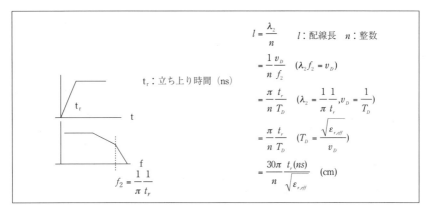

〔図2〕信号の立ち上り時間と配線長との関係

200MHzの信号が$2 \times 10^8$m/sで伝送されているとき、波長は1mとなる。一般に、配線長が波長の1/10以上程度になると、分布定数回路として取り扱うことが望ましいとされている[1]。図2に信号の立ち上り時間と配線長との関係を示す。

1-1-1　伝送方程式

　信号が図3のような回路を伝送しているとき、配線を単位長さあたりの抵抗R、インダクタンスL、容量C、コンダクタンスGで等価的に書き表わし、回路の電圧、電流をそれぞれV(x), I(x)とすると、伝送方程式

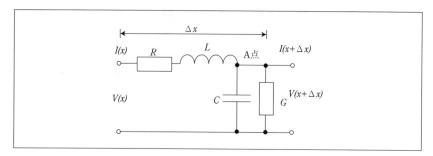

〔図3〕伝送線路モデル

$$-\frac{dV(x)}{dx} = (R + j\omega L)I(x)$$
$$-\frac{dI(x)}{dx} = (G + j\omega C)V(x) \quad \cdots\cdots (1)$$

が得られる。この2つの方程式を解いて、たとえば、長さ$l$の線路の出力端の電圧、電流がそれぞれ$V_B$, $I_B$であるような境界条件を与えると、次式が得られる。

$$V(x) = V_B \cosh\gamma(l-x) + Z_0 I_B \sinh\gamma(l-x)$$
$$I(x) = I_B \cosh\gamma(l-x) + \frac{V_B}{Z_0} \sinh\gamma(l-x) \quad \cdots\cdots (2)$$

ここで、

$$Z_0 = \sqrt{\frac{R + j\omega L}{G + j\omega C}} \quad \cdots\cdots (3)$$

は、伝送線路の性質を特徴づける量であり、電圧と電流の比を表わすので、特性インピーダンスと呼ばれている。また、

$$\gamma = \sqrt{(R + j\omega L)(G + j\omega C)} \quad \cdots\cdots (4)$$

は伝搬定数と呼ばれている。

## 1−1−2 特性インピーダンスと線路の伝送特性

(1) 特性インピーダンス

上の式で得られた$Z_0$で、抵抗R=0、コンダクタンスG=0のとき、線路は無損失であるといい、

$$Z_0 = \sqrt{\frac{L}{C}} \quad \cdots (5)$$

となり、特性インピーダンスはインダクタンスとキャパシタンスだけで与えられる。

特性インピーダンスはプリント配線板では、配線あるいは基板の構造(寸法)や基板材料によって決まる。たとえば、図1(a)のようなマイクロストリップ線路構造では、特性インピーダンスは近似的に、

$$Z_0 = \frac{87}{\sqrt{\varepsilon_r + 1.414}} \ell n \left( \frac{5.98h}{0.8w + t} \right) \quad \cdots (6)$$

で表わされる。ここで、$h$は基板の厚さ、$w$は配線幅、$t$は配線の厚さ、$\varepsilon_r$は絶縁体の誘電率である。

(2) 伝搬定数

$\gamma$は、

$$\gamma = \alpha + j\beta \quad \cdots (7)$$

で表わされる。配線を伝わる進行波を、

$$V(x) = e^{-(\alpha + j\beta)x} \quad \cdots (8)$$

とすると、実数部$\alpha$は減衰を表わし、虚数部$\beta$は波の位相を表わす。

(3) 実効誘電率

配線板の電気特性は誘電体の誘電率と配線板構造に依存する。実際には層間を誘電体で充てんしたときの容量Cと真空にしたときの容量$C_0$の比

$$\varepsilon_{r,eff} = \frac{C}{C_0} \quad \cdots (9)$$

で定義される実効誘電率に依存する。誘電体の比誘電率を$\varepsilon_r$とすると、マイクロストリップ線路では実効誘電率は近似的に

$$\varepsilon_{r,eff} = \frac{\varepsilon_r+1}{2} + \frac{\varepsilon_r-1}{2}\left(1+10\frac{h}{w}\right)^{-\frac{1}{2}} \quad\cdots\cdots (10)$$

で与えられる[2]。また実験的に

$$\varepsilon_{r,eff} = 0.475\varepsilon_r + 0.67 \quad (1 \leq \varepsilon_r \leq 15) \quad\cdots\cdots (11)$$

が成り立つことが知られている[3]。

(4) 伝搬速度

電気信号の波長と周波数と速度との間には$\lambda = v/f$の関係がある。従って次式が得られる。

$$v = \frac{2\pi f}{\beta} \quad\cdots\cdots (12)$$

無損失線路（R=0, G=0）を電気信号が進行するときの伝搬速度は、単位長さあたりのインダクタンスとキャパシタンスをそれぞれL, Cとすると、

$$v_D = \frac{1}{\sqrt{LC}}$$
$$= \frac{30}{\sqrt{\varepsilon_{r,eff}}} \quad (\text{cm/ns}) \quad\cdots\cdots (13)$$

で与えられ、実効誘電率が小さいほど信号の遅れが小さい。

(5) 線路の共振

式(2)で得られた電圧、電流の関係から、線路の受電端のインピーダンスを$Z_B = \frac{V_B}{I_B}$とすると、線路のインピーダンスは、

$$Z(x) = Z_0 \frac{Z_B \cosh\gamma(l-x) + Z_0 \sinh\gamma(l-x)}{Z_0 \cosh\gamma(l-x) + Z_B \sinh\gamma(l-x)} \quad\cdots\cdots (14)$$

となる。ここで、線路が無損失であるとすると、線路の入力インピーダンスは、

たとえば終端開放では、

$$Z_{open} = -jZ_0 \frac{1}{\tan\beta l} \quad \cdots\cdots(15)$$

終端短絡では、

$$Z_{short} = jZ_0 \tan\beta l \quad \cdots\cdots(16)$$

と表わされる。ここで、

$$\beta l = \frac{\pi}{2}(2n+1) \quad n:整数$$
$$l = \frac{\lambda}{4}(2n+1) \quad \cdots\cdots(17)$$

のとき、$Z_{open}$は0となる。従って終端を開放したとき、波長が4×［線路の長さ $l/(2n+1)$］になる周波数で回路は共振する。

　この共振はプリント配線板やケーブルからの放射を考える際に非常に重要な概念である。図4はマイクロストリップ線路の入力インピーダンスと放射との関係を示したもので、回路の入力インピーダンスが極小（谷）になる周波数で、回路からの放射のピークが現われる。

## 1－2　シグナルインテグリティ

　素子の入出力端子が長い配線につながっている場合、分布定数回路的な見方をすれば反射、あるいは集中定数回路的に言えば負荷の影響などのために、信号の伝送を行うと通常は波形が大きくひずむ。また、配線が密になっている場合には、クロストークなどの配線間の容量的、誘導的な結合により波形がひずむ。波形が乱れると、回路が正常な動作をしなくなる可能性が増大する。波形がどれだけ影響を受けないで保たれるかといった、波形の信頼性を表わす用語としてSignal Integrityが使われている。

### 1－2－1　反射

　信号は、伝送している配線の特性インピーダンスと異なるインピーダンスに出会ったところで反射を起こす。すなわち、線路の終端に接続された素子のインピーダンスが線路の特性インピーダンスと同じでないとき、信号は接続点で

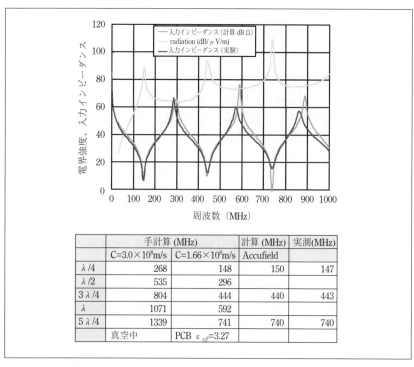

〔図4〕マイクロストリップ線路の入力インピーダンスと放射との関係

インピーダンス不整合による反射を起こす。

線路の特性インピーダンスを$Z_1$、線路の受電端に接続されたインピーダンスを$Z_2$とし、信号が線路から受電端に向かって進行しているとき、電圧の反射係数は、

$$\rho_V = \frac{Z_2 - Z_1}{Z_2 + Z_1} \quad \quad (18)$$

で与えられ、透過係数は

$$\tau_V = \frac{2Z_2}{Z_2 + Z_1} \quad \quad (19)$$

表わされる。

　たとえば、図5のような、$Z_1=100\,\Omega$、$Z_2=50\,\Omega$である線路の接続点では電圧反射率は-1/3となる。電圧3Vの入力信号が接続点で反射を起こすと、接続点で測定される電圧は2Vとなる。これは入ってきた電圧3Vのうち1Vが逆位相で反射され、入射波、反射波の両方が加えられて2Vになるためである。ここで、反射係数が負になるということは逆向きの電圧が帰っていくことになるので、引き算された電圧が測定される。接続された素子のインピーダンスが線路の特性インピーダンスと同じ場合には、反射係数が0となり反射は起きない。このことをインピーダンス整合と呼ぶ。エネルギーはすべて素子に伝えられる。

　インピーダンス整合が完全に行えれば反射はなくなるはずであるが、受電端で単純に線路と同じインピーダンスを付加すると電圧が半分になったり、また素子の入出力インピーダンスは動作状態で大きく変化するために、完全なインピーダンスの整合をとることは現実的には難しい。通常は素子の出力端に直列に小さな抵抗を挿入して波形のひずみを防ぐことが行われている。

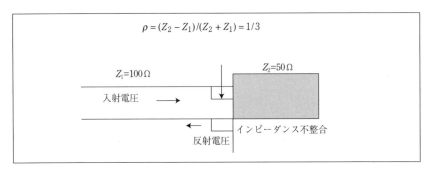

〔図5〕電圧の反射

　図6は線路の特性インピーダンスと素子の出力インピーダンス、入力インピーダンスが波形に与える影響を示したものである。素子の出力インピーダンスが線路の特性インピーダンスより小さいと、波形はリンギングを示す。逆に、素子の出力インピーダンスが線路の特性インピーダンスより大きいと波形は鈍る、すなわち、立ち上りが遅くなる。

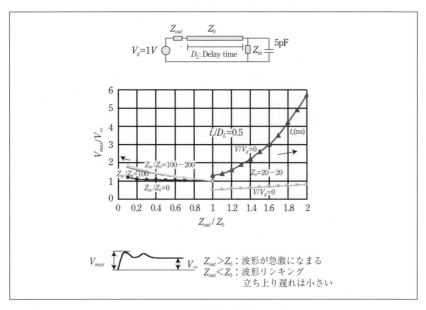

〔図6〕整合と波形の歪み（計算）

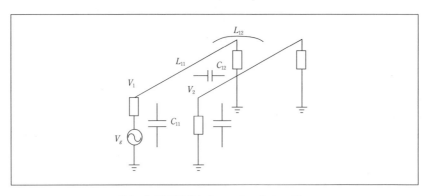

〔図7〕平行配線とクロストークのモデル

1－2－2　クロストーク

　配線が密になってくると、配線間や配線層間の容量結合や誘導結合によるクロストークが無視できなくなってくる。図7のように、長さ$l$の平行な2本の配線が近接している場合、各配線の自己容量、インダクタンスをそれぞれ$C_{11}$, $C_{22}$,

$L_{11}$, $L_{22}$とし、配線間の相互容量、インダクタンスを$C_{12}$, $C_{21}$, $L_{12}$, $L_{21}$とするとき、配線上に誘起する電圧、電流は以下の式で表わされる。

$$-\frac{dV_1}{dx} = L_{11}\frac{dI_1}{dt} + L_{12}\frac{dI_2}{dt}$$
$$-\frac{dI_1}{dx} = (C_{11}+C_{12})\frac{dV_1}{dt} - C_{12}\frac{dV_2}{dt}$$
$$-\frac{dV_2}{dx} = L_{21}\frac{dI_1}{dt} + L_{22}\frac{dI_2}{dt} \qquad\qquad (20)$$
$$-\frac{dI_2}{dx} = -C_{21}\frac{dV_1}{dt} + (C_{22}+C_{21})\frac{dV_2}{dt}$$

1の線を能動線（妨害を与える方）、2の線を受動線（妨害を受ける方）、また$X_{11}=X_{22}$, $X_{12}=X_{21}$（X=C, L）として、2から1に与える影響は無視できると仮定すると、

$$\frac{d^2\overline{V_1}}{dx^2} - \frac{p^2}{v^2}\overline{V_1} = 0$$
$$\frac{d^2\overline{V_2}}{dx^2} - \frac{p^2}{v^2}\overline{V_2} = \frac{p^2}{v^2}\left(\frac{L_{12}}{L_{11}} - \frac{C_{12}}{C_{11}}\right)\overline{V_1} \qquad (21)$$

（$\overline{V_1}$は$V_1$のラプラス変換である。）
が得られる。上の式を解くと、

$$V_1 = V\left(t - \frac{x}{v}\right)$$
$$V_2 = \frac{1}{4}\left(\frac{L_{12}}{L_{11}} + \frac{C_{12}}{C_{11}+C_{12}}\right)\left[V\left(t-\frac{x}{v}\right) - V\left(t - \frac{2l-x}{v}\right)\right] \qquad (22)$$
$$\qquad - \frac{1}{2}\left(\frac{L_{12}}{L_{11}} - \frac{C_{12}}{C_{11}+C_{12}}\right)\frac{x}{v}\frac{d}{dt}V\left(t-\frac{x}{v}\right)$$

ただし、$v = \dfrac{1}{\sqrt{L_{11}C_{11}}}$ ............................(23)

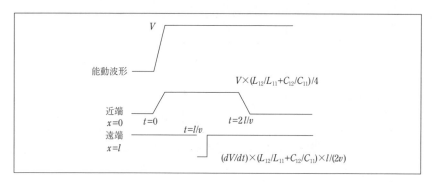

〔図8〕クロストーク波形

となり、能動波形をステップ波形とした場合、図8のようなクロストーク波形が得られる。$V_2$の式の第1項が近端の誘導電圧、後の項が遠端での誘導電圧を表わす。

　クロストークは、線路長$l$が波長に比べて十分小さいとき、集中定数的にも以下のようにモデル化することができる。能動線路の電流変化はインダクタンスを介して電圧源となり、ノイズは受動線路の回路に直列に入る。

$$V = L\frac{dI}{dt} \quad \cdots (24)$$

一方、電圧変化はキャパシタンス結合により電流源となって、回路に並列に入る。

$$I = C\frac{dV}{dt} \quad \cdots (25)$$

従って、能動波形が角周波数$\omega$の正弦波の場合、等価回路は図9のようになり、近端、遠端のクロストーク電圧は、

$$V_{NE} = \frac{R_{NE}R_{FE}}{R_{NE}+R_{FE}}j\omega C_{12}V_g + \frac{R_{NE}}{R_{NE}+R_{FE}}j\omega L_{12}I_g$$
$$V_{FE} = \frac{R_{NE}R_{FE}}{R_{NE}+R_{FE}}j\omega C_{12}V_g - \frac{R_{FE}}{R_{NE}+R_{FE}}j\omega L_{12}I_g \quad \cdots (26)$$

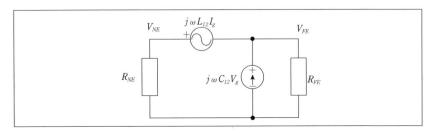

〔図9〕クロストーク解析の集中定数等価回路

となる。

## 2. プリント配線板の伝送特性の簡易測定

電子機器が高速・高周波化し、回路配線板上ではGHzに達する信号が伝送されているが、配線板の高周波特性を示すデータはなかなか見当たらない。一方、最近では配線板の特性インピーダンスをコントロールすることが当たり前のようになってきている。そこで、これらプリント配線板上の信号の伝送特性を簡単に測定する方法を以下に述べる。

### 2－1 ネットワークアナライザによる測定（開放・短絡法）

マイクロストリップ配線の終端開放、終端短絡の状態における入力インピーダンスをネットワークアナライザによって測定し、特性インピーダンス、伝搬定数（減衰定数および位相定数）、伝搬速度、実効誘電率を求めることができる。

### 2－1－1 電気特性の解析法

式(15)、式(16)より特性インピーダンスは、

$$Z_0 = \sqrt{Z_{open} \times Z_{short}} = \sqrt{(R_0 + jX_0)(R_s + jX_s)} \quad \cdots (27)$$

で表わされる。ここで、$R_0, X_0, R_s, X_s$はそれぞれ測定で得られる、開放時・短絡時のインピーダンスの実部と虚部である。インピーダンスの絶対値および位相 $|Z_{open}|, |Z_{short}|, \theta_0, \theta_s$ は測定値を使って、

$$|Z_{open}| = \sqrt{R_0^2 + X_0^2}, \quad \theta_0 = \mathrm{atan}^{-1}\left(\frac{X_0}{R_0}\right)$$
$$|Z_{short}| = \sqrt{R_s^2 + X_s^2}, \quad \theta_s = \mathrm{atan}^{-1}\left(\frac{X_s}{R_s}\right) \quad \cdots (28)$$

のように表わされる。次に、減衰定数は、

$$\alpha = \frac{\ln\left(\sqrt{\frac{a}{b}}\right)}{2 \times l} \quad \cdots (29)$$

位相定数は、

$$\beta = \frac{\mathrm{atan}^{-1}(c)}{2 \times l} \quad \cdots (30)$$

と表わされる。ここで、

$$a = 1 + \left|\frac{Z_{short}}{Z_{open}}\right| + 2 \times \sqrt{\left|\frac{Z_{short}}{Z_{open}}\right|} \times \cos(\frac{\theta_s - \theta_0}{2})$$
$$b = 1 + \left|\frac{Z_{short}}{Z_{open}}\right| - 2 \times \sqrt{\left|\frac{Z_{short}}{Z_{open}}\right|} \times \cos(\frac{\theta_s - \theta_0}{2}) \quad \cdots (31)$$
$$c = 2 \times \sqrt{\left|\frac{Z_{short}}{Z_{open}}\right|} \frac{\sin(\frac{\theta_s - \theta_0}{2})}{1 - \left|\frac{Z_{short}}{Z_{open}}\right|}$$

である。
　従って、終端開放、短絡状態のそれぞれの入力インピーダンスの実部と虚部を測定することにより、特性インピーダンス、減衰定数、位相定数、伝搬速度等を求めることができる[4]。

## 2－1－2　インピーダンスの測定結果

　FR1（紙フェノール）、FR4（ガラスエポキシ）およびCEM3（複合材料）を材料とする大きさ70mm×300mmの配線板上に、信号線の長さ280mmのマイクロストリップ線路配線板を作成し、開放・短絡法によりインピーダンスを測定

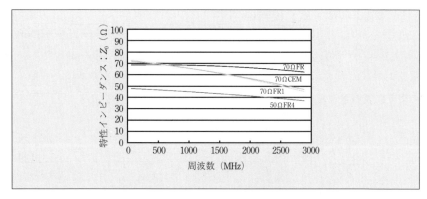

〔図10〕特性インピーダンスの周波数依存性

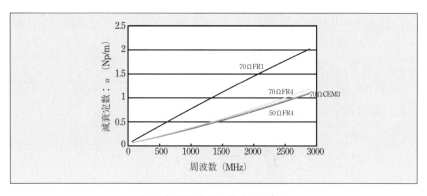

〔図11〕減衰定数の周波数依存性

した。特性インピーダンスは50Ω、70Ωの2種類用意している。
(1) 特性インピーダンス
　得られた特性インピーダンスの周波数特性の1例を図10に示している。低周波領域ではFR4,CEM3,FR1ともに設定どおりの測定値が得られている。70Ωに設定した場合、1GHz以上の高周波領域では特性インピーダンスはFR1では多少減少するが、FR4,CEM3では大きく減少する。一般に、高周波になると誘電率は低減する。しかし実効誘電率は周波数とともに増加し$\varepsilon_r$に近づいていくので、特性インピーダンスは多少減少の傾向を示すこともあり得る。

(2) 伝搬定数と伝搬速度

　得られた減衰定数の周波数特性の1例を図11に示している。減衰定数は周波数とともに増大していく。別に測定したセミリジッドケーブルに比べてFR4, CEM3では7倍程度、FR1では15倍程度大きい。次に、位相定数の周波数特性の1例を図12に示している。位相定数は周波数にほぼ比例して大きくなる。特性インピーダンスが周波数により減少するのに対して、位相定数の傾きはほぼ一定である。

　伝搬速度の周波数依存性を図13に示す。伝搬速度は1GHz以下では多少周波数の増加に従って大きくなるが、1GHz以上ではほぼ一定値を示す。FR4で $(1.6-1.67) \times 10^8$ m/s、CEM3で $(1.65-1.7) \times 10^8$ m/s程度である。FR1は他の2材料より

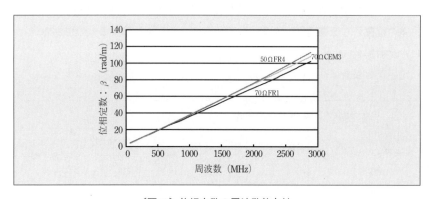

〔図12〕位相定数の周波数依存性

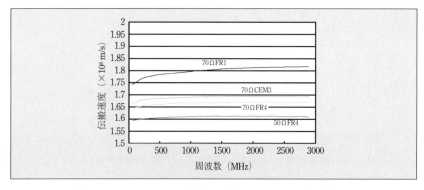

〔図13〕伝搬速度の周波数依存性

少し速く $(1.75-1.81)\times 10^8$m/sである。伝搬速度$v_D$から、

$$\varepsilon_{r,eff} = \left(\frac{v_0}{v_D}\right)^2 \quad v_0=光速 \quad \cdots\cdots (32)$$

式を使って実効誘電率$\varepsilon_{r,eff}$を求めると2.8から3.4であり、これから各材料の比誘電率を評価すると4.5-5.0程度と適切な値になる。

### 2-2 時間領域測定

特性インピーダンスおよび伝搬速度はTDR法(Time Domain Reflectometry)によっても求めることができる。これは、反射の項ですでに述べているが、図14(a)のように測定する回路にステップ波形を入力し、反射波形をオシロスコープで測定することにより、波高値よりインピーダンスを、ステップ波形の段差の位置から伝搬速度(あるいは不整合の位置)を計測するものである[5]。

(1) 反射解析

電圧反射係数は

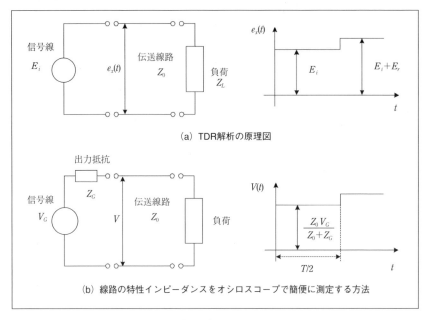

(a) TDR解析の原理図

(b) 線路の特性インピーダンスをオシロスコープで簡便に測定する方法

〔図14〕TDR法

$$\rho = \frac{E_r}{E_i} = \frac{Z_L - Z_0}{Z_L + Z_0} \quad \cdots\cdots (33)$$

と表わされるので、測定したい線路の特性インピーダンス$Z_L$は、

$$Z_L = Z_0 \frac{1+\rho}{1-\rho} \quad \cdots\cdots (34)$$

となる。ここで$Z_0$は特性インピーダンスである。実際のTDRメータでは上記のような測定を行うが、ここでは、以下に示すような、より簡便な方法を述べる。図14(b)のように、信号発生器から出力されたステップ波形の電圧値は接続されている伝送線路の特性インピーダンスに応じて小さくなる。出力電圧値を$V_G$、信号発生器の出力インピーダンスを$Z_G$、伝送線路の特性インピーダンスを$Z_0$とすると、オシロスコープ（高入力インピーダンス）で測定される過渡的な電圧値Vは、

$$V = \frac{Z_0}{Z_G + Z_0} V_G \quad \cdots\cdots (35)$$

となる。これより、伝送線路の特性インピーダンスは、

$$Z_0 = \frac{V}{V_G - V} V_G \quad \cdots\cdots (36)$$

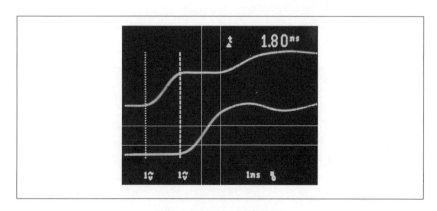

〔図15〕測定された反射波形

と求めることができる。

　図15はFR4プリント配線板上の70Ωの特性インピーダンスをもつ線路を上記方法で測定した例である。これより、

$$Z_0 = \frac{1.7}{2.9-1.7} \times 50 \quad \cdots\cdots(37)$$

から、プリント配線板の特性インピーダンスが71Ωと求められる。

(2) 伝搬速度（不整合の位置）

　伝搬速度を$v_D$、波形が不整合に達して再び戻るまでの時間をTとすると、線路の長さDは

$$D = \frac{v_D T}{2} \quad \cdots\cdots(38)$$

となる。従って、この式より、線路長がわかっていると伝搬速度が、逆に伝搬速度がわかっているときは、線路長を求めることができる。

　図15の例では、線路長がD=28cmとわかっているので、T/2=1.8nsを測定することにより、伝搬速度は$1.6 \times 10^8$m/sと求めることができる（図13を参照）。

## 3．反射およびクロストークの測定とシミュレーションとの比較[6]

### 3—1　反射の測定

　反射については前節の特性インピーダンスを求める際に説明したように、回

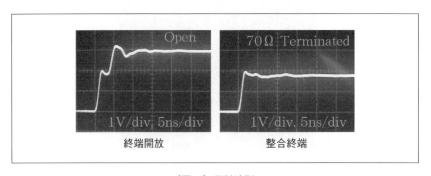

〔図16〕反射波形

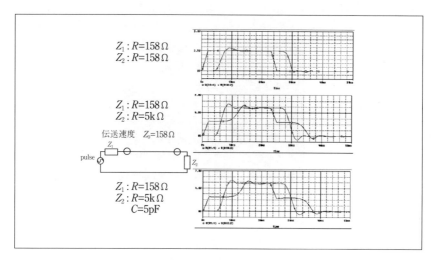

〔図17〕線路の整合と反射波形

路配線上の信号の反射波形を測定する。ここで、オシロスコープのプローブはFETプローブのような高インピーダンスであることが望ましい。

図16は特性インピーダンス70ΩのプリントP線の一端に70Ωの抵抗を付けた場合と開放した場合の、信号の入力端での信号波形である。整合終端の場合は反射はみられず、開放の場合に反射が観測されている。また図17は伝送線路解析で得られたシミュレーション波形である。抵抗値は実験と計算で違っているが、両者の傾向はよく一致していることがわかる。

### 3－2 クロストークの測定

図18に示すように、回路配線間に発生するクロストーク波形を、オシロスコープにより測定することができる。図18(a)は線幅0.4mm線間隔0.4mmの場合の、近端($V_b$)、遠端($V_f$)クロストークの測定波形である。ここでは、近端クロストーク、遠端クロストークともに正方向の電圧となっている。図18(b)は伝送線路解析で得られたシミュレーション波形で、近端、遠端クロストークの極性など、測定値とよく一致している。

図19は特性インピーダンス100Ω、線幅0.4mmのとき、近端、遠端をそれぞれある抵抗で終端した場合の、クロストークの線間隔依存性の測定値と計算値を比較したものである。終端の抵抗が大きいと計算値と測定値は多少違う

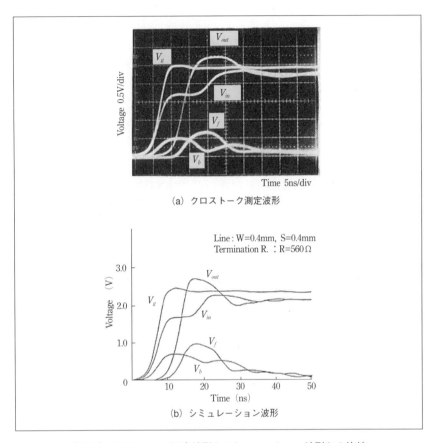

〔図18〕クロストーク測定波形とシミュレーション波形との比較

ものの、線間隔を大きくした場合の傾向は一致している。終端の抵抗が小さい場合は、両者はよく一致している[7]。

また、クロストークを低減させる方法として、配線の間にガードアースを挿入することがよく知られているが、図20にガードアース効果の計算例を示す。ガードアースを挿入することで、クロストークは半減していることがわかる。

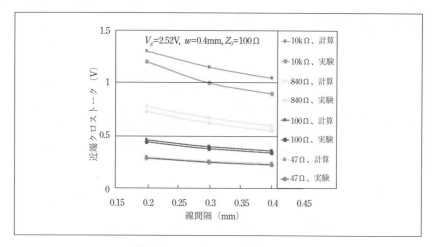

〔図19〕クロストークの線間隔依存性

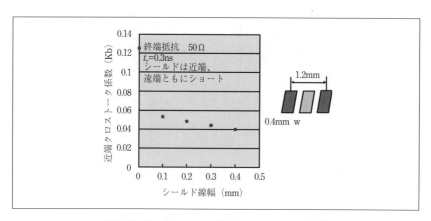

〔図20〕ガードアースによるクロストークの低減

## 4．おわりに

　本稿では、プリント配線板における信号の電気的特性とその簡単な測定について述べた。最近では、信号の高速・高周波化により、回路設計、配線板設計において、シグナルインテグリティの問題が大きく取り上げられるようになってきた。今後、ますますEMC設計が重要になってくるものと思われる。なお、ここでは述べなかったが、シミュレーション技術もEMC設計の強力な助けにな

るものと思われる。

**参考文献**

1) 澁谷：「高速回路とプリント配線板」，サーキットテクノロジ，Vol.4, No.3, 1989, p.99
2) 小西良弘：「マイクロ波回路の基礎とその応用」，総合電子出版
3) Kaupp : "Characteristics of microstrip transmission lines", IEEE Trans. On Computers, EC-16, pp.185-193, 1967
4) 作左部他：「プリント配線板の伝送特性の測定」，MES2000シンポジウム論文集,pp.359-362,2000.11
5) 「タイム・ドメイン・リフレクトメトリの原理」，Agilentアプリケーションノート,1304-2
6) Montrose, 澁谷, 櫻井, 高橋監訳：「プリント配線板のEMC設計」, ミマツコーポレーション, 2001年4月
7) 澁谷他：「プリント配線板上のクロストーク雑音解析」, 信学論(B),Vol.J68-B, No.9, 1985, p.1068

# III-2 プリント配線板とEMC

京都大学　和田　修己

## 1．はじめに

　プリント基板のEMCを実現するためには、まず不要電磁放射（電磁妨害波、Electromagnetic Interference：EMI）を出さないこと、すなわち「低EMI設計」と、外部からの電磁波による妨害を受けないこと、すなわち「高イミュニティ（immunity）設計」の、2点を実現することが必要となる。言い換えると、プリント基板からの電磁波の放射効率を下げ、さらに回路としての受信感度を下げれば良いわけである。本稿では、プリント基板（正確には、プリント回路基板（Printed Circuit Board：PCB））のEMCを実現するために理解しておくべき、基本的な原理について解説する。

　プリント基板から発生するEMIの発生原因は、言うまでもなくPCB上に実装されて動作する電子回路で、たとえばICやLSIなどのスイッチング素子である。特に高速ディジタル回路やスイッチング回路が大きな電磁雑音の励振源となる。これらの回路が動作するときに発生する高周波のノイズ電流やノイズ電圧が、PCBに接続されたケーブルなどを伝わって外部に漏れ出し、外部ケーブルや機器の筐体、あるいはPCB自体をアンテナとして不要電磁波を発生させる。

　素子の動作時に流れる電流をその機能ごとに分類して扱うと、問題の把握が容易になる。ICやLSIなどの素子動作時には、図1に示すように、大きく分けて外部との接続配線を流れる入出力（I/O）信号系電流と、素子が電源から引き出す（あるいはグラウンドに流し込む）電源系電流の2種類の電流が流れる。

また電源系電流を細かく見ると、ICやLSIの内部回路を動作させるのに必要な電流（コア電流）と、ICやLSIの入出力端子からPCB上の外部回路に流れる信号系電流が含まれることがわかる。

このうち、入出力（I/O）信号系電流によるEMIの発生の原因は、主に信号系のコモンモードである。すなわち、回路動作に必要なノーマルモードとは別に、回路の不完全性や非対称から発生する不要な電流であるコモンモード電流が、大きな不要放射の原因となる。従って、信号系のEMI低減設計のためには、コモンモードの低減が重要である。

一方、電源系電流に関しては、本来は直流ないし低周波で供給すれば良い電源電流を供給する回路に高周波の不要電流が流れ出すことによるEMI発生が問題となる。したがって、電源系のEMI低減設計は、「バイパス」と「デカップリング」および「電源・GND系のEMC設計」が必要となる。

本稿では、一般的なPCBのEMC設計の基本について概説した後、上記のうちの信号系のコモンモードに起因するEMCの問題について解説し、4章以降では電源系のEMC設計に関して解説する。

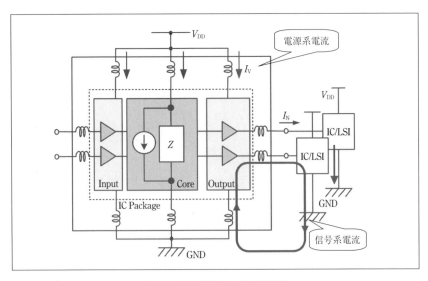

〔図1〕信号系電流と電源系電流

## 2. プリント回路基板の機能設計とEMC設計

　プリント回路基板（PCB）からの不要電磁波（電磁妨害波、EMI）が発生する原因を、通信における電磁波の送信と比較して考える。通信系では、「信号源」で発生した信号の電力が、ケーブルなどの「伝送系」により「アンテナ」まで伝送され、そこから放射される。受信の場合にはちょうど逆に、「アンテナ」により空間の電磁波を受け取り、「伝送系」により「受信回路」に伝えられる。「送信系」と「受信系」は、原理的にはちょうど逆方向に対称なものと考えられるので、ここでは「送信系」すなわち「プリント基板のEMI問題」について解説することとする。「低EMI設計」の原理について理解すれば、自ずと「高イミュニティ設計」についても理解できると期待される。

　ちなみに、「EMI問題」と「イミュニティ問題」の違いは、主に「信号源」と「受信回路」の部分にあると考えられる。高速動作して大きな電流を流す回路がEMIの原因となる電磁雑音の発生源となるのに対して、外部からの不用な妨害に弱いのは主に小信号の回路であることが多い。「低EMI設計」は、ノイズ源となると予想される回路がおとなしく動作するようにすれば良い。一方、外部からの妨害を受ける可能性のある回路は、すべての回路が対象になりえるので、「高イミュニティ設計」の方が複雑で厄介である。

　さて、EMI発生の問題を通信における電磁波の送信と対比して考えると、図2に示すように、「信号源」あるいはノイズ駆動源と、「伝送系」あるいはノイズ結合経路、そして「アンテナ」の「3要素」として捉えることができる。そしてそのそれぞれは、次のようなものである。

(1) 駆動源（ノーマルモード）：IC・LSI、発振回路、スイッチング回路など
(2) 励振（あるいは結合）経路：回路や伝送系の不完全性や不要結合
(3) アンテナ構造：ケーブルや筐体、あるいはPCB自体

　すなわち、まず駆動源であるICやLSIなどが、その動作速度や回路構成により、特定の周波数帯域で高周波電流を流す。もちろんこれは、素子の立ち上り時間や回路固有の共振などのために特定の周波数成分（あるいはスペクトル）を持つ。また、アンテナとして働く構造は、その寸法や構造あるいはインピーダンスの周波数特性により、その放射効率は特定の周波数特性を持つ。さらに、この駆動源とアンテナ構造の間の結合も周波数に依存するので、駆動源からア

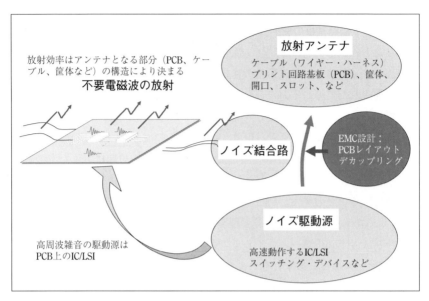

〔図2〕プリント基板からの不要電磁放射

ンテナへの励振効率も周波数特性を持つ。したがって、最終的な不要放射電磁界のスペクトルは、駆動源スペクトルと、励振効率の周波数特性と、アンテナ構造の周波数特性の合成で決定される。

　不要放射の低減には、上記の3段階にしたがって、それぞれの特性を制御することになる。すなわち、駆動源となるICやLSIは必要にして十分な速度と出力電流のものを選択し、無用に高速な動作は避ける。また、信号電流・電圧に大きなリンギングなど特定周波数でのピークを持つと、これが不要な駆動の原因となるので、極力おさえる。

　次にアンテナとなる構造を把握し、これを励振しないように、回路の実装設計を行う。実際に多くの場合に、アンテナ構造自体を取り除くことは難しい。たとえば外部との接続ケーブルをなくすことはできない。しかしこのアンテナ構造と励振源との結合を小さくすることは可能である。たとえば、コネクタの位置を工夫してプリント基板の片端のみに配置することにより、ケーブルへのノイズ励振は大きく低下する。

　最後に、アンテナ構造の放射効率自体を低減することにより、不要放射の発

生を低減できる。もちろん、アンテナの寸法その他により決まる共振が最も高い放射効率を与えるので、共振自体を抑えることも重要であるが、駆動源スペクトルの帯域を考慮すれば、アンテナ構造の共振をその帯域外に持ってくることにより、実効的に放射効率を低減することができる。

## 3．信号系のEMC設計：コモンモードの発生の制御

　通常、PCBからの放射はコモンモードによるものが支配的であると言われている。しかし実際にはコモンモードではないものも習慣的にまとめてコモンモードと呼ばれている。本来は、コモンモードとはケーブルなどの伝送線路に対して定義されるものであり、伝送線路の理論により説明できる[1]。一方、厳密には正しくないが、PCB自身の基準電位（通常はグラウンド電位）の変動も、コモンモードと呼ばれることがある。また、PCB自体に回路動作には不要な電流が流れて不要放射を発生する場合にも、コモンモードと呼ばれる。

　上記のうち、伝送線路としてのコモンモード以外は、厳密な意味でコモンモードではないし、不要放射が発生する機構としても異なる。PCBからの不要放射を効果的に低減するためには、放射機構の正確な理解が必要である。ここでは、伝送線路としてのコモンモードについて解説し、その後、PCBのコモンモード放射の低減方法について説明する。

### 3―1　ノーマルモードとコモンモード

　まず、一般の伝送線路について、厳密な意味でのコモンモードについて説明する。ここで、伝送線路は長手方向に一様な構造を持つものとし、考えている系のグラウンドに対して一定の高さでまっすぐに張られているものとする。

　信号伝送の基礎は、図3に示すような、2本の導線による平衡伝送線路である。2本の信号線に接続された信号源は、2本の導線に大きさが等しく逆相の電流（ディファレンシャルモードまたはノーマルモード電流）を流す。通常の教科書では、ケーブルや伝送線路のディフェレンシャルモードとコモンモードについて図3のように説明し、また線路上の電流は次式で与えられることが多い。

$$I_1 = I_N + (1/2) I_C$$
$$I_2 = -I_N + (1/2) I_C \quad \cdots\cdots\cdots (1)$$

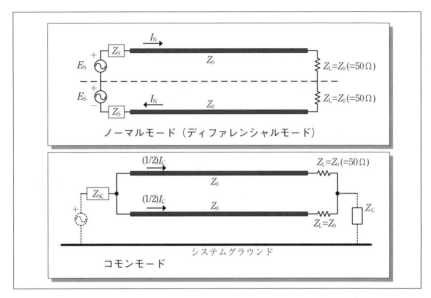

〔図3〕平衡系のディファレンシャルモードとコモンモード

　これは、ケーブル上の電流・電圧の関係を通常は完全に平衡な伝送線路モデルを用いて説明するからである。
　一方、PCB上の配線や一般のケーブルなどの伝送線路の電流をノーマルモード電流とコモンモード電流に分離して表わす場合を説明する。この場合には、配線系は完全に対称ではないので、「コモンモード電流が2本の導体に等分配されて流れる」というのは必ずしも正しくない。一般には、図4に示すように、2本の配線を流れる電流の総和をコモンモード電流$I_C$として、各配線を流れる電流は次式で与えられる。

$$I_S = I_N + hI_C$$
$$I_R = -I_N + (1-h)I_C \quad \cdots (2)$$

ここで、$h$は「電流配分率」と呼ばれ[2,3]、コモンモード電流は2本の導体に$h:1-h$ ($0 \leq h \leq 1$) の比で流れる。ここで、図5(a)のように伝送線路が完全に対称な平衡系であれば$h=0.5$となり、式(1)と一致する。
　一方、たとえば同軸ケーブルの場合には、内導体を流れる電流（信号電流）

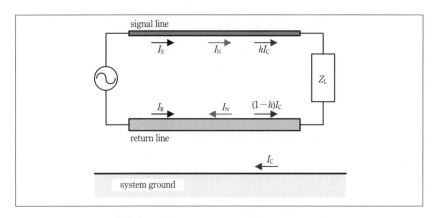

〔図4〕一般のノーマルモードとコモンモード

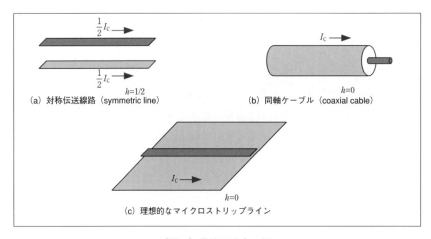

〔図5〕電流配分率の例

と同じ大きさの電流が外導体の内壁を逆向きに流れ、この2つの電流がノーマルモードを構成する。そして、図5 (b) のようにコモンモード電流はすべて外導体の外部を流れるので、$h=0$ となる。すなわち、コモンモード電流が2本の導体のうち1本のみにすべて流れるという意味で、同軸ケーブルは完全不平衡線路である。同様に、グラウンド導体が十分に広いマイクロストリップラインも、完全不平衡線路である。

　一般の配線系、たとえば多層プリント回路基板上の信号配線は、上記の完全

平衡線路と完全不平衡線路の中間的なふるまいをする。多層プリント回路基板上の信号配線は、通常、マイクロストリップ線路またはストリップ線路構造が採用される。グラウンドプレーンの大きさが十分でない場合には、$0<h<0.5$となる。

なお、式(2)からわかるように、ノーマルモードは、実は「電流差動モード」である。すなわち、2本の配線を流れる電流の大きさが等しく向きが逆のモードである。もしも伝送系が完全に対称で平衡系であれば、この差動電流が流れるときの電圧も振幅が等しく符号が逆の差動電圧となる。つまり「電流差動」と「電圧差動」を区別する必要はない。しかし一般には不平衡で対称性が成り立たないため、「電流差動」の条件と「電圧差動」の条件は一致せず両立しない。この区別を行うために、一般の「電流差動モード」のことを「ノーマルモード」と呼び、完全平衡系の「ディファレンシャルモード」と区別して扱う。もちろん、ディファレンシャルモードは電流差動モードである。

## 3－2　ノーマルモード放射とコモンモード放射

従来、高速信号系などの不要電磁雑音（EMI）の発生について考察する際に、ループ電流を考えてその「ループ面積を小さくすれば良い」という説明がなされる。これは、EMI対策としては定性的には正しいが、高い周波数の回路においては定量的には正しくない。すなわち、

◇周波数が高くなると、信号は進行波となり、反射波も存在するので、信号線上の電流は位置に依存する。したがって単純なループ電流と考えるのは誤りである。

◇後で述べるように、通常はノーマルモードによる電磁波放射は、コモンモードによる放射と比較して圧倒的にレベルが低い。ノーマルモード放射は（周波数が低い場合には）ループ面積に比例するが、コモンモード放射はむしろ信号線長に比例する。ループ面積が大きくなったときには、結果としてコモンモード電流が増加することが多いので、「ループ面積を小さく」というルールは定性的には正しいが、定量的なEMI低減手法としては、この評価は不十分である。

さて、ノーマルモードからの放射に比べて、コモンモードの放射が問題にされる理由を考える。まず、最も簡単な場合として、平衡伝送系（差動伝送系）

のノーマルモード（ディファレンシャルモード）とコモンモードを考え、その各モード電流による電磁波の放射を比較する。周波数が低い場合、すなわち配線長が信号の波長にくらべて十分に短い場合には、線路上の電流は一定とみなすことができて、その最大放射電界は以下に示す式で表わされる[4]。ここに、線路長を$l$、2本の直線状導体の間隔を$s$、周波数を$f$、観測点までの距離を$d$としている。

◇ノーマル（ディファレンシャル）モード放射

$$\left|\hat{E}_{N\max}\right| \cong 1.316\times10^{-14}\frac{f^2 ls\left|\hat{I}\right|}{d} \quad\quad\quad (3)$$

◇コモンモード放射

$$\left|\hat{E}_{C\max}\right| \cong 1.257\times10^{-6}\frac{fl\left|\hat{I}\right|}{d} \quad\quad\quad (4)$$

ノーマルモードは、往復の電流がループ状に流れるため、放射はループ面積$ls$に比例する。一方コモンモードは、2本の配線を同一方向に電流が流れるため、放射は線間距離には関係せず、配線の長さ$l$に比例する。

これを、電流が周波数に依存せず一定であるとして計算すると、図6のようになり、一般にコモンモードの方が、電流が非常に小さくても放射が大きい。これは、ノーマルモードの場合には近接した逆相の電流により発生される磁界は互いに打ち消しあうので本質的に放射電磁界が小さくなるのに対し、「コモンモード」成分は、いかに大きさが小さくとも打ち消しあうべき相手がいないことがその理由である。すなわち、コモンモードは大きな不要電磁波放射の原因となる。

### 3-3　コモンモードの発生メカニズム（1）"Voltage Driven"と"Current-Driven"

次に、コモンモード電流が発生する原因について考察する。本節ではまず、従来からコモンモードの発生の説明に良く使用されている2つのコモンモード発生機構、すなわち「Voltage-Driven コモンモード」と「Current-Driven コモンモード」について説明する[5]。

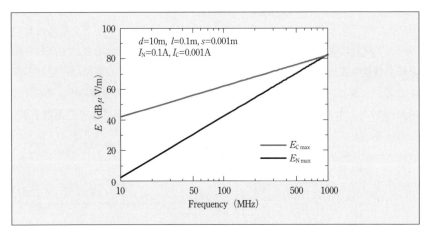

〔図6〕ノーマルモードとコモンモードの放射

"Voltage Driven"と呼ばれるコモンモード発生機構は、図7（a）に示すように、アンテナとなる構造、たとえばPCB上のコネクタにつながった導体パターンやグラウンドパターンに、高速動作するデバイスや信号配線が近接して配置されたとき、高速動作側からアンテナ側への容量性結合が存在すると、これによりアンテナ構造が励振される、という機構である。隣接導体間の高周波の電位差が容量性結合によりアンテナ構造を励振することが多いため、「電圧駆動」の名が付けられている。しかし、たとえば高速信号配線と低速信号配線が平行隣接しているときの「クロストーク」による励振も存在し、これは誘導性結合の成分ももっており、これとの厳密な区別は難しい。

次に、"Current-Driven"と呼ばれるコモンモード発生機構は、PCBのグラウンド上に発生する電位差に注目する。理想的なグラウンドは、抵抗分もインダクタンス分も持たないので、どんなに大きな電流が流れても電位差は発生せずグラウンド電位は常に0である。しかし通常のグラウンドは、大きさが十分に広いとは言えない場合が多く、また回路上の実装・配線のために穴やスリットなどが多数存在し、理想的とは言えない。このとき、特に高周波ではインダクタンス分によるグラウンド電位の変動が問題となる。

たとえば、1[nH]のインダクタンスは、インピーダンス$j\omega L=j2\pi fL$で評価すると、500MHzで約3Ω、1GHzで6Ωと、決して小さなインピーダンスとはいえな

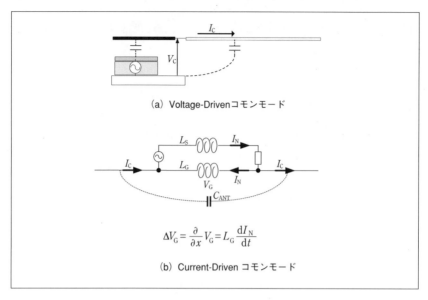

〔図7〕 コモンモードの発生メカニズム (1)

い。このとき、グラウンド上に分布して存在するインダクタンス$L_G$によるグラウンド電位差$\Delta V_G$は次式で表わされる。

$$\Delta V_G = \frac{\partial}{\partial x} V_G = L_G \frac{dI_N}{dt} \quad \cdots (5)$$

従って、グラウンドとはいっても電位変動が発生し、たとえばPCBのグラウンドにケーブルが接続されていた場合には、そのケーブルをモノポールアンテナのように励振することになり、コモンモード放射が発生する。また実際には、インダクタンスはグラウンド上に分布するので、場所ごとの電位差の和が全体としてのコモンモード電位差となる。

すなわち、本節で説明したコモンモード発生機構は、PCBに接続されたケーブルにコモンモードを励振する「コモンモード励振源」あるいは「コモンモード励振電圧」の発生機構である。従ってこの場合には、いかにPCB上のグラウンド電位の変動を抑えるかが議論の中心となる。"Voltage Driven"の場合には、周辺との容量の発生を抑えることは通常は困難であるので、駆動源となる電圧

自体を小さくすることが必要であり、たとえば高速回路部をシールドで囲んだり、LSIのヒートシンクをグラウンドに低インピーダンスで接地したりすることにより、EMIの低減を実現できる。

また"Current-Driven"の場合には、信号の帰路配線のインダクタンス$L_G$を小さくすることが必要となる。しかし、通常の高密度実装PCBでは十分に広いグラウンドを確保することが難しく、帰路インダクタンスは小さくならないことが多い。この場合にはどのようにしてコモンモードを低減するか、これについて次節で解説する。

### 3－4　コモンモードの発生メカニズム（2）不平衡度の不整合とコモンモードの発生

本節では、信号配線系すなわち伝送線路の平衡度に着目して、PCBの信号配線系に直接発生するコモンモードの発生メカニズムを説明する。平衡度（あるいは不平衡度）は、3－1節で説明した電流配分率$h$により表わすことができる。通常、PCB上の配線に用いられる線路は、理想的とはいえず、グラウンド面の大きさなどによりある不平衡度を持つ。不平衡度が異なる伝送線路を接続すると、コモンモードが発生する。したがって、たとえば信号配線の真下のグラウンド面の幅が変化すると不平衡度も変化するので、コモンモードが発生することになる。

### 3－4－1　平衡線路と不平衡線路の接続

まず、最も簡単な場合として、平衡配線系と完全不平衡配線系を接続する際に使用される、バラン（balun：平衡不平衡変換器）について考える。図8に示すように、最も簡単なバランは、片側の巻線に中点端子を持つトランスにより実現できる。

完全に平衡な伝送線路（balanced line）の場合、今考えている系（システム）のグラウンドに対して全く平衡に配置されているはずであり、この場合、2本の配線の中点がノーマルモード（平衡系なのでディファレンシャルモード）に対するグラウンド電位（基準電位）になる。一方、完全な不平衡線路（たとえば同軸ケーブル）の場合には、一方の導体がグラウンド導体（基準電位）となり、コモンモード電流はグラウンド導体のみを流れる。コモンモードは、伝送線路の基準電位をゆするモードであるので、この基準電位の変動がすなわちコ

モンモード電位である。

　図8のように、バランを用いてこの両者を接続すると、両者のコモンモード電位が一致するため、問題なくノーマルモード同士が接続され、コモンモードは発生しない。これに対して、図9(a)のように、不平衡系と完全平衡系を直接接続すると何が起こるか、考えてみる。この2本の線路は、基準電位が異なる。すなわち、図の左側の完全不平衡系の基準電位はグラウンド導体上にある。一方、右側の平衡系の基準電位は、2本の配線電位の中央（平均）になる。この基準電位は、言い換えると、コモンモード電位ということができる。2本の線路を接続すると、コモンモード電位が異なるため、図9(b)のようなコモンモード回路においてコモンモード電位の差に相当する分の仮想的なコモンモード起電力が両線路間に接続されたのと等価になる。すなわち、もし仮に接続前

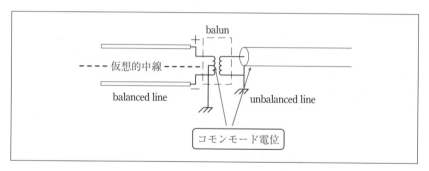

〔図8〕バラン（balun：平衡不平衡変換器）

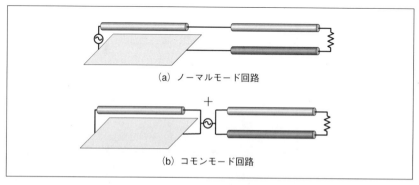

〔図9〕平衡線路と不平衡線路の接続

にはコモンモード電流が流れていなかったとしても、接続することにより上記の不連続が原因でコモンモード電流が流れてしまう。実は、この基準電位の違いを解消することによりコモンモードの発生を抑える仕組みがバランである。通常のバランは、完全平衡系と完全不平衡系の変換を行う。

### 3―4―2　一般の伝送線路の接続

次に、不平衡度とコモンモード電位の関係について、一般の伝送線路についてより詳細に説明する。電流配分率$h$を用いると、伝送線路のコモンモード電位は、電流配分率$h$を用いて次のように書ける。

$$V_\mathrm{C} = hV_\mathrm{S} + (1-h)V_\mathrm{R} = V_\mathrm{R} + hV_\mathrm{N} \quad \cdots (6)$$

ここに、$V_\mathrm{S}$および$V_\mathrm{R}$は伝送線路の2本の導体（信号線と帰路線）の電位、$V_\mathrm{N}$はノーマルモード電圧である。またこの関係を図示すると、コモンモード電位は図10のように表わすことができる。

図10は、不平衡度（あるいは電流配分率）の異なる2線路を接続した場合を想定している。このとき、不平衡度の違いによるコモンモード電位の差$\Delta V_\mathrm{C}$は、2線路の$h$の差とノーマルモード電圧の積により次式で表わされる。

$$\Delta V_\mathrm{C} = \Delta h V_\mathrm{N} = (h_\mathrm{b} - h_\mathrm{a})V_\mathrm{N} \quad \cdots (7)$$

コモンモード電位と不平衡度の関係は、図11のように考えると理解しやすい。すなわち、グラウンド導体（あるいは信号のリターン配線）および信号導体を、

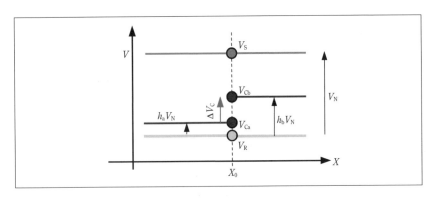

〔図10〕不平衡度の不整合とコモンモード電位

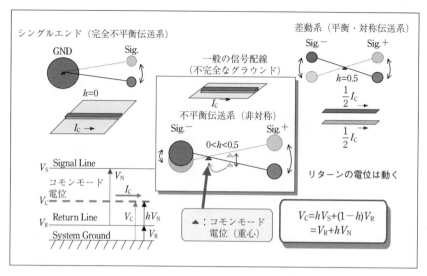

〔図11〕不平衡度とコモンモード電位

それぞれ錘（おもり）で表わす。完全不平衡系の場合、グラウンドが理想的であれば重心はグラウンド上にあり、グラウンドは動かず、信号線側のみが動く。その意味で、完全不平衡系はシングルエンドと呼ばれる。一方、差動系は完全平衡系であり、2本の信号線を表わす錘の重さは同じで、重心は中央にある。そして一般の信号配線の場合はこの両者の中間の状態になり、重心の位置がコモンモード電位となる。重心の位置（コモンモード電位）の異なる2線路を接続すると、もはや重心は不動点ではなくなり、コモンモードが励振される。このようにしてできた図9 (b)のモデルを、「コモンモードアンテナモデル」と呼ぶ。

　次に、多層PCB上の配線を想定して、有限な大きさのグラウンド面上のマイクロストリップ構造の信号配線について、コモンモードの発生機構を考える。たとえば図12のような、グラウンドパターン幅が変化する線路では、グラウンドパターン幅が狭くなっている部分においてコモンモードが励振される。これを簡略化して示したのが図13である。グラウンド構造が変化すると不平衡度が変化してコモンモード電流の配分率が変化し、コモンモード等価回路ではその不連続部にコモンモード起電力が発生する。この起電力が基板全体をアンテナ

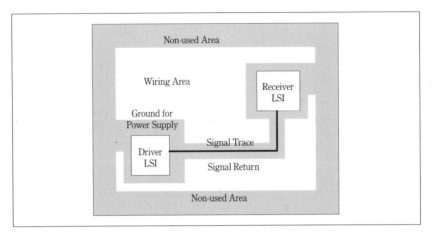

〔図12〕理想的でないグラウンドを持つPCB上の配線

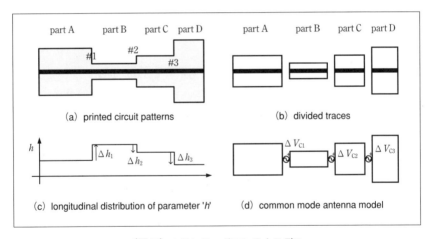

〔図13〕コモンモードアンテナモデル

として励振することによって電流が発生する[2,3]。図13の場合、コモンモードアンテナは、グラウンド幅が変わる3か所で同時に励振される。

3－4－3　平衡度の制御

　本節で説明した不平衡度の不整合によるコモンモードの発生を低減するためには、コモンモード起電力を小さくすれば良い。すなわち、接続された線路の不平衡度の差を小さくすれば良い。

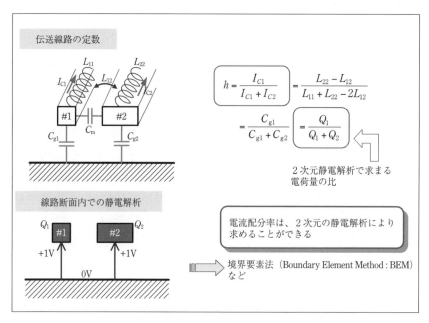

〔図14〕不平衡度（電流配分率：$h$）の解析

　グラウンド導体の幅が狭い場合や、グラウンド導体の端部に近いところに信号配線を配置すると、本来0であってほしい電流配分率が増大する。そのため、最も簡単な対策は、広いグラウンドを使用し、端部近辺には配線を配置しないことになる。

　しかし、一般に高密度実装のPCBの場合、上記の方法は現実的ではない。その場合には、ガードトレースなどを使用してグラウンドを補強し、電流配分率の低減を行う[6]。

　このように、伝送線路の構造を変更して平衡度を制御する際には、電流配分率の値を求めれば良い。電流配分率は、伝送線路理論で与えられ、伝送線路の二次元断面構造により決定される。2導体伝送線路の場合には、図14に示すように、伝送線路の定数（LおよびCパラメータ）により記述できる。また、伝送される電磁界のモードをTEMモードであるとすると、その電磁界分布は直流の電磁界分布と同じであるので、同じ構造の断面で静電界を解析し、その結果から電流配分率を求めることができる[3]。

## 4. バイパスとデカップリング

### 4—1 バイパスとデカップリングの基本

　プリント基板のノイズ低減設計には、バイパスコンデンサ、いわゆる「パスコン」がよく用いられる。このパスコンは、英語では通常Decoupling Capacitorと呼ばれることが多い。すなわち、「バイパス」と「デカップリング」は同じ意味で使用されることが多い。

　しかし、もともと「バイパス」とは、キャパシタなどの低インピーダンスの素子を実装して高周波信号の経路を確保することである。すなわちEMC設計の観点では、たとえばスイッチング素子の電源・グラウンド間にキャパシタを接続し、低インピーダンスのバイパス経路を確保して雑音成分を内部に閉じ込めることがバイパスに当たる。したがって、Decoupling Capacitorではなくバイパスキャパシタ（Bypass Capacitor）と呼ぶべきである。

　これに対して、「デカップリング」とは結合（カップリング：coupling）を切るという意味であり、通常は高インピーダンスの素子を直列に配置することにより実現される。たとえばチョークコイルによるノイズの閉じ込めなどがこれに当たる。この両者はしばしば混同されるが、インピーダンスの観点で考えると、「バイパス」は低インピーダンス、「デカップリング」は高インピーダンスと全く逆であるので、この両者を区別することにより、ノイズ低減設計が容易になる。

　図15に、典型的な多層プリント回路基板で用いられるLSI電源供給系のバイパスとデカップリングの例を示す。まず、図15(a)に、従来から用いられているバイパスキャパシタの実装方法を示している。多層基板では内部に十分に広い電源面とグラウンド面を確保して低インピーダンスの電源供給系を実現する。そして電源面およびグラウンド面に対して、LSIとバイパスキャパシタはそれぞれ別々に直接にビア経由で接続されている。この方法は一見良さそうであるが、実は数百MHz以上の周波数ではしばしば効果がない、すなわち「パスコンが効かない」場合がしばしばある。これに対して、後で述べるように、図15(b)に示すようにICやLSIの電源・グラウンドピンになるべく直接にパスコンを接続すると同時に電源面との間にインダクタを挿入すると、高周波まで非常に良いノイズ低減効果を得ることができる。

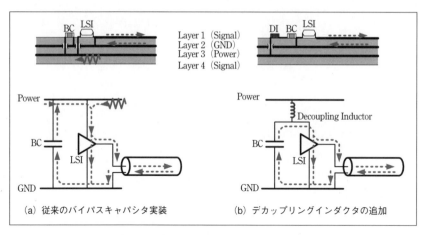

〔図15〕多層プリント回路基板の電源系のバイパスとデカップリング

## 4－2 現実のキャパシタの特性

　そもそも、従来の「パスコン」が高周波でなぜ「効かない」のか、考えてみる。そのためには、現実のキャパシタと理想的なキャパシタの特性の違いについて理解する必要がある。理想的なキャパシタの周波数特性は、次式で表わされる。

$$Zc = \frac{1}{j\omega C} = \frac{1}{j2\pi f C} \quad \cdots\cdots(8)$$

　すなわち、周波数が上がると周波数に反比例してインピーダンスは低くなる。しかし、現実のキャパシタは引き出し配線やリード線あるいは電極自体が持つインダクタンスが直列に存在し、また誘電体は完全な絶縁体ではないので漏れコンダクタンスが存在する。したがって等価回路としては、理想的な図16(a)ではなく、図16(b)のような形、あるいは変形した等価回路として図16(c)のように、直列抵抗分（等価直列抵抗、ESR : Equivalent Series Resistance）$r$と、パッケージやリードのインダクタンス成分（等価直列インダクタンス、通称ESL : Equivalent Series Inductance）が直列に存在する$L$、$C$、$r$の直列回路になる。従って現実のコンデンサは、自己共振周波数$f_S$で共振し、$f < f_S$で容量性であるが$f > f_S$では誘導性となり、インピーダンスは周波数に比例して高くなってゆく。

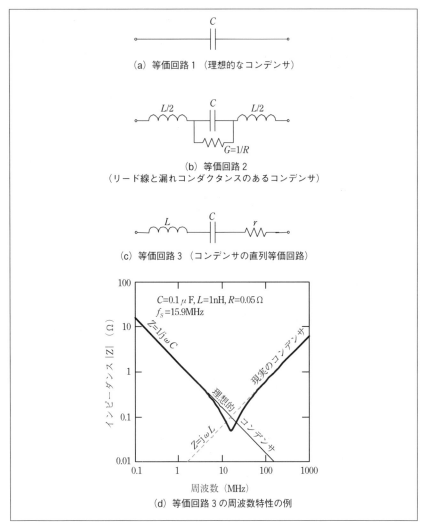

〔図16〕現実のキャパシタの等価回路と周波数特性

さらに、プリント基板上に実装する際には基板配線や層間ビアのインダクタンスが直列に加わる。図16(d)に、表面実装型のパスコン（チップコンデンサ）を実装した際の典型値「0.1μF, 1nH」の場合の周波数特性を示す。このとき自己共振周波数は15.9MHzであるから、EMIが問題となる周波数帯（$f \geqq 30\text{MHz}$）

では通常のパスコンは『誘導性』である。したがって、ディジタル回路においては大抵の場合、数百MHz以上の高周波ではこのバイパス経路よりも多層基板の電源・グラウンド面によるPCB給電系インピーダンスの方が低くなってしまい、バイパスキャパシタがほとんど効果を持たなくなってしまう。また、「パスコンの容量を大きくしても変化がない」のは当然で、高周波ではESLによるインピーダンスが支配的であり、パスコンの容量よりもその実装方法によるインダクタンスの違いの方が、効果に大きく影響する。

なお、「共振するのであれば、容量を小さくすれば共振周波数が上がるので、容量の小さなキャパシタをパスコンとして用いれば良い」という考え方もあるが、通常のディジタル機器の場合にはスペクトルは広帯域なので、これは良くない。通信機器のように特定の狭帯域でのみ低インピーダンスのバイパスが必要な場合に限定すべきである。

最近は、多層基板にキャパシタを内蔵する、いわゆるEmbedded Passiveの研究開発も盛んである。薄い２層の電源・グラウンド層を使用する研究もある[7]。

## 4―3 電源系のデカップリング

先に図15(b)に示したように、対象LSIとバイパスキャパシタをまず直結し、その外部のPCB電源給電系との間にデカップリングのためのインダクタンスを追加することで、高周波スイッチング電流の閉じ込めと、低周波での外部からの電源供給を両立する方法を「電源系デカップリング」(または「電源デカップリング」)と呼ぶ[8]。またその原理を図17に簡単に示す。

先に図15に示した例について、詳しく考えてみる。通常の多層基板ではICおよびパスコンは図15 (a)に示すように直接ビアにより電源層・グラウンド層に接続される。この場合、あるICが動作したときに流れる高周波のノイズ電流は低インピーダンスの電源層・グラウンド層を経由して基板上のかなり離れたパスコンまで流れ、これがコモンモード放射の原因となる。あるいは別の見方をすると、5―1節で説明するように、層間ビアを流れる電流により電源層・グラウンド層が平行平板共振器として励振され、共振に特有の放射を引き起こす。

そこで図15(b)あるいは図17のようにICの電源側配線にインダクタンスを装荷すると、ICと電源層はデカップリングされ、ICの動作電流の大部分はパスコ

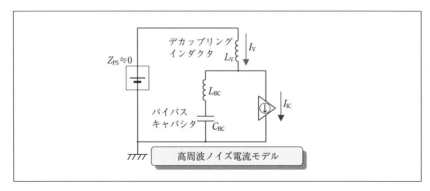

〔図17〕電源系デカップリングの等価回路

ンから供給されて、層間ビアを経由して電源層から流れる$I_V$の高周波成分は減少する。ただしこのとき、ICが適正に動作できるようにIC直近に十分な容量のパスコンを十分低インピーダンスとなるように実装する必要がある。さもなければ$L_V$を流れる高周波電流が大きな電源バウンスを発生し、誤動作の原因になると同時にEMI源にもなり得る。

　電源系デカップリングにおいては、デバイス（IC/LSI）の動作電流を一定と考えて、これを「隣接配置されたパスコンから供給される成分」と「PCB電源系から供給される成分」に分けると、定量的にデカップリングによるノイズ低減効果を評価することができる。図17のように、基板電源系のインピーダンス（$Z_{PS}$）は十分小さいものと理想化してほぼ0とおく。このとき、ICの全動作電流$I_{IC}$に対するPCB電源系から供給される成分$I_V$の比は、高周波電流がPCB電源系からどの程度供給されるかを表わす指標となるので、「電源デカップリング効果：$K$」と定義する[9]。すなわち、$K=1$のとき全電流がPCB側から供給されることになる。

$$\begin{aligned}K(f) &= I_V(f)/I_{IC}(f) \\ &= \left\{1 + \frac{L_V}{L_{BC}} \cdot \frac{f^2}{f^2 - f_{BC}^2}\right\}^{-1} \\ &\left(f_{BC} = 1/2\pi\sqrt{L_{BC}C_{BC}}\right)\end{aligned} \quad\quad (9)$$

ここに、$f_{BC}$は隣接パスコンの自己共振周波数である。自己共振周波数よりも十分高い周波数では、パスコンは誘導性（L性）である。PCB電源系とデカップリングインダクタによるインピーダンスもやはり誘導性である。したがって、この両方の経路のインダクタンスの比が、電流の配分を決定する。

つまり、ディジタル回路の「電源系デカップリング」を行う際には、パスコンは寄生インダクタンスそのものであるので、パスコンの容量をいくら増やしても、効果はない。それよりも、パスコンへの配線のインダクタンスを含めたESLを下げ、「デカップリングインダクタ」を効果的に使うのが良い。

なお、デカップリングインダクタとして抵抗分が小さくQの高いインダクタを使用すると、LSIチップやパッケージやPCBの寄生容量と共振回路を形成して特定周波数でノイズの閉じ込めが悪くなることがある。したがって、デカップリングインダクタとしては、むしろ高周波で損失の大きいインダクタを使用するのが良い。図18にフェライトビーズの周波数特性の例を示す。図の例では50MHz程度まで誘導性で10nH程度のインダクタンスを持っているがそれより高い周波数では損失が大きくなっている。

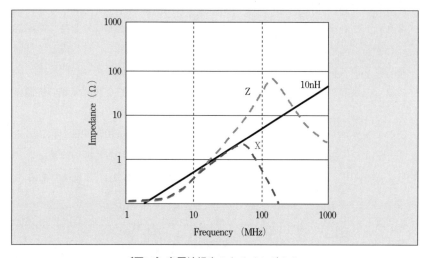

〔図18〕高周波損失のあるインダクタ

## 5. 多層PCBの電源・GND系の設計
### 5—1 パワーバスの共振

多層プリント回路基板の電源面とグラウンド面は、その間に誘電体層をはさんだ平行平板の構造であり、低インピーダンスの2次元伝送系を形成する。この多層PCBの電源供給系は、しばしばパワーバス（Power Bus）と呼ばれる。有限寸法のパワーバスは平行平板共振器を形成し、その寸法（電気長）が半波長となる周波数よりも高くなるといくつかの特定周波数で共振し、電源・グラウンド面間を貫くビアに流れる高周波電流により励振されて放射性EMIスペクトル上の大きなピークの原因となることが知られている[10]。これは、電源・グラウンド面に限ったことではなく、2枚のグラウンド面がある場合にも同様である。

実は筆者は、5—2節で述べるように、多層基板で平行平板構造のパワーバスを使用するのは、できれば避けるべきだと考えている。しかし、多くの多層基板で平行平板構造が使用されるので、これによるEMI発生について解説する。

平行平板の共振について簡単に説明する。一般に金属の平板近傍での電磁界を考えると、金属表面での境界条件は「電界の接線成分が0」「磁界の法線成分が0」であるから、電界は金属表面に垂直、磁界は平行となる。したがって、2枚の金属平面の間隔が考慮する波長に比べて十分に狭いときには、図19に示すように、平行平板に垂直方向の電界成分と平行方向の磁界成分を持つ電磁界が存在する。この電磁界は平板間で2次元的に自由に伝搬し、基板端部で反射されて定在波となる。このとき基板端では電界が最大・磁界が0の開放端の条件となる（実際には基板端のフリンジ効果により、実効的な端部境界の位置は若干ずれる）。

ここでまず簡単のために、寸法が$a \times b$の矩形の基板（層間誘電体の比誘電率$\varepsilon_r$）について、基板端効果を無視すると、その共振モードの共振周波数は次式で与えられる[11]。ここに、モード番号$(m, n)$は整数であり、$c$は光速である。

$$f_{mn} = \frac{c}{\sqrt{\varepsilon_r}} \sqrt{\left(\frac{m}{2a}\right)^2 + \left(\frac{n}{2b}\right)^2} \quad \cdots\cdots (10)$$

図20に、ガラスエポキシ基板（320mm×235mm、FR4、$\varepsilon_r$=4.3）の電源・グ

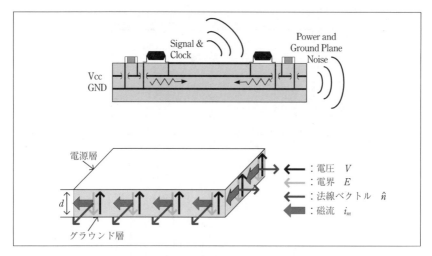

〔図19〕多層PCBの電源・グラウンド系EMI

ラウンド面間の入力インピーダンスと、このPCBにCMOSの発振回路（クロック周波数20MHz）のモジュールを実装したときの、3m法電波暗室で実測した放射性EMIスペクトルおよびそのシミュレーション結果の例を示す[12]。200MHz以上で、入力インピーダンスがピークとなる反共振周波数の近傍で、放射性EMIがピークを持っていることがわかる。

　基板が、あるいは電源・グラウンド面が矩形でない場合には共振が発生しないように考えられがちであるが、これは誤りである。たとえば平行平板共振器のグラウンドに端部から切りこみ（スロット）を入れた場合について、スロット長に従い共振周波数が低下するものの、スロットがない場合とほとんど変わらない鋭い共振が出ることが報告されている[13,14]。また、図21に示すように、穴があったり角が斜めに切れた矩形でない基板も共振する[15]。矩形でない場合には、共振のQ自体は若干低下するであろうが、何らかの損失を導入しなければ、本質的に共振を抑えこむ効果はない。

## 5—2　平行平板共振を起こさない方法

　平行平板共振を起こさないためには、4つの方法がある。
(1) 平行平板を励振する電流（ビア電流）自体を低減する。
(2) 基板の励振効率を低減する。

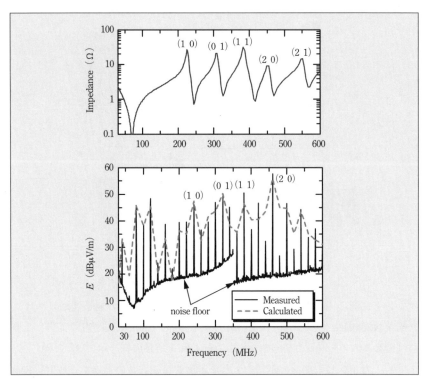

〔図20〕矩形PCB（FR4, 320mm×235mm）の電源系インピーダンスと放射性EMIスペクトル

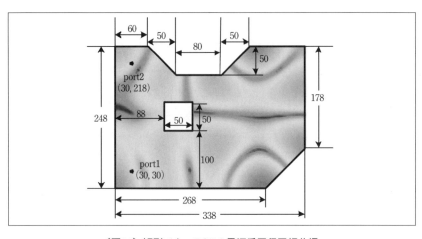

〔図21〕矩形でないPCBの電源系平行平板共振

(3) 基板の共振のQを下げる。
(4) 電源プレーンの使用自体をやめる。

　まず(1)は、前に述べた「電源(系)デカップリング」により実現できる。理想的にはパスコン(バイパスキャパシタ)とデカップリングインダクタを組み合わせるのが良いが、実際にはデカップリングインダクタとしてチップ部品などを使用しなくてもプリント配線や層間ビアの寄生インダクタンスをうまく使用することで、大きなノイズ低減効果が得られる。図22に、多層基板上での各種のパスコン配置法を示している。一番左が従来の最もよくない配置法であり、右にいくに従いLSIとパスコン間のインピーダンスが小さくなり、電源面への接続インダクタンスが効く構造になっている。

　次に(2)は、励振ビア近傍にパスコンを配置することにより実現できる。これは、電源層・グラウンド層間をパスコンで短絡することにより、電源・グラウンド間の高周波電圧を小さくしていると考えれば良い。しかしまず(1)を考慮したうえで(2)ということになる。

　(3)は、抵抗を使用したり、層間に抵抗性の膜を入れたりして実現される。実際、パスコンに直列に数Ωの抵抗を接続することで共振が低減される。ただしこの「Q低減用のパスコン」は「デバイスに給電するためのパスコン」と共用はできない。後者に抵抗を併用すると、電源電圧の変動、すなわちパワーバウンス(Power Bounce)をまねき、パワーインテグリティ(Power Integrity : PI)の問題を発生させる。

　最後に(4)は、電源／グラウンド面により形成される共振器そのものをなく

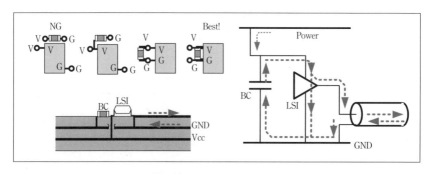

〔図22〕パスコンの配置方法

してしまう本質的な方法で、すでにいくつかの発表がある。ただし、高速デバイスの周辺にはサイズの小さな「電源島」を使用してバイパスコンデンサをうまく使用することが必要である。

### 5—3 グラウンドループ

現象としては、前節の電源／グラウンド面共振に似ているが、PCBグラウンドと金属筐体が構成する共振がある。金属筐体に基板を固定する際に、金属性スペーサを使用すると、PCBグラウンド〜スペーサ〜筐体〜スペーサの経路でグラウンドループが構成され、このループ寸法に等しい波長で共振する。

これを防ぐためには、スペーサの間隔を半波長よりも十分狭くすることが有効である。しかしこれは、共振を高周波側にずらしただけであるし、実際的にはスペーサの数を多くすることは望ましくない。むしろ積極的に共振をダンプ（共振のQを低減）するために、ループの一部を切って抵抗を直列に入れる方法が提案されている。共振に損失を導入することは、この場合に限らず効果的である。

### 6．まとめ

プリント基板のEMC設計について解説した。最近の半導体デバイスは、たとえ動作周波数が1MHzに満たない低周波でもスイッチング速度自体はかなり高速であるので、EMC設計としては数百MHzを超える高周波回路と同等の設計が要求される。デバイスや回路部品の高周波特性を十分に把握して、不要な高周波電流をコントロールすることが重要である。そのためには、回路と電磁波の基本的な理解が必要である。本稿がその一助となれば幸いである。

### 参考文献

1) 佐藤利三郎：「伝送回路」，コロナ社，昭和38年
2) T. Watanabe, O. Wada, T. Miyashita, R. Koga : "Common-Mode-Current Generation Caused by Difference of Unbalance of Transmission Lines on a Printed Circuit Board with Narrow Ground Pattern", IEICE Trans. Commun., E83-B, No.3, pp.593-599, 2000
3) T. Watanabe, H. Fujihara, O. Wada, R. Koga, Y. Kami : "A Prediction Method of

Common-mode Excitation on a Printed Circuit Board Having a Signal Trace near the Ground Edge", IEICE Trans. Commun., E87-B, No.8, pp.2327-2334, 2004
4) C.R.Paul : "Introduction to Electromagnetic Compatibility", chapter 7, John Willey & Sons, 1992
佐藤利三郎監修，櫻井秋久監訳：「EMC概論」，ミマツデータシステム，1996年2月
5) D.M.Hockanson, J.L.Drewniak, T.H.Hubing, T.P.Van Doren, F.Sha, M.J.Wilhelm : "Investigation of Fundamental EMI Source Mechanisms Driving Common-Mode Radiation from Printed Circuit Boards with Attached Cables", IEEE Transactions on Electromagnetic Compatibility,Vol.38, No.4, pp.557-566, November 1996
6) 松嶋徹，渡辺哲史，和田修己，豊田啓孝，古賀隆治：「平衡度不整合モデルを用いたガードトレースのEMI低減効果の予測」，信学技報，EMCJ2004-46, pp.53-58, 2004年7月
7) T. Hubing, M. Xu : "Radiated Emissions Testing of Boards with Embedded Capacitance", Final Report ‐ NCMS Embedded Capacitance Project, April 27, 2000
8) 遠矢弘和：「はじめてのノイズ対策技術」，4章，ノイズ対策とその実際，工業調査会，1999年
9) 社団法人 エレクトロニクス実装学会電磁特性技術委員会（編），「EMC設計技術―基礎編―」，第8章，p.128, エレクトロニクス実装学会，2004年
10) 跡治昌吉，須賀卓，上芳夫：「電源・グランド層からの放射妨害波について」，信学技報，EMCJ96-17, pp.1-6, 1996年
11) 伊藤卓，上芳夫：「電源／グランド層間の共振による放射妨害波：入力反射係数と基板の近傍磁界」，信学技報，EMCJ96-18, pp.7-12, 1996年
12) 高山惠介，木下智博，松石拓也，松永茂樹，王志良，豊田啓孝，和田修己，古賀隆治，福本幸弘，柴田修：「LSIの電源端子電流モデルのEMIシミュレーションへの適用」，電子情報通信学会論文誌B，Vol.J86-B, No.2, pp.226-235, 2003年2月
13) 原田高志，佐々木英樹，栗山敏秀：「スリットのあるプレーンを有する多層プリント回路基板電源供給系の解析」，電子情報通信学会総合大会，B-4-7,

2001年
14) 和田修己：「ディジタル回路の不要電磁波発生機構のモデル化とシミュレーション」，電子情報通信学会論文誌B，Vol.J86-B，No.7，pp.1062-1069，2003年7月
15) 赤澤徹平，王志良，豊田啓孝，和田修己，古賀隆治：「セグメンテイション法による矩形と三角形要素からなる多層プリント回路基板の電源—グランド層共振特性解析」，信学技報，EMCJ2003-45，pp.43-48，July 2003

# IV. 放電
## （電気接点と静電気）

# IV-1 誘導性負荷接点回路の放電波形

東京農工大学　仁田　周一

## 1. はじめに

　電子機器のトラブルを引き起こす不要電磁波（ノイズ）の発生源を調べると、その大半が電気接点を用いた回路であると言われている。本稿では強いノイズ源である誘導負荷接点回路の放電波形について述べる。

　接点の負荷が誘導性負荷である場合と抵抗負荷である場合の違いは、後者の場合が、接点を開くことで抵抗を流れる電流を切っても開きつつある接点にかかる電圧が供給電源電圧$V_D$とほぼ同じであるのに対し、前者の場合、接点を開くことによって誘導負荷Lに流れる電流iを切った時、Lの両端に式(1)に示す$V_D$より大きい起電力e（いわゆるインダクティブキック）が発生し、これが開きつつある接点の両端にかかり抵抗負荷の場合より大きい放電ノイズが発生することである。

$$e = -L\frac{di}{dt} \quad \cdots\cdots(1)$$

　ここで電流iが0になる時間が零であれば、eは無限大になるが、接点ギャップやインダクタンスに存在する漂遊容量へ流れる放電電流により、接点の両端にかかる電圧が形成されるのに時間がかかる。

　本稿では、まず、接点間隔と放電電圧の関係を紹介し、次に誘導負荷の周波数―インピーダンス特性曲線の持つ共振点に注目し、共振周波数を持つ減衰振

動電圧波形から放電ノイズの基本的な波形の発生原理を説明し、ノイズ抑制方法を示す。

また、接点の動作回数、表面状態、供給電圧と放電波形との関係を述べ、最後に接点の平均動作速度と放電波形の関係を紹介する。

## 2．接点間隔と放電の条件

　滑らかな表面をもつ接点に関して、常温・大気圧の空気中で発生する放電の発生条件を図1に示す[1]。初期状態で接触している状態から開離をしていくリレー接点において、接点開離直後の接点間は電界放出により絶縁破壊する[2]。曲線Ⅰはアーク放電の開始電圧と接点間隔の関係を示すとともに、アーク放電を開始するのに必要な0.5MV/cmという電位勾配が示されている。また、接点間距離が約7.6μm以上になると、電界放出による絶縁破壊電圧よりも、Paschenの法則による絶縁破壊電圧（曲線Ⅲ：グロー放電開始電圧）の方が低くなるため、絶縁破壊電圧は接点間距離と気圧の関数となる。回路電流が数A以上のときはアーク放電が持続的に発生し、接点間電圧は十数V（曲線Ⅱ：アーク放電維持電圧）になる。グロー放電は接点間電圧が320V以上のときに発生し、回路電流が数mA以上のときに約300V（曲線Ⅳ：グロー放電維持電圧）の接点間電圧で

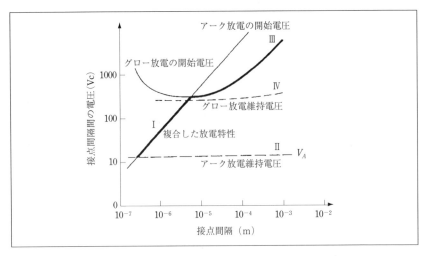

〔図1〕接点放電に対する電圧と接点間隔の関係

維持される。

## 3．接点間放電ノイズ発生の基本原理と波形

1．で述べたように、誘導性負荷を含む接点回路において、接点の開閉に伴う急激な回路電流の変化により発生する過渡現象[2,3]は接点間に高電圧を発生させ急峻な電圧変動が、繰り返す間欠放電を引き起こす[4]。この間欠放電は回路の電源電圧や回路電流、接点負荷等により様々な放電形態を示し、同一の回路条件でもその電圧波形は一様ではない[5]。

本章では、接点負荷のインピーダンスとの関係で放電波形の基本的な発生原理を説明し、その原理に基づいた放電抑制法を示す[5,6]。図2に放電波形（ノイズ）の測定装置を示す。

### 3－1　誘導性負荷のインピーダンスと放電波形

本節では、放電発生の原因である開離しつつある接点両端に発生する減衰振

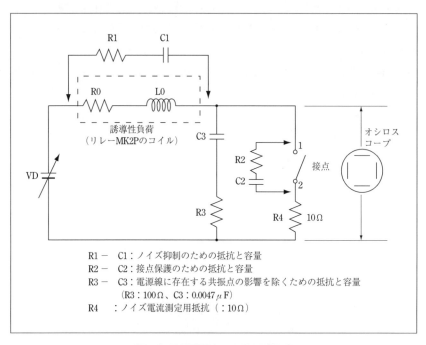

〔図2〕放電波形（ノイズ）測定装置

動電圧波形を説明するための負荷の周波数—インピーダンス特性と放電波形を示し、これらの関係を定性的に検討する。

図3に、接点が開いた状態で図2の1-2から左側を見た場合の周波数—インピーダンス特性（以下f-Z特性と略）を示す。

曲線Iは、$R_1$, $C_1$, $R_2$, $C_2$が接続されていない状態でのf-Z特性であり、周波数$f_1$以下では誘導性、$f_1$以上では容量性を示している。$f_1$は並列共振点における共振周波数であり、Sは共振の鋭さを表わしている（3-2で説明）。

曲線Ⅱ、Ⅲ、Ⅳは、それぞれ式(2)に示す$R_1$—$C_1$をコイルと並列に接続した場合、接点開の状態で1-2から左側を見たf-Z特性を示している。

Ⅱ：$C_1=0.1\mu F, R_1=10.3k\Omega$
Ⅲ：$C_1=4.3\mu F, R_1=1.6k\Omega$ ........................................................(2)
Ⅳ：$C_1=0.1\mu F, R_1=100\Omega$

曲線Ⅱ、Ⅲは曲線Ⅰと比較してより平坦な特性を示し、共振点を持っていない。後に述べるように、共振点を持たず平坦なf-Z特性を得ることがノイズ抑制対策である。

ここで、容量Cの両端の電圧を抑制するためには、コイルLに貯えられたエネルギー$LI^2/2$は容量に貯えられるエネルギー$CV^2/2$に等しくなければならないの

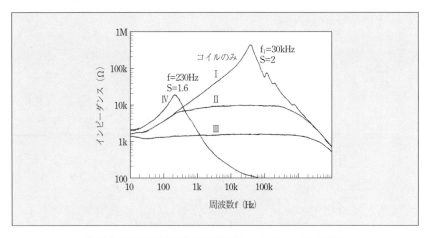

〔図3〕図2の誘導性負荷の周波数—インピーダンス特性

で $L_0$, $R_1$, $C_1$ の間に式(3)の関係が成立する時、f−Z特性が共振点を持たず、放電（ノイズ）が抑制される。

$$\frac{L_0}{C_1} = R_1^2 \quad \dots \dots \dots \dots \dots \dots \dots \dots \dots \dots \dots \dots \dots \dots \dots \dots \dots \dots \dots \dots \dots \dots (3)$$

次に、図2に示す測定装置の数種の回路構成において接点を開いた時に1−2間で観測される放電電圧波形と放電電流波形を示す。

3−1−1 コイルのみの場合(図3の曲線Ⅰに対応)

a) 電源電圧$V_D$：1.1V

図4に接点を開いた時1−2間で観測される電圧（上側）と電流波形（下側）を示す。共振周波数$f_1$（図3参照）に等しい30kHzの減衰振動電圧が観測され、電圧ピークの数は3である。また、電流は、接点が開くと同時に零になっており、最初のピーク電圧は電源電圧の約100倍であり、開きつつある接点間に放電は発生していない。

b) 電源電圧$V_D$：7.5V

図5に、$V_D$＝7.5Vの場合の接点を開いた時、図2の1−2間で観測される電

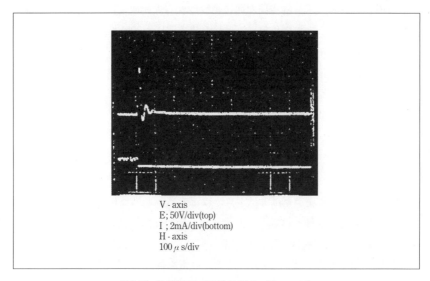

〔図4〕放電電圧／電流波形1（$V_D$=1.1V）

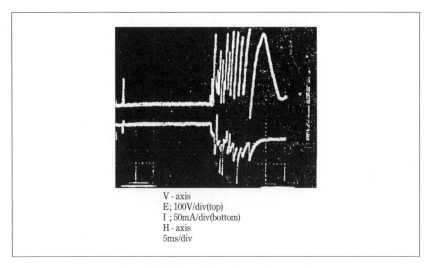

V - axis
E; 100V/div(top)
I ; 50mA/div(bottom)
H - axis
5ms/div

〔図5〕放電電圧／電流波形2（$V_D$=7.5V）

圧（上側）／電流（下側）波形を示す。

　開きつつある接点の両端にかかる電圧は、a）の場合から推測して750V以上になると思われるので、接点間隙間に絶縁破壊（火花放電）が発生し、放電電流が観測される。この放電現象は、最後の放電電圧が300V程度であるのでアーク放電である（図1参照）。

　この放電電圧波形が誘導性負荷接点回路の代表的な放電波形でシャワリングアークと呼ばれるものである。

c）電源電圧$V_D$：50V

　図6に$V_D$＝50Vの場合の放電電圧／電流波形を示す。図6（左図）において、放電電圧は一定電圧を示しているように見えるが時間軸を変えて現象を観測すると、図6（右図）のように短時間の間に多くの放電現象が発生していることがわかる。この定電圧放電部分はグロー放電であると思われる。

　以上、代表的な3種の放電波形を示した。極めて大雑把に言うと、誘導性負荷接点回路の放電波形は供給電源電圧（接点に流れる電流）によって変化し、火花放電が発生しない場合（図4）、火花放電を伴うシャワリングアーク（図5）およびグロー放電（図6）の3つに大別することができる。

3－1－2　コイルと並列にR－Cを接続した場合（放電ノイズ抑制対策）

コイルと並列にR－Cを接続した場合、図3に示すように、並列共振周波数が低くなり、接点が開いた時の電圧の立上り時間が長くなる（曲線Ⅳ）、あるいは、共振点がなくなり（曲線Ⅱ、Ⅲ）火花放電が発生しにくくなる。以下に、この場合に接点開離時に観測される電圧／電流波形例（火花放電を伴わない）を示す。

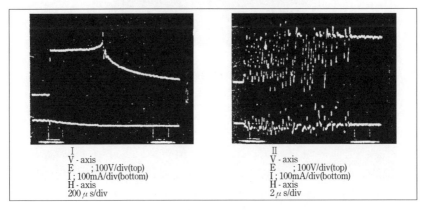

Ⅰ
V - axis
E　　；100V/div(top)
I；100mA/div(bottom)
H - axis
200 $\mu$ s/div

Ⅱ
V - axis
E　　；100V/div(top)
I；100mA/div(bottom)
H - axis
2 $\mu$ s/div

〔図6〕放電電圧／電流波形3　（$V_D$=50V）

a) 電源電圧$V_D$：80V, $R_1$：100Ω, $C_1$=0.1$\mu$F　（図3の曲線Ⅳに対応）

図7に、接点開離時に図2の1－2間で観測される電圧波形（上側）を示す。この場合、火花放電は発生していない。減衰振動電圧波形の周波数は、図3の曲線Ⅳにおける並列共振周波数である230Hzである。最初のピーク電圧は電源電圧の4.1倍である。これは、電圧の立上り時間が長い（すなわち、共振周波数が低い）ために、接点間隔が火花放電発生に必要な電圧に上昇するよりも、早く大きくなっているためである。

b) 式(3)を満足するR－Cをコイルに並列に接続した場合（図3の曲線Ⅱ、Ⅲに対応）

図8と図9に、それぞれ図3の曲線Ⅱ、Ⅲに対応する放電電圧／電流波形を示す。接点間隙にかかる電圧は、電源電圧に対し、図8の場合約5倍、図9の場合約1倍である。ここでも火花放電は発生していない。この事実はf－Z特性が共振

－159－

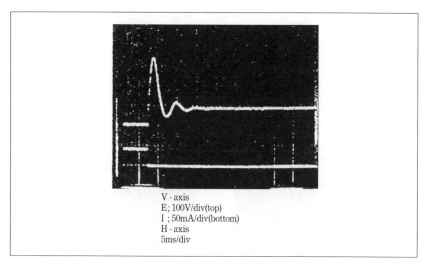

〔図7〕放電電圧／電流波形4 （$V_D$=80V, $R_1$=100Ω, $C_1$=0.1μF）

点を持たない、すなわち一定のインピーダンス（抵抗性）を示す時、接点間隙にかかる電圧が小さいことを示し、共振点が存在しないこと、すなわち、負荷を抵抗性にすることが、放電（ノイズ）抑制に有効であることを示している。

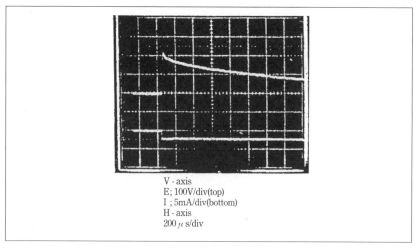

〔図8〕放電電圧／電流波形5 （図3の曲線Ⅱに対応）（$V_D$=40V, $R_1$=10kΩ, $C_1$=0.1μF）

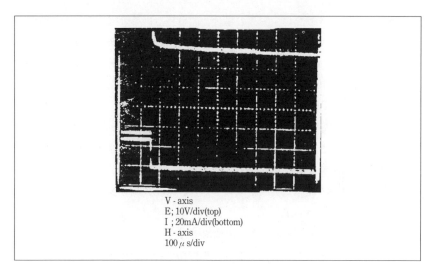

〔図9〕放電電圧／電流波形6 （図3の曲線Ⅲに対応）（$V_D$=50V, $R_1$=1.6kΩ, $C_1$=4.3μF）

c) 図9の条件に$R_2$=100Ω, $C_2$=0.001μFを接点に並列に接続した場合

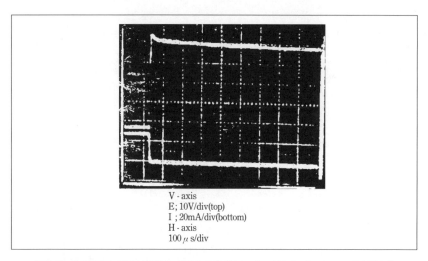

〔図10〕放電電圧／電流波形9 （図9の条件に、$R_2$=100Ω, $C_2$=0.001μFを追加）

図10に図9の条件に加えて、図1に示す$R_2$－$C_2$を接点に並列に接続した場合

－161－

の放電電圧／電流波形を示す。この場合、開離接点両端の電圧の立上り時間は図9の場合より長い。また、図10では減衰振動波形は観測されないが、図9（この図では、はっきりわからないが）では数10MHzの減衰振動電圧が電圧の立上り部で観測される。これは、回路配線の持つ共振の存在によっていると考えられる。

一般に、遅い電圧上昇は速い電圧上昇よりも、妨害が少ない。

以上、述べたことから、$R_1-C_1$, $R_2-C_2$ の追加がシャワリングアークの抑制に有効であるとの結論が得られる。

次節では、本節で述べた実験結果に基づき、火花放電を伴うシャワリングアークの発生原理について述べる。

### 3－2 実験結果とノイズ抑制法の定性的検討

本節では、まず直列共振回路／並列共振回路の特性を復習し[3]、次に、この特性に基づき、シャワリングアーク（図5の波形）の発生原理を述べる。

図11(a)に示す直列共振回路では、スイッチ閉時に式(4)の条件が成立すれば周波数 $f_s = \frac{1}{2}\pi\sqrt{L_s C_s}$ の減衰振動電圧波形が発生する。

$$\alpha_s = \frac{R_s}{2L_s} < \frac{1}{\sqrt{L_s C_s}} \quad \cdots\cdots (4)$$

また、共振の鋭さを表わす式(5)で定義する $S_s$ が1/2以上になれば減衰振動波形が発生する。

$$S_s = \frac{X_s}{R_s} \quad \cdots\cdots (5)$$

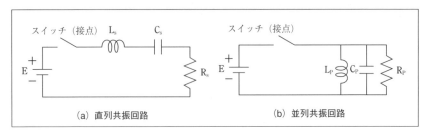

〔図11〕共振回路

ただし、$X_s = \omega L_s = 1/\omega C_s$

振動電圧振幅が最初のピーク電圧の4.3%に減少するまでのピーク数$N_s$と時間$t_s$は式(6)で表わされる。$S_s$は図12と式(7)から得られる。

$$N_s = S_s + 1$$
$$t_s = S_s / f_s \quad \cdots\cdots\cdots\cdots\cdots\cdots\cdots\cdots\cdots\cdots\cdots\cdots\cdots\cdots\cdots\cdots (6)$$

$$S_s = \frac{f_s}{2\Delta f_s} \quad \cdots\cdots\cdots\cdots\cdots\cdots\cdots\cdots\cdots\cdots\cdots\cdots\cdots\cdots\cdots\cdots (7)$$

次に図11(b)に示す並列共振回路では、式(8)の条件、すなわち式(9)で定義する$S_p$が1/2以上であれば、スイッチが開く時に周波数$f_p = \dfrac{1}{2\pi\sqrt{L_p C_p}}$の減衰振動電圧が発生する。

$$\alpha_p = \frac{1}{2C_p R_p} < \frac{1}{\sqrt{L_p C_p}} \quad \cdots\cdots\cdots\cdots\cdots\cdots\cdots\cdots\cdots\cdots (8)$$

$$S_p \equiv \frac{R_s}{X_s} = \frac{f_p}{2\Delta f_p} \quad \cdots\cdots\cdots\cdots\cdots\cdots\cdots\cdots\cdots\cdots\cdots\cdots (9)$$

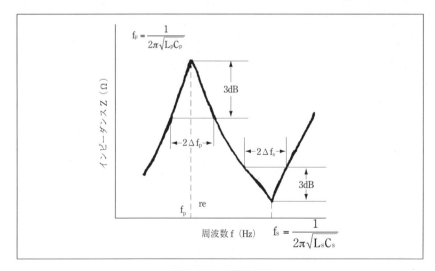

〔図12〕f―Z特性とS

この時、直列共振回路における$N_s$, $t_s$に相当する並列共振回路における$N_p$, $t_p$は式(10)で表わされる。

$$N_p = S_p + 1$$
$$t_p = S_p / f_p \quad \quad \quad \quad \quad \quad \quad \quad \quad \quad \quad \quad \quad \quad \quad \quad (10)$$

図3において共振点でのSは式(9)から"2"であり、図4の放電波形を見れば、減衰振動電圧波形のピーク数は、(S+1=3)に相当する3であり、その周波数は図3の曲線Iでの共振周波数30kHzに等しい。この事実から減衰振動波形ををもつ放電波形が負荷のf−Z特性曲線上での共振点のパラメータから推定できることがわかる。

次に、図5に示すような火花放電を伴うシャワリングアークの代表的な波形は模式的に図13のように描くことができる。ここで、減衰振動電圧波形と図1を参照して、図13の波形を説明する。

減衰振動電圧波形が立上りつつある時（図13のA部）、開きつつある接点間隔と火花放電（アーク放電）開始電圧の関係が図1の放電条件を満足すると、火花放電が発生する（図13のa'点）。放電電流が流れると接点間隙間の電圧は零になり、火花放電は止まる（図13のa"点）。放電が止まると再び減衰振動電圧はa"点から上昇する（図13のB部）。この時点で接点間隔は大きくなり、従って放電開始電圧は高くなり、火花放電開始までの時間（a"〜b"間）は、0〜a"間より長くなる。この過程は接点間隔が大きくなり、火花放電が開始できなくなるまで繰り返される。最後に減衰振動波形（e"→f）が現われる。すなわち、シャワリングアーク（図5、図13）は接点負荷のf−Z特性曲線上の共振周波数

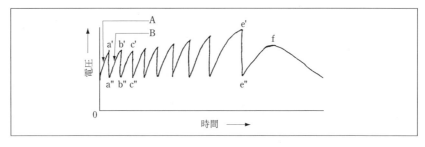

〔図13〕シャワリングアークの代表的な波形

をもつ減衰振動電圧波形によって発生していると言える。

シャワリングアークは電子機器等に妨害を与えるノイズであり、このノイズの減少対策とは、図3の曲線Ⅱ、Ⅲと図8、図9の対応に見られるように、f－Z特性を平坦に、すなわちSを1/2以下にすることであると結論づけてよい。誘導性負荷が集中定数回路の場合、誘導性負荷あるいは接点、あるいは両者に並列にノイズ抑制回路（図3の$R_1-C_1$, $R_2-C_2$）を接続することにより、シャワリングアークを抑制することができる。

## 4．接点表面形状の変化および接点の動作速度と放電波形の関係[7]

3章では、誘導性負荷接点回路の放電波形の内、シャワリングアークの発生原理を負荷のインピーダンスとの関係から説明し、また放電波形が供給電源電圧によっても異なることを述べた。本章では放電波形が接点の開閉回数に伴う接点表面状態の変化と接点の動作速度によっても変化することを実験・波形観測に基づいて述べる。

ここでは、便宜上、アーク放電とグロー放電を含む放電波形をシャワリングノイズと呼ぶことにする。なお、本章においても、図2に示す測定装置を使用する。

### 4－1 接点動作回数とシャワリングノイズ波形

図14に未使用接点に何回かの開閉動作を行わせた後のシャワリングノイズの電圧波形を示す。図14(a)～(c)は動作回数；1, 10, 20の時に観測される波形例を示している。動作回数；1, 10, 20の時の波形は観測ごとに若干異なっているが、どのような場合でも最終的には図14(d)の波形に収束する。同様な現象が供給電源電圧$V_D$＝20V, 100Vでも観測されている。

図15にシャワリングノイズの電圧／電流波形を示す。図のA部では電流の最大値は180mAである。この部分ではアーク放電が発生していると考えてよい。B部では電流は24mAから徐々に減少し、3mAで減少が止まる。この部分ではグロー放電が発生していると考えられる。以上のことからシャワリングノイズの放電については、「アーク放電の発生期間は接点動作回数の増加とともに減少し、反対に、グロー放電の発生期間は接点動作回数の増加とともに増加する」と言える。

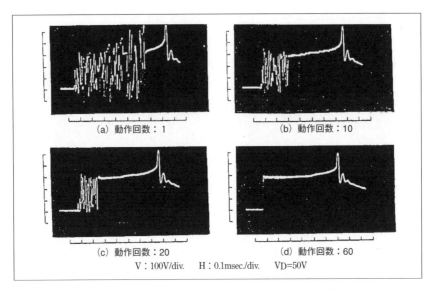

〔図14〕シャワリングノイズの電圧波形（未使用接点使用）

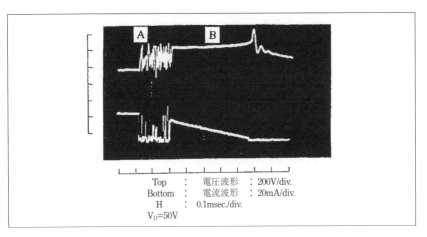

〔図15〕シャワリングノイズの電圧／電流波形

　ここで陰極の表面粗さの変化に注目し、これとシャワリングノイズ波形との関係を実験的に検討する。

　ここでは、表面を防水研磨紙（AA－100, 500, 1000：それぞれ異なった粗さ

を持つ）で磨かれた接点を用い、接点開閉動作回数とともに変化する陰極の表面粗さを測定し、放電波形との対応をとる。また、接点閉時の衝突による機械的エネルギーの陰極表面粗さへの影響を観察するため、$V_D=0V$の場合（接点および負荷に流れる電流＝0：放電が発生しない）について、$V_D=100V$の場合（アーク放電の際の金属熔融ブリッジ形成により表面粗さが変化）と同じ測定を行う。本実験では、接点が接触する部分の直径は0.6mmであり、この部分の表面粗さ$R_{max}$を切断面L（図20、21参照）に沿って測定する。

図16に、接点開閉動作を繰り返した後のシャワリングノイズ波形を示す。図17(a)～(c)に、それぞれ研磨紙AA－100, 500, 1000で研磨された接点の動作回数と接点の陰極の表面粗さの関係を示す。ここでLine 1とLine 2は、それぞれ$V_D=100V$と$V_D=0V$に対応している。図16の（n=1, 2, 3, 4）の波形は図17の(n)の陰極の表面粗さに対応する放電波形である。図16(2)では一部にグロー放電を含んだ波形が観測され、表面粗さは図17から$0.5\mu m \sim 0.7\mu m$である。

図16(1)の放電波形は、アーク放電を主とするものであり、図17の(1)から表

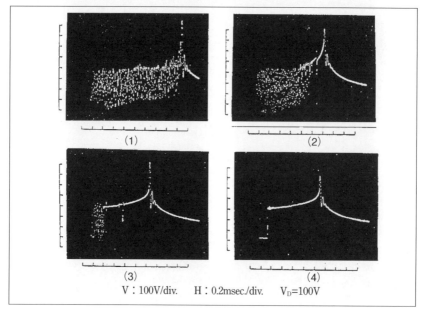

V：100V/div.　　H：0.2msec./div.　　$V_D=100V$

〔図16〕シャワリングノイズ波形の変化（$V_D=100V$）（研磨された接点を使用）

面粗さは0.5μm〜0.7μmより大きく、接点の開閉動作開始直後に観測される波形である。図16(3)の波形には、部分的にアーク放電が観測され、表面粗さは0.50μm〜0.55μmである。最終的には図16(4)の波形（図14(d)に相当）に収束し、表面粗さは図17(4)から0.2μm〜0.3μmである。

図18と図19は未使用接点（バージンコンタクト）の陰極に研磨を施さない状態での波形と表面粗さの測定結果を示している。ここでも、図19の(n)の表面粗さに対応する放電波形が図18の(n)である。この場合の最初の陰極の表面粗

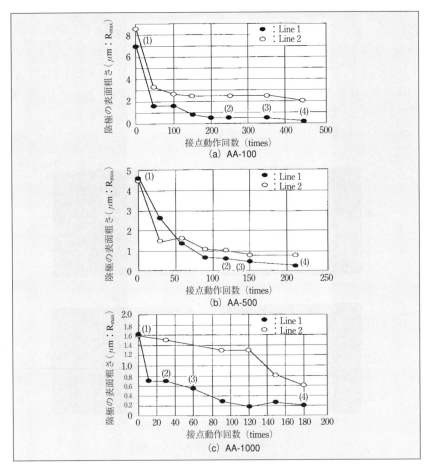

〔図17〕接点動作回数と陰極の表面粗さの関係（研磨された接点を使用）

さは、0.3μm(図19の(1))であり、この値は図16(2)～(4)に示される波形を発生する陰極表面粗さであり、図18(1)の波形がこれに対応している。

以上の事実から、陰極表面粗さがある範囲 ($0.2\mu m \sim 0.7\mu m$) では、アーク放電とグロー放電が発生し、陰極表面粗さが小さくなるとアーク放電の発生期間が減少し、多くの接点開閉動作後に陰極表面粗さが小さくなるとアーク放電は

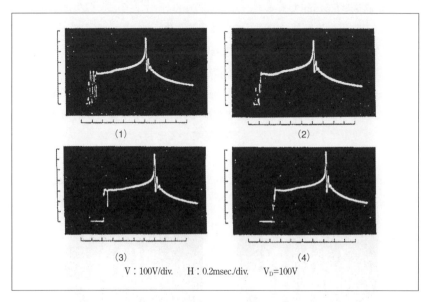

〔図18〕シャワリングノイズ波形の変化($V_D$=100V)(未使用接点を使用:研磨されていない接点)

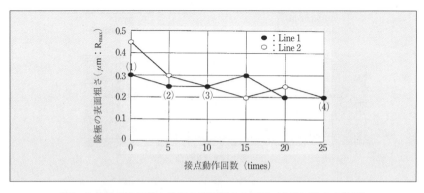

〔図19〕接点動作回数と陰極の表面粗さの関係(未使用接点を使用)

滅多に発生しなくなり、シャワリングノイズの波形は図16(4)に示す安定した波形に収束する。

図20、図21はそれぞれ$V_D=100V$, $V_D=0V$の場合の動作開始前、450回動作後の陰極表面とその粗さを示している。

図21(c)に示すように、接点閉時の陰極と陽極の衝突は接点の接触部で起こり、その直後は0.64mmである。一方、図20(c)に示すように、収束波形を発生させている陰極の接触部は0.8mmであり、その表面粗さは、図21(c)に比較して非常に小さい。この部分の表面は放電による局部的な温度上昇によって熔融するので、表面粗さが接点動作回数の増加とともに減少する。

陰極－陽極の衝突による機械的エネルギーは陰極表面粗さの変化に重要な役割を果たしているが、図17のLine 1とLine 2の比較から陰極の表面形状は主としてアーク放電エネルギーによって変化していると言ってよい。

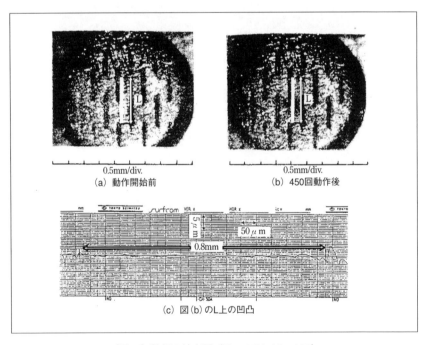

〔図20〕陰極の拡大図（$V_D$=100V, AA—100）

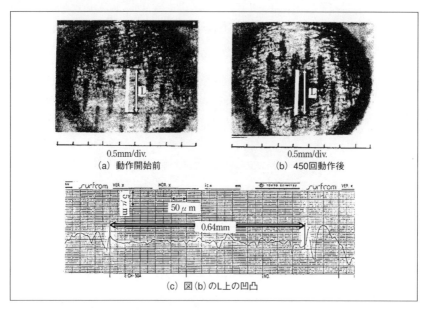

〔図21〕陰極の拡大図（$V_D=0V$, AA—100）

## 4—2 接点の動作速度とシャワリングノイズ波形

ここでは、図14(d)に示す安定した放電波形に収束するまで動作を重ねた接点を利用して、接点の平均動作（移動）速度とシャワリングノイズ波形との関係を実験的に検討した結果について述べる。

なお、接点は一定の速度で移動しているのではなく、その移動中の挙動を考慮することによって、シャワリングアークの波形を詳細に説明することができるが[8]、ここでは、本題の概要を述べるに止め、詳しくは参考文献8）を参照願いたい。

測定装置として図2を用い、接点としてはリレー（MK-3P, MY-4）のb接点（ノーマルクローズ接点）を用い、リレーコイルの駆動電圧を変えることによって接点の動作速度を変化させる。

図22にシャワリングノイズ電圧／電流の収束波形を示す。ここで波形の評価指数として次の3つのパラメータを定義する（図22参照）。

　　$T_V$：放電発生期間

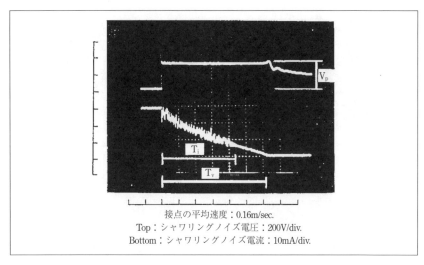

〔図22〕シャワリングノイズの収束波形

$V_P$：減衰振動電圧の最大値

$T_i$：電流が変化する期間

図23、図24にそれぞれ接点の平均動作速度と$T_V$, $V_P$の関係を示す。ここでは（図23〜図26）測定を10回行った結果の平均値を示している。

図23から、接点の動作速度が速くなれば放電発生期間が短くなり、図24からは、減衰振動電圧の最大値は大きくなっていることがわかる。これは、次のように説明できる。供給電源電圧$V_D$が一定の場合、誘導負荷に貯えられるエネルギーWは一定（$W=LI^2/2$）である。シャワリングノイズによって消費されるエネルギーは、Wに等しいので、グロー放電終了時の誘導負荷の残留エネルギーは放電発生期間が短くなれば増加する。従って、減衰振動電圧の最大値は大きくなる。

図23、図24において、接点の平均移動速度が同じであると$T_V$と$V_P$は$V_D$が大きくなると増加する。これは$V_D$が大きくなると誘導負荷に貯えられるエネルギーが大きくなることによっている。グロー放電を維持するのに必要な最小エネルギーは接点間隔の増加とともに徐々に大きくなるので（図1参照）、誘導負荷の残留エネルギーがグロー放電維持の条件を充たさなくなった時、放電は終了

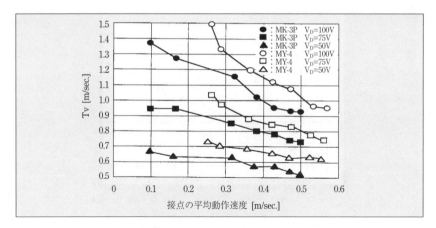

〔図23〕接点の平均動作速度と$T_V$の関係

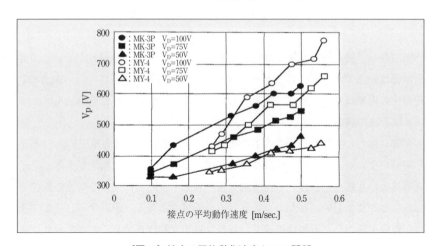

〔図24〕接点の平均動作速度と$V_P$の関係

する。

　図25に接点が一定速度で移動すると仮定した場合における放電終了時の接点間隔と$V_P$の関係を示す。$V_P$は放電終了時の接点間隔と略比例関係にあり、$V_D$と関係がない。このことは、$V_P$は放電終了時の接点間隔からある程度予想できることを示している。ノイズ低減という観点からは$V_P$を小さくするためにはグロー放電終了まで接点を低速度で動作させることが望ましい。

—173—

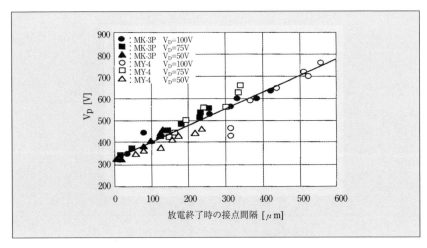

〔図25〕放電終了時の接点間隔と$V_P$の関係

　図22から、接点開離直後に高周波電流が発生していることがわかる。この最大振幅は8mAであり、これがアーク放電によるものとは考えにくい。図22の$T_i$期間中の現象はグロー放電であると考えてよいと思われるが、その発生メカニズムは今後の課題とする。

　図26に接点の平均動作速度と$T_i$の関係を示す。$T_i$は供給電源電圧$V_D$とはあまり関係がないが、接点の平均動作速度が速くなると短くなる傾向がある。ノイズ低減という観点からは、電流変動を速く収束するために接点を高速で動作させることが望ましい。しかし、これは$V_P$を低減することと矛盾する。そこで接点が動作を開始した直後は高速で、以後は低速で動作させることができればノイズ低減に有効であろう。

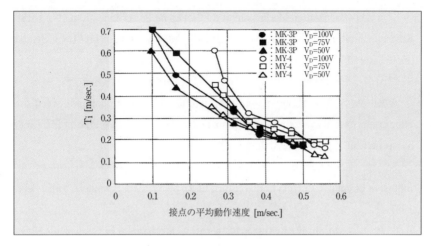

〔図26〕接点の平均動作速度と$T_i$の関係

## 4—3 結論

　以上、従来、誘導性負荷接点回路の放電波形は再現性に乏しいといわれていたが、接点開閉動作を重ねた後、安定した波形に収束し、種々の波形はその変遷の過程で観測されるものであることを示した。

## 5．おわりに

　以上、誘導性負荷接点回路の放電波形を負荷のインピーダンス動作回路に伴う表面形状の変化、供給電圧、動作速度との関係において概観した。他にも、接点抵抗と放電波形の関係[9]、また放電波形をノイズとして評価するにはどのようにすればよいか等、検討しなければならない問題は山積している。今後の地道な研究を期待する。

## 参考文献

1）H.W.Ott: Noise Reduction Techniques in Electronics Systems, pp.173-186, John Wiley & Sons, July 1975

2）G.W.Mills: The Mechanism of the Showering Arc. IEEE Trans, PMP, Vol.PMP-5, no.1, pp.47-55, Mar. 1969

3) S.Nitta et'al:Generation Mechanism of R.F.Noises on Power Lines, Report of URSI-Environmental and Space Electromagnetics-(Updated Version of Int'l URSI Symp.) pp.392-409, 1992

4) 仁田：「電子機器のノイズ対策法」, pp.42-43, オーム社, 1986年

5) A.Mutoh, S.Nitta, H.Suganuma, K.Miyajima : The Relationship between the Showering Noise Wave-forms and the Supplied Voltage to Contact, Proc. of IEEE Int'l Symp. on EMC, pp.590-595, Atlanta, U. S. A, Aug. 1995

6) S.Nitta, T.Shimayama : Showering Noise-Electrical Noise generated from Inductive Circuits, Proc. Int'l Conf. on EMl/EMC, pp.337-340, Bangalore, India, Sept. 1987

7) S.Nitta, A.Mutoh, K.Miyajima : Generation Mechanism of Showering Noise Waveforms −Effect of Contact Surface Variations and Moving Velocity of Contact−, IEICE Trans. Commun, Vol. E79-B, No. 4, pp.468-473, Apr. 1996

8) 宮島, 仁田, 武藤：「電気接点の機械的挙動と接点間放電の関係」, 信学論, Vol. J82-B, No. 8, pp.1578-1585, 1999年8月

9) K.Miyajima, S.Nitta, A.Mutoh : A Proposal on Contact Surface Model of Electromagnetic Relays, IEICE Trans. Electron, Vol. E81-C, No. 3, pp.399-407, Mar. 1998

# IV-2 電気接点放電からの放射電磁波

熊本大学 内村　圭一

## 1. まえがき

　近年の電気・電子機器の高密度化、低電力動作の傾向および筐体のプラスチック化は放射雑音の影響を受けやすい環境となっている。一方、継電器は電気・電子機器の進歩発達に伴い、電力、自動制御はもちろんのこと情報伝達用としても広い範囲に使用されてきている。特に、電子デバイスの高密度実装に対応し、継電器も小型化・低電力化が図られ、電子デバイスと同一環境内で使用されることが多くなっている[1]。本稿では、電気接点の放電に伴う誘導・放射雑音の諸特性について述べる[2]。

## 2. 回路電流と放電モードとの関係

　電気接点に流れる電流とその時生ずる放電モードとの関係を、誘導性負荷の場合を例にとり、ここで簡単に眺めておく。
　回路電流が小さければ、開離時の接点間電圧（$V_c$）の立ち上がりが小さく、$V_c$が接点の放電特性曲線を超えることができないために、接点間に絶縁破壊は起こらない。結果として、この時は無放電である（図1 (a) 参照）。回路電流が大きければ、$V_c$は放電特性を超える。この瞬時に次の現象が生ずる。$V_c$が放電特性曲線を超えるや否や、接点間にアークが生ずる。この時点で誘導負荷を通して接点に流れ込む電流$I_0$が最小アーク維持電流$I_A$よりも小さいなら、アークは消滅し$V_c$は再び上昇する。すなわち、定常アークの代りに間欠放電が生ずる

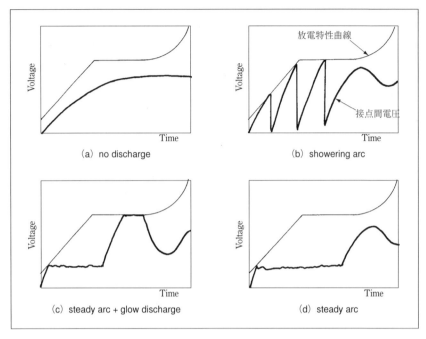

〔図1〕回路電流と放電モードとの関係

(図1(b)参照)。このとき、一般的に回路電流と共に絶縁破壊電圧は増加する。もっと大きな回路電流のため、$I_0$が$I_A$以上となる場合は定常アークが生じ、$I_0$が$I_A$以下になるまで定常アークは続く。$I_0$が$I_A$以下になった時点で$V_c$は再び上昇する。この時に$V_c$が再び放電特性曲線を超えグロー放電を維持するのに充分な電流が流れたら、定常アークに続きグロー放電が生ずる（図1(c)参照）。一方、$V_c$が再び放電特性を超えることができなければ、回路条件に依存した減衰振動が定常アークに続いて生ずる（図1(d)参照）。このように、回路電流と放電モードとの関係は大まかに、次の3つの部分に分けられる。

(a) 小さな回路電流における無放電
(b) 中位の回路電流における間欠放電発生
(c) 大きな回路電流における定常アークに続くグロー放電、または定常アークに続く減衰振動の発生

## 3. 放射雑音
### 3—1 放射雑音測定法

図2(a)で$V$は蓄電池、$R$は水抵抗器または金属皮膜抵抗器、$L$は配線あるいは負荷のインダクタンス、$C$は漂遊あるいは火花消去用容量である。$l$は$C$-接点対$K_1$局部回路における配線のインダクタンスである。$K_1$右側の点線は接点間絶縁破壊後の等価回路で、$r_0$は接点間隙の抵抗に接点近傍の配線抵抗を含めた等価抵抗である。なお、$K_1$の閉成時には放電が生じないように$K_1$と接点対$K_2$の開閉条件を調節している[3]。

国内では放射雑音電界強度の測定法にはCISPR規格を基にした電波技術審議会答申の規格が採択されている[4]。ここでもこの規格に従って（ただし、周波数範囲が10MHz以下では規格に準じた）2種類の準せん頭値計付電界強度測定器を用いている。

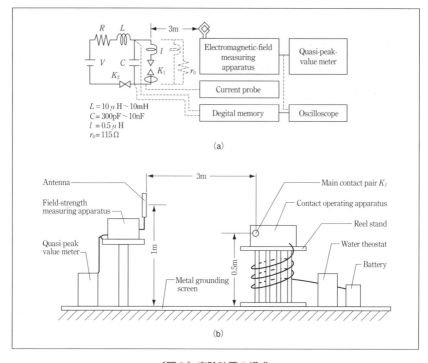

〔図2〕実験装置の構成

測定装置の配置を図2（b）に示す。接点回路の総配線長は4mである。放射雑音測定用ループアンテナを接点対$K_1$から3mの位置に床面に垂直に設置し、アンテナ中心の床上高は1m、接点対床上高は0.5mとした。実験室は鉄筋6階だての4階の一室であり、寸法は7.5×5.5×高さ2.8mである。床全面に金属スクリーンを敷き、アンテナと左、右、後方の壁との間隔は2.7m〜3mとした。実験に先だち、測定場所、測定装置の配置などが放射雑音の周波数特性へなんらの悪影響を及ぼしていないことは確かめられている。

### 3-2 間欠放電に伴う放射雑音

Ag接点、無誘導負荷時の間欠放電発生領域内での放射雑音測定例を図3に示す。なお、あらかじめ各周波数毎に周囲雑音電界強度$E_{ext}$を測定しておき、実際の測定値$E_{rea}$から$E_{ext}$を除いた値が同図縦軸の放射雑音$E$である。図3の太い点線は間欠放電発生下限並びに上限曲線である。一般に、回路電流が最小アーク維持電流（例えばAgでは450mA）以下であれば、放電は生じないと言われている。従って、放射雑音も生じないと想像されがちである。しかし、事実はそうではなく、図3に示すように或電流領域（450mA以下）でも放射雑音が測定される。図3を小電流から大電流側へ眺めると、小電流側の無放電領域では放射雑音は測定できない程度に小さい（周囲雑音以下）。次に、間欠放電発生領域内では電流が増加しても放射雑音はほとんど変化しない。この理由は、回路電流が増すと、雑音の主原因である接点電流のスペクトル強度は増すが、接点

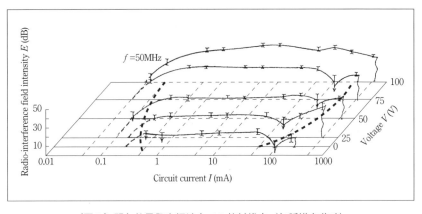

〔図3〕間欠放電発生領域内での放射雑音（無誘導負荷時）

電流の繰り返し回数が減少するので、これらが相殺し、全体としての放射雑音はほとんど変わらなかったものと思われる[4]。さらに、電流が増加して間欠放電発生上限曲線付近になると、放射雑音は低下する。次に、図4は放射雑音の周波数特性である[5]。放射雑音は周波数fが5MHz付近まで漸減し、5MHz付近で極小となっている。10MHzから25MHzまでは測定器の都合で放射雑音は未測定であるが、25MHzから150MHzの範囲では、全体的に増大している。

一方、Ag接点、誘導性負荷時（$L=10mH$、$C=10nF$）での放射雑音の測定結果を図5に示す。図中の太い点線は間欠放電発生下限曲線である。この場合、小電流側の無放電領域では放射雑音は測定できない程度に小となっているが、電流が増加すると間欠放電発生領域内で放射雑音は増加している。この原因は、回路電流が増すと接点間の絶縁破壊電圧が高くなることと関連がある。図6は放射雑音の周波数特性で、周波数の約2MHzにおいて放射雑音の極大がみられる。このような放射雑音の極大を与える周波数$f_n$は、次式で与えられる[5]。

$$f_n = \frac{1}{2\pi}\sqrt{\frac{1}{lC} - 2\frac{1}{(2Cr_0)^2}} \quad \cdots \cdots (1)$$

ただし、$l$、$r_0$は図2参照。

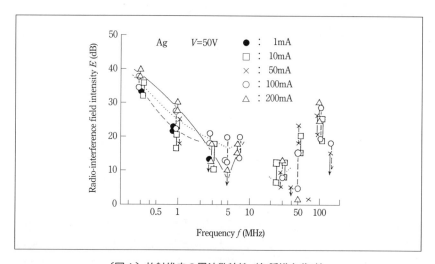

〔図4〕放射雑音の周波数特性（無誘導負荷時）

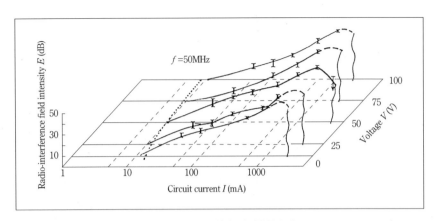

〔図5〕間欠放電発生領域内での放射雑音（誘導性負荷：$L$=10mH, $C$=10nF）

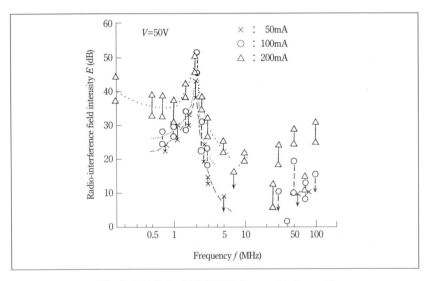

〔図6〕放射雑音の周波数特性（$L$=10mH, $C$=10nF）

　実際に電磁継電器等の接点材料を構成しているAu、Pd、W接点の場合についての放射雑音もそれぞれAg接点とほぼ同様な特性であった[6]。
　次に、接点間の絶縁破壊が連続的に多発する場合（誘導負荷:550mH）での放射雑音の周波数分布を図7に示す。なお、接点材料はワイヤスプリング継電器などに使用され、Pdと比べて経済性に優れたAg-Pd合金である。図8 (a)は各周

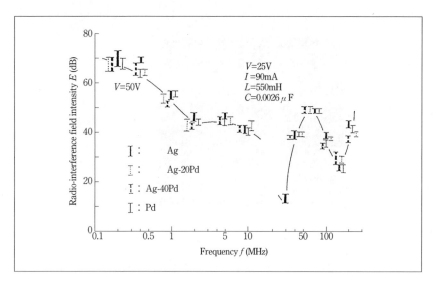

〔図7〕間欠放電多発状態における放射雑音の周波数特性

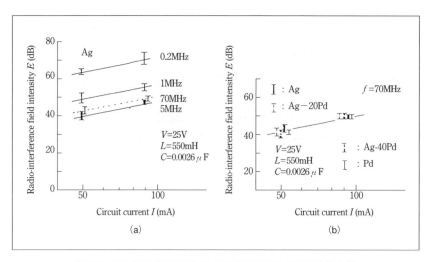

〔図8〕間欠放電多発状態における放射雑音の回路電流依存性

波数におけるAg接点に対しての放射雑音の回路電流による変化である。図8(b)は周波数70MHzでのAg-Pd合金に対する放射雑音の回路電流による変化である。これらの結果から、放射雑音レベルには接点材料による相違はほとんど認

—183—

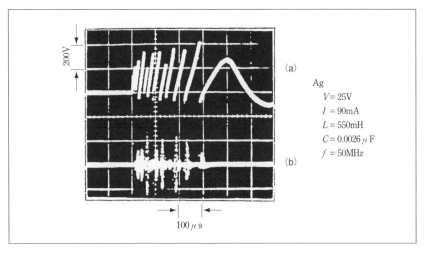

〔図9〕間欠放電電圧波形(a)と放射雑音電圧波形(b)

められない。これは、同一回路条件下では間欠放電電圧波形が接点材料にはほとんど依存しないためと考えられる[7,8]。図2に示す準せん頭値計を取り除き、電界強度測定器の中間周波増幅部の出力側に二現象オシロスコープの一入力端子を接続し、他の入力端子に接点対$K_1$の両端を接続して、接点開離時の間欠放電電圧波形と放射雑音の電圧波形を同時に観測した。観測波形の代表例を図9に示す。ただし、Ag接点、電源電圧25V、回路電流90mA、誘導負荷550mH、接点間並列容量0.0026μFの場合である。間欠放電電圧波形の絶縁破壊部に対応して放射雑音が発生しているのがわかる。

### 3—3 定常アークに伴う放射雑音

接点開離時のアーク電圧波形と放射雑音の電圧波形が同時に観測された。図10はAg接点で回路電流が2.5Aの時の観測例である。図10右に観測波形のモデルを示す。このアーク電圧波形（上側）のモデルを次の$A$、$B$、$C$の三つの部分に分けて考える[9]。$A$と$B$の部分はステップ状に電圧（従って電流）が変化するところである。図中の$V_1$は接点材料構成原子の電離電圧で、$V_2$はアークが切断して（電流が切断して）接点間電圧が電源電圧になるときの電圧変化分である。$C$部はアークの部分であり、アークの光スペクトルの時間変化を観察すると$C_1$の金属相アーク、$C_2$のガス相アークに分けて観察することができる。$C_1$から$C_2$

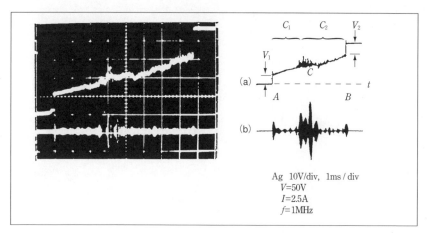

〔図10〕Ag接点開離時のアーク電圧波形(a)と放射雑音電圧波形(b)

への移行時点で大きい電圧（電流）変動が生じている。図10のアーク電圧波形（上側）と放射雑音の電圧波形（下側）を比較すると、それぞれ$A$、$B$、$C$に対応して雑音が生じているが、中でも、$C_1$から$C_2$に移る時点で格段に大きな雑音が発生している。このように接点開離時の放射雑音は、アーク放電全体から漠然と発生するものではなくアーク放電中期に生ずる電圧変動が主原因となって発生していることがわかる[10]。

　放射雑音の回路電流による変化を図11に示す。大気中のAg接点では、回路電流$I$が0.5A～3A程度の場合は、開離時に接点表面から金属蒸気が発生し、アークは金属蒸気中で維持される。回路電流が2A～3A付近では、開離アークが金属相からガス相への移行の際に、アーク内への空気の侵入と空気の熱電離の繰り返しによってアーク抵抗、アーク電流、アーク電圧が激変する。ただし、このアーク電圧激変（アーク中期電圧変動）は回路電流の増加と共に減じ、回路電流が数Aではアークの安定によってほとんど生じなくなる。その結果、2A～3Aでアーク中期電圧（電流）変動による放射雑音が極大になるものと推察される。

　無誘導抵抗負荷の場合、放射雑音周波数分布の実測例を図12に縦棒印（Ⅰ）で示す。接点配線ループを微小ループアンテナと見なした時の計算結果を同図に点線で示している。周波数$f$がおよそ10MHzまでは放射雑音は$f$に逆比例して

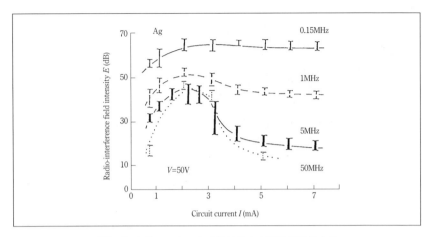

〔図11〕定常アークによる放射雑音の回路電流依存性

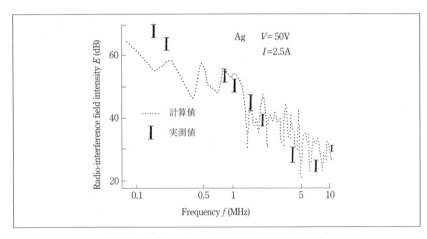

〔図12〕定常アークによる放射雑音の周波数特性

いる[11]。

　Ag-Cu合金接点における放射雑音は、Ag-Au合金およびAg-Pd合金接点の場合に比べてそのレベルは最高20dB程低く、また、純Pdと純Au接点の場合を除いて、放射雑音の極大値は2～3Aで現われている、ことなどがわかった。誘導性負荷時の定常アーク放電に伴って生ずる放射雑音はアーク中期電圧変動に伴うアーク電流の変動のみならず消弧電圧変動に伴う消弧電流の変動も大きな要因

となる。この結果、放射雑音は誘導性負荷特有の周波数で増大し、全体として1/f雑音特性とはならない。

## 4．誘導雑音
### 4−1　ディジタル回路の誤動作[12]
#### 4−1−1　実験装置の構成および方法

　実験装置を図13に示す。ディジタル回路部はLS-TTLICのインバータから成る簡単な回路である。ディジタル回路の配線（被誘導線）と継電器回路の配線（誘導線）の両方とも単心ビニールコードである。これらの配線の結合部の配線長は200mmであり、床上70cmの高さの木製の板の上に一定間隔$d$を保って平行に配置されている。

　検出部はStandard TTLのＤ型フリップフロップから成る。ディジタル回路の誤動作としてのフリップフロップの反転が検出されると、誤動作検出信号がインタフェースを介して出力される。この検出信号は、フリップフロップがコンピュータからのリセット信号によって初期状態に戻るまで保たれる。インタフェース部の入出力部への伝導雑音の侵入を防ぐために、ホトカプラを用いて他回路部との電気的な絶縁を図った。

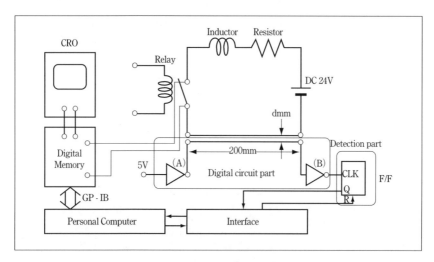

〔図13〕ディジタル回路の誤動作測定システム

実験では、所定の回路電流、接点間並列容量に設定し、2500回継電器を開閉し、ディジタル回路の誤動作回数を計数した。一定期間をおいて再び同一条件で実験を行った。なお、継電器は実験条件の設定のつど取り換えている。

4－1－2　実験結果

　開離2500回中に誤動作の生ずる割合を誤動作率$\alpha$とした。図14に接点間並列容量$C$および誘導線と被誘導線の配線間隔$d$をパラメータとしたときの誤動作率$\alpha$と回路電流$I$との関係を示す。$d=1$mmは誘導線と被誘導線が密着平行の場合である。

　図14(b)によれば、回路電流が増加するにつれて、誤動作率は増加するが、さらに回路電流が増加すると誤動作率は減少に転じている。図14(a)、(c)も測

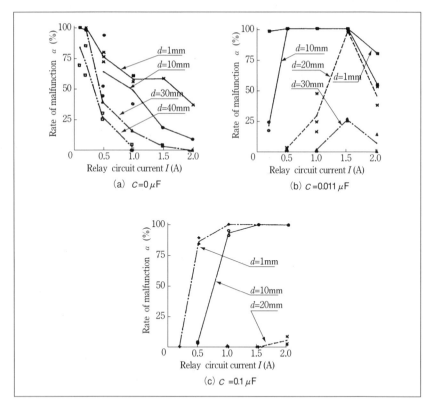

〔図14〕誤動作率と回路電流との関係

定電流範囲を広げれば、図14(b)と同傾向になることが推察される。また、接点間並列容量$C$が大になるほど、誤動作率が大きい回路電流領域は大電流側へ移行している。ところで、例えば、図14を$d=1$mmの場合に$α$が100%となる$I=0.1$A、$C=0μ$Fと$I=1.0$A、$C=0.011μ$Fおよび$I=2.0$A、$C=0.1μ$Fの箇所で、誤動作率$α$と配線間隔$d$との関係について整理し直すと図15のようになる。$d$が大きくなるほど$α$は低下している。また、$C$が大きいほど誤動作率0％の状態に小さい$d$で達する傾向がある。次節でこれらの実験結果について、電気接点の放電現象の観点から検討する。

### 4—2　誘導雑音の測定[13)]

接点開離に伴い被誘導線に存在する抵抗間に生ずる電圧が誘導雑音として測定された。この抵抗値は10kΩである。誘導雑音の最大値（$V_{Nmax}$）が各回路電流毎1000回測定された。測定結果の一例を図16に示す。図17は図16(a)～(c)等を整理しなおした結果である。図17から、$V_{Nmax}$は回路電流と共に単に増加するのではなく、0.2A～1Aの領域で最大になることがわかる。なお、インダクタンスが100mHの場合には$V_{Nmax}$の最大領域は図16よりも小電流側へ移動する。

次に、図17における$V_{Nmax}$の電流依存性を各種放電モードの発生によって検討する。図18の上側と下側の図は、それぞれ接点開離時における接点間電圧波形

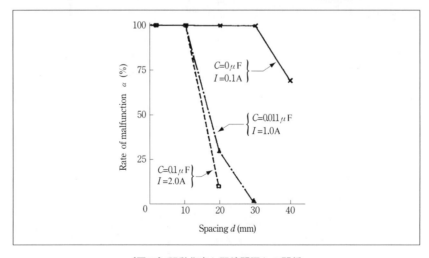

〔図15〕誤動作率と配線間隔との関係

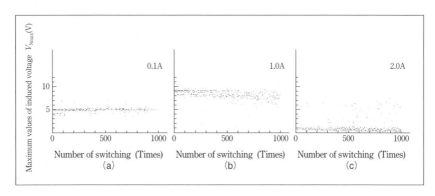

〔図16〕回路電流による誘導雑音の最大値の推移

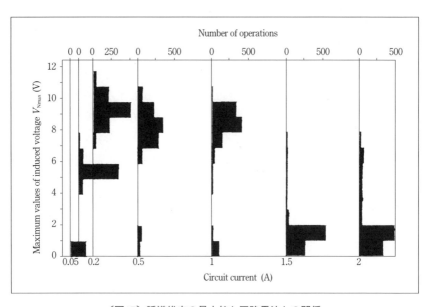

〔図17〕誘導雑音の最大値と回路電流との関係

および被誘導線に誘導した雑音電圧波形である。図18(a)からわかるように間欠放電の絶縁破壊部に対応して大きなレベルの誘導電圧が生じている。一方、定常アーク放電に続くグロー放電においては、図18(b)に示されているように、誘導雑音はほとんど生じない。もちろん、無放電の場合には誘導雑音は生じない。これらと2章の回路電流と放電モードとの関係から、図17に示された実験

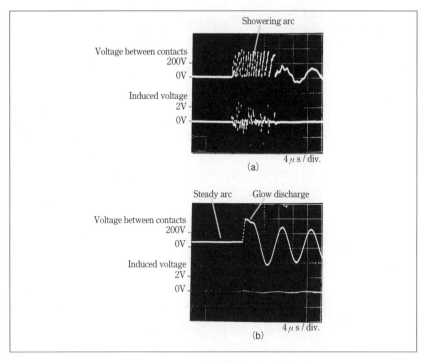

〔図18〕誘導雑音と放電モードとの関係

結果は次のように説明できる。回路電流が増加するにつれて、無放電状態から間欠放電が発生するようになり、間欠放電に対応して大きなレベルの誘導電圧が生ずる。回路電流がもっと増加すると、定常アーク放電に続くグロー放電や減衰振動が生ずるようになるため、誘導雑音のレベルは減少する。

　回路電流が或電流以上になるとディジタル回路の誤動作の割合は減少した。この現象は上記の誘導雑音の電流依存性で説明できる。すなわち、誘導雑音のレベルは回路電流と共に単に増加するのではなく、0.2A〜1Aの範囲で最大になるためである（ただし、インダクタンス負荷10mHの場合）。また、4−1で、接点間並列容量$C$が大の場合ほど誘導線に生じた雑音の被誘導線に及ぼす影響力は弱いことが推察された。これは次のように説明される。間欠放電電圧波形の周波数スペクトルレベルは、非常に低い周波数領域を除き、容量$C$が$0\mu F$、$0.011\mu F$、$0.1\mu F$と増加するにつれて順に低下した。この事実と、間欠放電電圧

波形中の絶縁破壊部分の周波数スペクトルレベルが小さいほど、誘導線に生ずる雑音レベルは小さいと考えられることから、接点間並列容量$C$が増加するほど間欠放電発生に伴うこの種の雑音レベルは小さくなる。

## 5．むすび

電気接点の放電に伴う放射・誘導雑音の性質を各種放電モードと関連付けて述べた。本稿では電気接点雑音の一側面を眺めたに過ぎず、もっと多方面の性質を知るために、なお一層の研究が必要である。

## 参考文献

1) 髙木相：「マイクロエレクトロニクスと電気接点」、電気学会誌、107,1, pp.41-44, 1987年
2) 内村圭一：「リレー動作時の誘導・放射ノイズの性質」、通研（東北大）シンポジウム論文集31, 放電とEMC, pp.57-64, 1994年
3) 相田, 盛田：「接点開離アークによる無線雑音とその材料的考察」、信学論(C), J61-C,3,pp.142-149, 昭53年3月
4) 昭和48-50年度電波技術審議会答申規格
5) 内村, 相田：「Ag接点開離時の間欠アーク発生領域並びにその無線雑音」、信学論(C), J67-C, 4,pp.405-412, 昭59年3月
6) K.Uchimura, T.Aida, T.Takagi: "Showering Arcs in Breaking Au, Ag, Pd, and W Contacts and Radio Noise Caused by These Arcs", Proc. of 1984 Int. Symp. on Electromagnetic Compatibility/Tokyo, pp.91-96, 1984
7) K.Uchimura,T.Aida,T.Takagi: "Electromagnetic Radiation Caused by Silver Palladium Alloy Contact Switching", Proc. of Electromagnetic Compatibility 1985, 6th Symp. and Technical Exhibition, pp.617-622, 1985
8) K.Uchimura: "Electromagnetic Interference from Discharge Phenomena of Electric Contacts", IEEE Trans. Electromagn. Compatibility, 32, 2, pp.81-86, 1990
9) 髙木相：「電磁妨害雑音の発生メカニズムとその性質」、信学誌、67,2,pp.147-153, 昭59年2月
10) 相田, 盛田, 松田：「接点開離時における無線雑音の発生原因の検討」、

信学論(C)，J62-C, 1，pp.24-30，昭54年1月
11) 内村，相田：「銀接点開離アークよりの無線雑音周波数特性の一推定法」，信学論(C)，J63-C, 9，pp.617-624，昭55年9月
12) 内村，道田，野津，相田：「電気接点開離に伴う誘導雑音によるディジタル回路の誤動作について」，信学論(B)，J71-B, 5，pp.656-664，昭63年5月
13) K.Uchimura, H Fujita : "Induced Noise Caused by Circuit Interruption with Electric Contacts", IEICE Trans., E74, 7, pp.1935-1940, July 1991

# IV-3 電気接点の放電周波数スペクトル

東北学院大学　嶺岸　茂樹
八戸工業大学　川又　憲

## 1. まえがき

　いろいろな電気電子機器には必ずスイッチや電気接点があり、スイッチで電流を切ったり、スイッチを入れたりすると電気接点で放電が生じたり、電磁雑音が発生することはよく経験することである。
　スイッチで電流を切ろうとすると、その瞬間の過渡的な現象のほかに、アーク放電等が生じ、スイッチの電気接点部の消耗だけでなく、電磁雑音が発生する。またスイッチを閉じようとする際にも火花放電等が発生し、電磁雑音源となる。このような電磁雑音はスイッチに接続されている導線を伝搬したり、空間に放射されたりして、電気電子機器の誤作動の原因となることが多い。
　このようなスイッチの開閉による電磁雑音は過渡的であり、周波数範囲も広い。そのためいろいろな電気電子機器にとっては脅威となる。
　しかし、この電磁雑音の発生機構には、電気接点の形状・材質、開閉の速度、電圧・電流の大きさ、周囲の温度・湿度・気圧などの要因が複雑に関与するため、不明な点も多い。さらにこの雑音は高速現象であり、広帯域である。通常スイッチには導線が接続されているが、高速現象を考慮する場合、この導線は分布定数線路として扱うほうがその現象を把握しやすい。また多重反射も波形変形の原因であるので、実験システムにおいては、インピーダンスの整合も重要である。
　ここでは、スイッチの開閉時、すなわち開離時と閉成時の電磁雑音について

述べる。

## 2．スイッチ開離時

### 2－1　実験システム

　スイッチ開離の際には、過渡現象と放電現象が混在し、しかも高速現象であるため、その周波数スペクトルは広帯域である。通常スイッチには導線が接続されているが、電気接点開離時の電磁雑音の広帯域性から考えると、この導線を分布定数線路とみなしたほうが、この現象は把握しやすいと考えられる。従って、実験システムは同軸ケーブルを使った分布定数線路システムとする。

　図1は同軸スイッチの両端に分布定数線路として同軸ケーブルを接続し、ケーブルの終端に抵抗が接続された実験システムである。なお、同軸スイッチ、同軸ケーブルの特性インピーダンスは50Ωであり、従ってインピーダンス整合から$R_1=R_2=50\Omega$である。Cは貫通型コンデンサであり、高周波においてはほとんど短絡回路とみなせるので、直流電源$E_{dc}$のインピーダンスは無視できる。

　図2に同軸スイッチの構造を示す。これは2つの円筒状外導体は直径がわずかに異なり、スライドする構造になっている。

　実験方法は、まず同軸スイッチを閉じておいて、直流電流を通電する。その後徐々に同軸スイッチの中心導体を離して、電流が遮断される際に生じる現象を測定する。具体的には$R_2$（同軸減衰器の出力）における波形をディジタルオシロスコープで測定する。なお、同軸スイッチの中心導体の材料は銀（純度

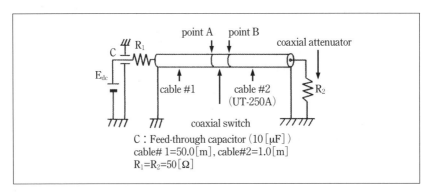

〔図1〕スイッチ開離時の実験システム

99.99%)、銅(純度99.999%)、およびパラジウム(純度99.95%)とし、スイッチの開離速度は約1mm/sとした。

## 2—2 実験システムにおける反射現象

まず図1において反射現象を確認するため、$R_1=0$とした。すなわち、貫通型コンデンサ(高周波において電流反射係数$\fallingdotseq$1)のところでインピーダンスの不連続点を設定した。このような条件において、通電電流$I_{dc}=E_{dc}/(R_1+R_2)=0.6[A]$を遮断した際の$R_2$における電圧波形を測定し、電流値に換算したのが、図3である。

図3において、時刻$t_1$、$t_2$、$t_3$でステップ的に変化している。これは、電流$I_{dc}$を遮断する際にステップ的に変化する電流波はまず図1のcable#1およびcable#2を伝搬する。cable#2の長さは1.0mで比誘電率 $\varepsilon_s\fallingdotseq2.05$なので、cable#2を伝搬したステップ波は約4.8ns後に$R_2$に到達する。それが時刻$t_1$におけるステ

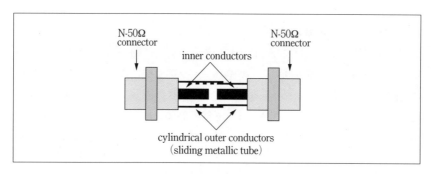

〔図2〕スイッチ開離用同軸スイッチの構造

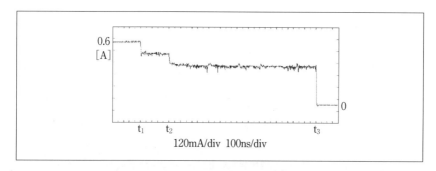

〔図3〕$R_1=0$のときのスイッチ開離時波形

ップ波である。そのステップ波の$R_2$での反射はない（インピーダンス整合条件）。
　一方、cable#1を伝搬するステップ電流波は貫通コンデンサ（Feed-through capacitor）Cのところで反射され、その反射波はcable#1、放電中の同軸スイッチ、そしてcable#2を伝搬し、$R_2$に到達する。それが時刻$t_2$におけるステップ波である。この反射波は最初にcable#2を伝搬してきたステップ波が時刻$t_1$に$R_2$で観測されてから同軸ケーブル（cable#1およびcable#2）および同軸スイッチを約100m伝搬することになるから、約500nsの時間がかかることになる。図3の$t_2-t_1 \fallingdotseq 500[ns]$は上述の理由によるものである。
　以上のように実験システムとしては分布定数線路そしてそのシステムのインピーダンス整合がとても重要であることがわかる。

## 2－3　アーク電流波形および周波数スペクトル

　図1のインピーダンス整合実験システムにおいて、$E_{dc}$=50, 75, 100[V]、すなわち$I_{dc}$=0.5, 0.75, 1.0[A]の電流を遮断する際の$R_2$における電流波形を測定した。通電電流$I_{dc}$=1Aの実験結果を図4～図6に示す。
　図4は同軸スイッチの中心導体が銀の場合、図5は銅、図6はパラジウムの場合で、各図の上が電流波形、下が高速フーリエ変換によるアーク電流の周波数スペクトルである。ただし、高速フーリエ変換に際しては、周波数分布を把握するためなので、ハニングやハミング等の窓関数は用いていない。これらの図から、電流波形はランダムであり、特にパラジウム接点の場合の電流波形は

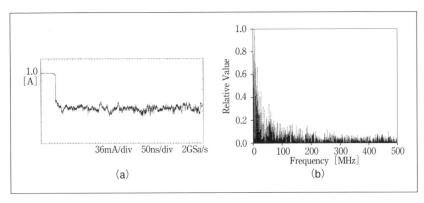

〔図4〕スイッチ開離時の電流波形およびアーク電流の周波数スペクトル
（同軸スイッチの中心導体が銀の場合）

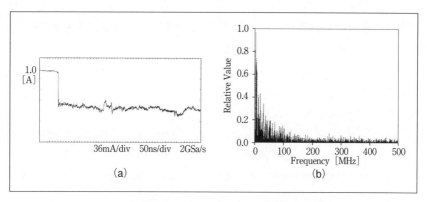

〔図5〕スイッチ開離時の電流波形およびアーク電流の周波数スペクトル
（同軸スイッチの中心導体が銅の場合）

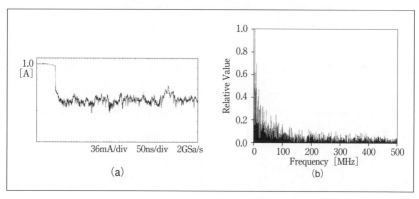

〔図6〕スイッチ開離時の電流波形およびアーク電流の周波数スペクトル
（同軸スイッチの中心導体がパラジウムの場合）

かなりの時間変動があるが、アーク電流の周波数スペクトルはスイッチの電気接点の材料にあまり関係なくおよそ100MHz以下においてレベルが高い。

## 3．スイッチ閉成時

　スイッチを閉じるときは、電気接点部において放電を伴うことが多い。またESD（静電気放電）等、放電発生時の過渡電圧は非常に高速である。特に、電圧1.5kV以下の比較的低い電圧における放電発生時の過渡時間は1ns以下と非常に急峻な変化を示し、インパルス的である。ここではスイッチを閉じる際の放

電による過渡電圧変動について検討する。この場合も高速過渡現象を考慮して、実験システムは同軸型の分布定数線路システムとした。

### 3—1 実験システムおよび実験方法

図7はスイッチを閉じる際の電気接点部のギャップ放電の過渡電圧を測定する実験システムである。

このシステムは、同軸スイッチ（Coaxial electrode）、同軸分布結合線路（Coupled transmission lines）、同軸ケーブル（Semi-Rigid Cable）から構成される。過渡電圧は同軸分布結合線路（Coupled transmission lines）の③端子からの出力をオシロスコープ測定する。

図8に同軸スイッチの構造を示す。このスイッチの電極部は針（Needle Electrode）と平板であり、平板は円錐形電極（Inner Conductor）の底面を利用した。この円錐の部分も同軸ケーブルと同じ$50\Omega$に設計した。

実験方法は、電極部のマイクロメータヘッドにより、セミリジッドケーブルを徐々に接近させ（セミリジッドケーブルの中心導体を針状にした針電極なの

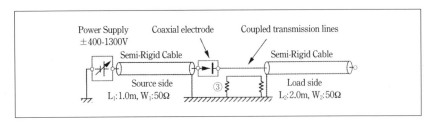

〔図7〕スイッチ閉成時の実験システム

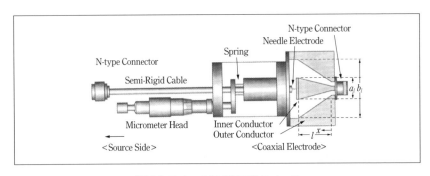

〔図8〕スイッチ閉成用同軸スイッチ

で、針電極が可動)、放電が生じた瞬間の分布結合線路の出力③(図7)の電圧を、立ち上がり約80psのオシロスコープで測定する。
　また、放電を繰り返して図7の出力③の電圧の周波数スペクトルをスペクトラムアナライザで測定する。
### 3－2　実験結果
　図9、図10は図7の③においてディジタルオシロスコープで測定した放電発

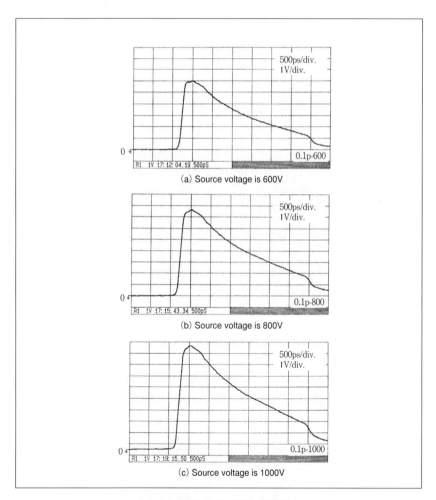

〔図9〕放電発生時の波形（正極性）

生瞬間の波形の例である。電源電圧は、600, 800, 1000Vである。図9は正極性の場合、すなわち針電極を正、平板電極を負にした場合である。図10は負極性、すなわち、針電極を負、平板電極を正にした場合である。ただし、これらは図7の③における電圧波形なので、過渡的な部分だけを測定データの対象とする。

また、図11は正極性、負極性において、電源電圧を400Vから1300Vまで変化

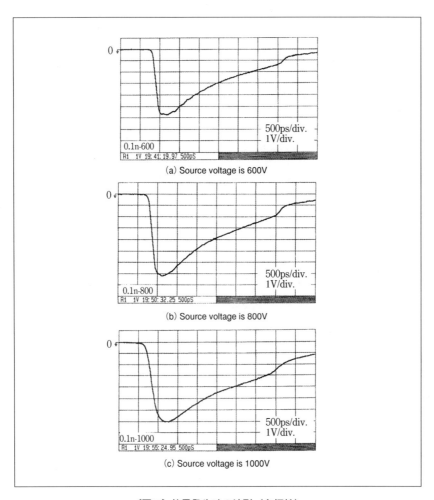

(a) Source voltage is 600V

(b) Source voltage is 800V

(c) Source voltage is 1000V

〔図10〕放電発生時の波形（負極性）

させたときの過渡時間（正極性の場合はRise time、負極性の場合はFall time）を調べたものである。ただし、針電極の針先の曲率半径は0.1mmおよび0.5mmの2種類であり、各々の条件において20～30回放電させて最大、最小、平均（●印）を示した。

　図11から、図（a-n）の曲率半径r=0.1mmで負極性の場合、他の場合と異なり、電源電圧を増すと、過渡時間（Fall time）が遅くなるという結果が得られた。

　次に周波数スペクトルについて検討する。

　図7において、電源電圧1200V、電極は曲率半径0.1mmの針電極と平板電極とし、放電発生瞬間の③における電圧をスペクトラムアナライザで測定した。ただし、スペクトラムアナライザの性質上、放電を繰り返しながら9kHzから2.9GHzまでと、2.7GHzから6.5GHzまでの2つに分けて測定した。その結果を図12（負極性の場合）および図13（正極性の場合）に示す。各図の上図が9kHzか

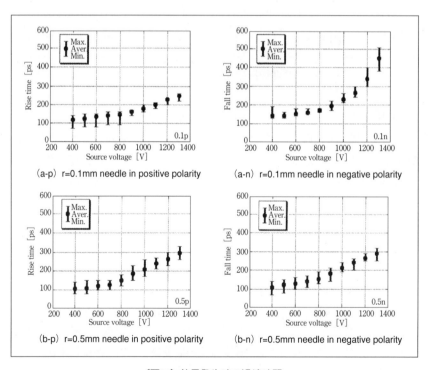

〔図11〕放電発生時の過渡時間

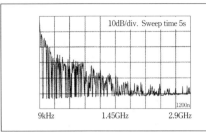 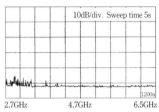

〔図12〕放電発生時の周波数スペクトル（負極性）

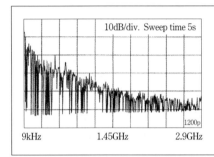 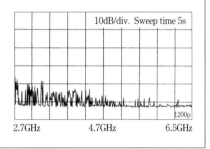

〔図13〕放電発生時の周波数スペクトル（正極性）

ら2.9GHzまでであり、下図が2.7GHzから6.5GHzまでである。

これらの図から、図13、すなわち正極性のほうが高い周波数まで周波数成分が存在することがわかる。これは、図11の（a-p）と（a-n）の1200Vの過渡時間（Rise timeと Fall time）を比較しても明らかなように、(a-p)すなわち正極性のほうが過渡時間が短いからである。

## 4．まとめ

以上のように、スイッチ開閉時の放電について、時間領域および周波数領域から検討した。放電発生時の高速現象を考慮し、実験システムは同軸の分布定数線路とした。実験の結果、スイッチ開離時には、アーク放電発生時のステップ波、アーク放電の持続、アーク放電消滅時のステップ波という経過をたどるということが明らかとなった。アーク電流の周波数スペクトルは、電極材料にあまり依存せず、100MHz以下のレベルが高いという結果が得られた。

また、スイッチ閉成時の放電発生時の過渡時間は非常に短く、電源電圧が1kV以下では100～200psであり、電源電圧が高くなると、長くなる傾向があった。特に、曲率半径が小さい針電極で、負極性の場合には電源電圧が増すと、放電発生時の過渡時間が他の条件に比べて、長いということが明らかとなった。

**参考文献**

1 ) Shigeki MINEGISHI, Hiroshi ECHIGO, and Risaburo SATO : "Frequency Spectra of the Arc Current Due to Opening Electric Contacts in Air," IEEE Trans. EMC, 31, 4, Nov. 1989
2 ) Shigeki MINEGISHI, Hiroshi ECHIGO, and Risaburo SATO : "A Method for Measuring Transients Caused by Interrupting Current Using a Transmission Line Terminated in its Characteristic Impedance," IEEE Trans. EMC, 36, 3, Aug. 1994
3 ) Ken KAWAMATA, Shigeki MINEGISHI, Akira HAGA, and Risaburo SATO : "A Measurement of Very Fast Transition Duration Due to Gap Discharge in Air Using Distributed Constant Line System," IEEE Trans. EMC, 41, 2, May 1999
4 ) 川又憲, 嶺岸茂樹, 芳賀昭：「気中極短ギャップ放電に伴う過渡電圧立ち上がり特性と周波数スペクトル」, 電子情報通信学会環境電磁工学研究会技術報告, 100, 247, 平成12年8月

# IV-4 電気接点の放電ノイズと接点表面

大阪大学 江原　康生
東北大学 曽根　秀昭

## 1．はじめに

　家庭内で使用している電動工具等に含まれる整流子モータ（図１参照）が使われており、その電気接点部の開閉時に生じるアーク放電現象により電磁ノイズが発生するために、情報ネットワークシステムに障害を引き起こす問題が増えている[1,2]。この電磁ノイズを抑えるためには、これらの現象メカニズムを分析して、電磁ノイズの発生要因を解明する必要がある。ここではアーク放電から生じる電磁ノイズについて、電気接点の表面変化と関連づけて述べる。

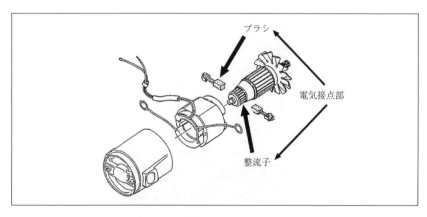

〔図１〕直巻整流子モータの概要[1]

## 2. 電気接点のアーク放電による電磁ノイズと電極表面変化
### 2—1 アーク放電現象

まず、電気接点のアーク放電現象について概略を述べる[3,4]。通電中の電気接点が離れるまでの現象の時間的な推移とそれに伴う接点の状態変化を図2に示す。また接点間電圧の変化の例を図3に示す。

(1) 静止接触状態で、見かけ上滑らかな電極同士が接触しても微小な粗さがあ

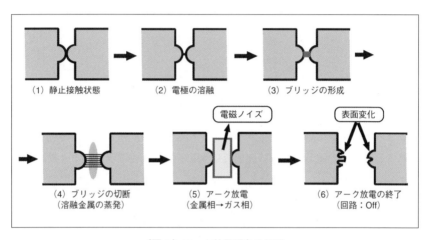

〔図2〕アーク放電現象の概要

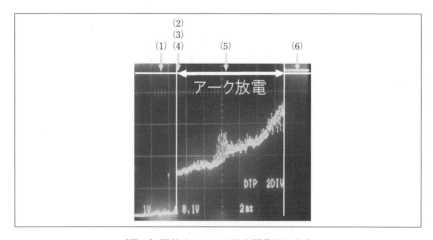

〔図3〕開離時における接点間電圧の変化

るために真実接触面積は非常に小さく、接点間に接触抵抗が生じている。
(2) 電気接点の開離が進み、接触面積が小さくなって電流が集中するためにジュール熱が発生し、電極の接触部分の接点材料が軟化して、溶ける。
(3) 溶融した金属がブリッジ（金属架橋）を形成する。ブリッジで発熱が進行して、溶融金属量が増大する。これが後に電極表面変化をもたらす。
(4) 溶融した金属の一部が蒸発し、開離が進むためにブリッジが切れ、接点間電圧が上昇する。電極材料の一部は蒸発あるいは溶融して飛散し、消耗をもたらす。
(5) ブリッジが切れたとき、接点電圧電流条件が最小アーク電圧電流よりも大きければ、アーク放電が発生する。この放電により、電磁ノイズとなる不要電磁波が発生する。
(6) 接点間距離が増大し、アーク放電を維持できる条件を下回ったところで、アーク放電が終了する。電流が切れ、接点間電圧が開放電圧（電源電圧）に達する。

2－2 アーク放電による電磁ノイズ抑制のアプローチ

2－1で述べたとおり、電気接点の開閉時のアーク放電により、電磁ノイズと電極の表面形状変化が発生する。電磁ノイズの発生と電極の表面変化の両現象間にも関連性があると考えられる。しかしアーク放電現象は非常に短時間に、しかも様々な現象が複雑に絡み合っているため、これらの現象のメカニズムや相互関係等については現在も十分に明らかになっていない。

アーク放電による電磁ノイズ抑制へのアプローチの概念を、図4のように考えることができる。電磁ノイズ発生と電気接点の表面変化を計測および分析を行い、これらの相互関係を明らかにし、それぞれの発生要因を明確化することが電磁ノイズ抑制に向けて有用と思われる[5]。

2－3 Cu-C電気接点の場合のアーク放電による電磁ノイズ発生パターン

ここでは、図1に示すような整流子モータで用いられるCu（整流子の材料）とC（ブラシの材料）による開閉電気接点モデルを対象にする。電極の表面は、Cuは直径1mmの円、Cは、4×7mmの長方形で平面状に加工した。

図5に電気接点開離時（電圧DC48V、電流4A）のノイズ（上）および、接点間電圧（下）の波形例を図5に示す。(a)がCu（陽極）－C（陰極）、(b)がC

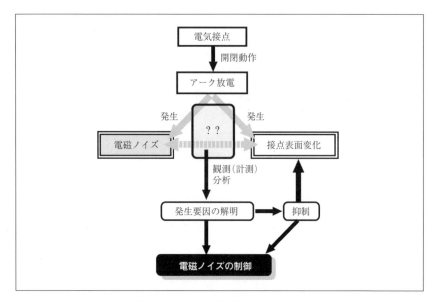

〔図4〕電磁ノイズ抑制へのアプローチ

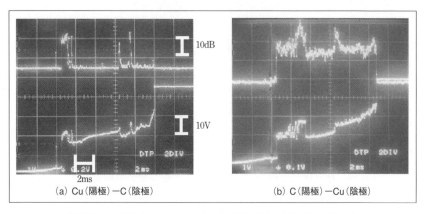

〔図5〕ノイズ（上）およびアーク電圧（下）波形（Cu-C接点）

（陽極）−Cu（陰極）の電流極性の場合である。ノイズ波形は電源ラインの高周波電流を電流プローブで検出し、スペクトルアナライザで周波数5MHzの成分のレベルを観測した。横軸は時間変化を表わす。(a)では散発的なバースト性のノイズ（以下、バーストノイズ）が複数回発生し、そのうち最も長いもの

はアーク放電開始直後に見られ、この区間のレベルも高くなっている。一方(b)では、アーク放電が生じている期間の全体でノイズが継続して発生し、アーク放電開始直後にアーク電圧が大きく変動している。またアーク後半においても不連続的な上昇が生じる場合があり、これらの区間においてはノイズレベルが高い。一方、電圧変動が生じない中間の区間ではノイズレベルが低くなる。

Cu–C接点では電流極性によってノイズの発生形態が異なることがわかった。以下では、散発的なバーストノイズが発生するCu(陽極)–C(陰極)の場合について、ノイズ波形と接点表面変化との関連性について取り上げる。

## 3．散発的バーストノイズと電気接点表面変化との関連性
### 3—1 電極表面変化パターン

一回の開閉動作後における両電極表面の電子顕微鏡写真を図6に示す。両極の表面に複数の円形（直径$50\mu m \sim 100\mu m$）の放電痕が重なっているのが見られる。それらの分布の外側に光沢があり、表面が溶融したとされる領域も見られる。このように、Cu(陽極)–C(陰極)接点の電極表面には2種類のパターンの変化領域が発生する。

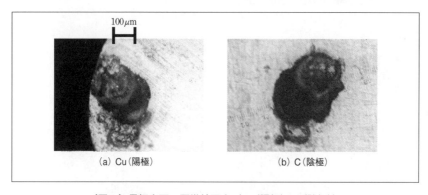

〔図6〕電極表面の顕微鏡写真（Cu(陽極)—C(陰極)）

### 3—2 散発的バーストノイズと円形状放電痕の相関

散発的バーストノイズの発生回数とC(陰極)表面に生じる円形状の放電痕

(以下、領域**A**）の発生個数を数えて相関を調べた。開離時のアーク電圧波形とノイズの計測結果例を図7に示す。(a)、(b)どちらも動作一回後の結果である。(a)では、アーク放電開始時に、バーストノイズが一回だけ発生して、領域**A**が一つだけ存在している。それに対して、(b)では、散発的なバーストノイズの回数も領域**A**の発生個数も3個になる。

これと同じ計測を70回行い、相関の分布を統計的にまとめたものを表1に示す。散発的なバーストノイズの発生回数が領域**A**の発生個数とほぼ一致するこ

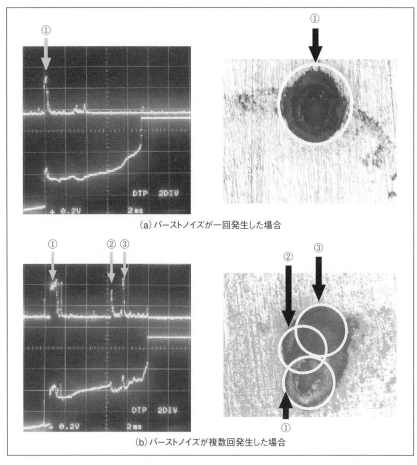

(a)バーストノイズが一回発生した場合

(b)バーストノイズが複数回発生した場合

〔図7〕ノイズ（上）とアーク電圧（下）波形およびC（陰極）表面の顕微鏡写真

〔表1〕散発的バーストノイズの発生回数と領域Aの数の関係

| 散発的バーストノイズの発生回数 | 領域 A の数 | | | | |
|---|---|---|---|---|---|
| | 1 | 2 | 3 | 4 | 5 |
| 1 (24/70) | 22 | 2 | | | |
| 2 (22/70) | 1 | 20 | 1 | | |
| 3 (14/70) | 1 | 10 | 3 | | |
| 4 (9/70) | | | 7 | 2 | |
| 5 (1/70) | | | | | 1 |

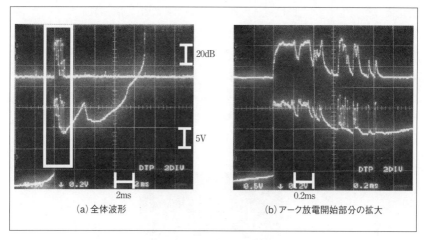

(a) 全体波形　　　　　　　　(b) アーク放電開始部分の拡大

〔図8〕ノイズ（上）およびアーク電圧（下）波形

とがわかる。

### 3－3　アーク放電の発生形態

　図5(a)を詳細に見ると、散発的なバーストノイズが発生した期間に、アーク電圧に細かい揺らぎがある。その部分を横軸方向に10倍に拡大したものを図8に示す。(a)が全体で、(b)が拡大した部分である。これよりバーストノイズ（上の波形）が発生しない部分では、アーク電圧（下）は変動が小さく、揺らぎの小さいアーク放電が生じているとみられる。一方、バーストノイズが生じる部分においては、アーク電圧波形は大きく変動している。以上から、一回の接点開離におけるアーク放電の期間中にバーストノイズの発生の有無によって、二種類のアーク放電の区間が混在していることがいえる。

## 3—4 バーストノイズのパターンと接点表面変化との関連性

　複数回発生するバーストノイズの中で、アーク放電開始時に生じるものが最も長い期間であり、かつレベルが高いので、これに注目し、その継続時間および波形の形態により三つの発生パターン**S**、**L**、**LC**に分類して検討する。各波形パターンおよび電極表面変化の例を図9～図11に示す。3—1で述べたように、接点表面には、円形状の放電痕（領域**A**）と溶融領域（領域**B**）の二種類の変化領域が発生する。まず、発生パターン**S**のケースでは、領域**B**がみられず、領域**A**が一つ存在している。パターン**L**では、接点表面に領域**A**だけでなく領域**B**も広く分布している。パターン**LC**の場合でも領域**B**が分布しているが、大きさの異なる領域**A**が複数個形成されている。

　パターン**S**と**L**を比較すると、バーストノイズの継続時間の長短によって領域**B**の発生に差が見られるので、領域**B**の発生とバーストノイズの間に関連性があると考えられる。一方パターン**LC**では、バーストノイズが発生する期間

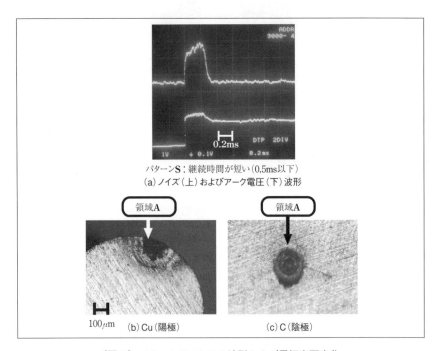

〔図9〕パターンSにおける波形および電極表面変化

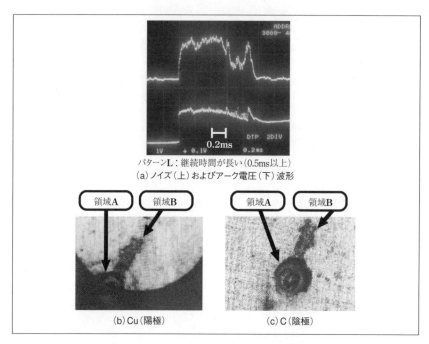

〔図10〕パターンLにおける波形および電極表面変化

をはさんで、バーストノイズの発生しない揺らぎの小さいアークも複数回に分かれて発生しているとみることができる。領域Aも複数個発生していることから、これらの間にも関連性があることも考えられる。

### 3—5 継続時間と電極表面変化パターンとの相関

アーク継続時間から散発的なバーストノイズの継続時間の和を減じたものを、揺らぎの小さい部分のアーク継続時間として扱うことにする。図12に揺らぎの小さい部分の継続時間$t_{as}$と領域Aの面積の関係を示す。最小2乗法により算出した相関係数aを図中に表わす。揺らぎの小さい部分の継続時間が長いほど、領域Aの面積が大きくなる。

アーク開始時に生じるバーストノイズの継続時間を$t_n$として、電極表面に生じる領域Bの面積$S_B$との関係を図13に示す。$t_n$が長くなるにつれて$S_B$が増加する傾向がある。この結果から、散発的なバーストノイズが発生する期間に接点表面に領域B（溶融領域）が生じると考えられる。

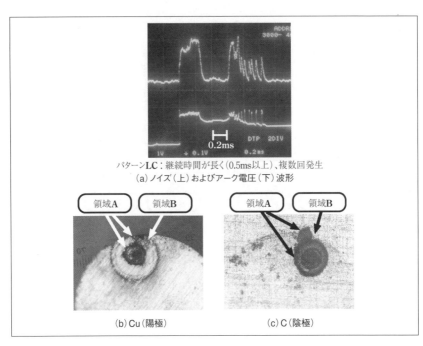

〔図11〕パターンLCにおける波形および電極表面変化

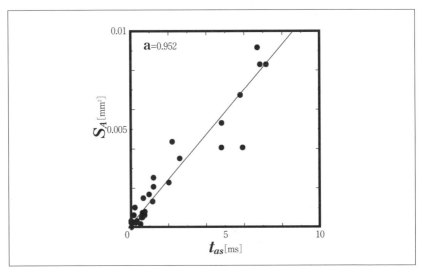

〔図12〕揺らぎの小さい部分の継続時間と領域Aの面積の関係

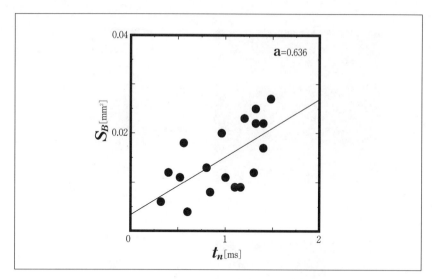

〔図13〕バーストノイズの継続時間と領域Bの面積の関係

## 4．散発的バーストノイズ発生の抑制

　3－5より、散発的バーストノイズが発生している期間に応じて、表面が溶融したと見られる領域（領域B）が拡がることがわかった。このことから、領域Bの発生を抑制すれば、バーストノイズの継続時間を制御できる可能性が期待される。

　領域Bの発生を抑制するために、接点表面の面積を変化させる方法を検討する。つまり電極表面の面積を小さくして領域Bの分布する領域を小さくすることによって、領域Bの形成の抑制につながることが予測される。実験では電極表面の面積を変化させるために、Cu（陽極）電極の直径を1mmと4.5mmを用いて、領域Bの発生とバーストノイズ発生の制御効果について検証した。

　開離時のアーク電圧および、ノイズ波形の計測結果を図14に示す。(a) 4.5mm、(b) 1mmの場合である。アーク開始時のバーストノイズの継続時間は(a)より(b)の方が短く、接触面積が小さい時にバーストノイズの発生が抑制されている。

　これらの条件における電極表面の顕微鏡写真を図14に示す。すべて動作一回

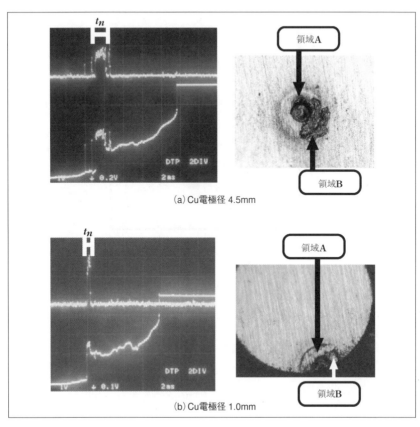

〔図14〕ノイズ（上）とアーク電圧（下）波形およびC（陰極）表面の顕微鏡写真

後のものである。バーストノイズの継続時間が長い（a）では領域Aの周辺に領域Bが大きく目立つが、Cu電極表面の面積が小さくなる（b）では領域Bの面積が小さくなり、この実験では領域Bの発生が抑制されていることがわかる。

　それぞれの電極のケースについて同一条件で計測を各40回ずつ行い、バーストノイズ継続時間$t_n$の平均$\overline{t_n}$を求めた。この結果、(a)では1.17ms、(b)では0.57msとなり、(b)の方がアーク開始時に生じるバーストノイズの継続時間が短くなる。以上より、接点の表面形状を考慮した電極設計が散発的なバーストノイズの制御に有効であることが示された。

## 5. まとめ

本文では、小型電動工具等に含まれる開閉電気接点のアーク放電による電磁ノイズ発生において、電気接点の表面変化パターンとの間に有意な相関関係があることについて述べた。またその知見を応用して、電極表面の面積を小さくする方法によるノイズ発生の抑制効果についても述べた。

## 参考文献

1) 小泉俊彰他:「C-Cu接点間の開離時アーク電圧と電磁ノイズの時系列分析」, 電子情報通信学会論文誌, Vol. J83-B, No. 7, pp. 1027-1033, 2000年
2) 髙木相:「電磁妨害雑音の発生メカニズムとその性質」, 電子通信学会誌, Vol. 67, No. 2, pp. 69-78, 1984年
3) 髙木相編:「電気接点のアーク放電現象」, コロナ社, 1995年
4) 土屋金弥:「電気接点技術」, 総合電子出版社, 1980年
5) 江原康生他:「Cu–C電気接点のアーク放電による電磁ノイズ発生と電極表面変化の関係に関する実験的検討」, 電子情報通信学会論文誌, Vol. J82-C-II, No. 4, pp. 181-189, 1999年

# IV-5 電気接点アーク放電ノイズと複合ノイズ発生器

秋田大学 井上 浩

## 1. まえがき

電子機器の小型化・低電圧化・高密度化により、ある機器が周囲の他の機器に電磁妨害を与える問題が生じる。この電磁環境内の機器の共存性、すなわちEMC問題を考える場合に、①ノイズ源、②ノイズの伝搬経路、③被ノイズ機器の3つの問題を包括する扱いが必要になることは良く知られている。

ノイズ源（雑音・Interference・妨害・干渉源）は、「被妨害機器が着目している信号以外のすべての成分を発生する源」を指すと言っても良い。

人工ノイズ源は表1のようなものが知られており、ノイズの原因は電流の急激な変化であることがわかる。電流の断続を伴うデバイスは多く存在し、パルス波のクロックをもとに作動しているデジタルコンピュータは、外部への電磁波の放射や他の回路への電磁結合があれば、主要なノイズ源であることは良く知られている。

他の主要なノイズ源に、電流の断続を伴う電気接点がある。電流を機械的なスイッチで切断するために、電気接点を開閉する場合に生じる電流の変動によるノイズである。このようなデバイスは「機構デバイス部品」と言われ、原理

〔表1〕ノイズ源の分類

| 自然ノイズ | 落雷、静電気放電、太陽雑音、熱雑音 |
|---|---|
| 人工ノイズ | 送信電波、デジタル機器、家庭用電気機器、電気加工機、電力線、電気鉄道、自動車など |

が簡単であることや、電流を確実に切断できることから多くの利用分野がある。電力系の機器・通信系の利用など、その対象によって広い範囲の制御すべき電圧・電流の大きさも、その他の機械的条件で動作している。例えば、身の回りの家庭内機器内でも、電力線を利用して実効値100V（ピーク―ピーク値では280Vあることは電気電子の基礎的な事項である）の交流を断続するものや、数mA程度の小さい電流のセンサ信号を断続するようなもの、数A以上の比較的大きい電流の電力制御用のものまである。また、電子機器内のスイッチではプリント基板上に搭載されていて、数mA以下の微小な電流を断続しているものも多く使われている。

トランジスタのスイッチが開発された時には、機械的な機構を持つ電気接点のスイッチは駆逐され使われなくなるという予測もあったといわれている。しかし、現在、機構デバイスの機能は小型化、高性能化を果たしながら、さらに多くの応用に供され続けている。一方では、金属材料や装置の小型化などの研究が進展しながら、使用する素材やリサイクルについて考慮した「環境にやさしい」材料の開発が急がれている。

本稿では、電気接点が開離する時に、電圧が10数Vおよび電流が0.数A以上の時に生じるアーク放電の中で生じるノイズに関して論じる。

ノイズ源を計測するには、近傍で計測される誘導ノイズ、遠方で計測される電磁界計測、電流ノイズ波形計測などが考えられる[1]。放射ノイズの源を接点と考えると、ノイズ源から近いところで検出する電磁誘導ノイズが観測の対象として簡単で、かつ有効であると考えられる。特に、筆者らが研究を行ってきたノイズ源から近い距離で検出される誘導ノイズを取り上げることにする。一方、ノイズ源から離れるに従い、いわゆる放射ノイズの特性になり、これは別稿で論じられることになっている。

また、誘導ノイズをモデル化して、ハードウェアやソフトウェアでもノイズの発生をシミュレートできる装置の考え方について述べる。このシミュレータを我々は、「複合ノイズ発生器（Composite Noise Generator, CNG）」と呼んでいる。また、CNGを用いて、TV画像の混入ノイズに対するイミュニティテストの結果を述べ、通信系のイミュニティテストが可能であることの一つの例を示す。

## 2. 電気接点開離時のアーク放電と誘導ノイズ

　開離する接点で生じるアーク放電は、通電によって高温化した電極の微小部分（アークスポット）から、放電電流の担い手と考えられる金属イオンが安定して供給され、放電が維持されると考えられている[2]。電流の担い手である電子の充分な供給があるとき、継続時間の長いアーク放電が発生する。放電開始時の瞬間の急激な電流変化と、開離時アーク中の不安定な波形は、継続時間の比較的長いノイズを発生する。

　銀対銀のクロスロッド電極接点におけるアーク放電中の典型的な波形を図1に示す。この例は、開離速度80mm/sで開放時電圧直流48V、閉成時電流4Aでの波形である。写真中の下の波形は、電極間の電圧波形、上の波形は直径32mm、長さ5mm、20回巻きのコイルを用いて電極の極近傍で観測したノイズ波形である。アーク放電は約40ms継続し、ノイズも同じタイミングで継続していることがわかる。なお、測定周波数は約1MHz、帯域幅は33.5kHzである。

　接点が閉じて接触している時（以下、閉成時という）の通電電流が数A程度の領域で発生する数m秒から数十m秒の間継続するアーク放電中のノイズは、電極間の電位のゆっくりした変動とともに、放電中の細かい変動を引き起こす。電極間電位のゆっくりした変動は、アークの持つ1つの物理現象が現われたものと考えても良い[2]。EMC的には、アーク放電中に生じる細かい変動をノイズ

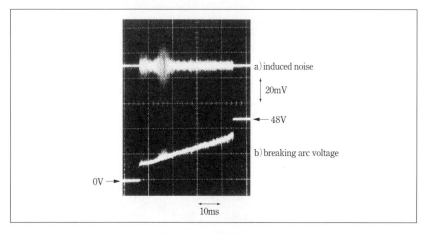

〔図1〕ノイズ波形例[4]

〔表2〕接点のアーク放電を左右するパラメータ[2]

| 使用条件—閉成時電流 | コンタクト性能—接触抵抗 | 計測項目—接触抵抗 |
|---|---|---|
| 　　　　　開放時電圧 | 　　　　　　電極の消耗・ | 　　　　　消耗・転移量 |
| 　　　　　負荷 | 　　　　　　転移 | 　　　　　アーク継続時間 |
| 　　　　　（抵抗、誘導性、容 | | 　　　　　メタリック相アーク |
| 　　　　　量性） | 放電の形態—アーク放電 | 　　　　　継続時間 |
| 　　　　　動作頻度 | 　　　　　　ブリッジ | 　　　　　ブリッジ継続時間 |
| 材料・構造—材料成分 | 　　　　　　メタリック相アー | 　　　　　アーク波形 |
| 　　　　　形状 | 　　　　　　ク放電 | 　　　　　アークエネルギー |
| 　　　　　開離速度 | 　　　　　　ガス相アーク放電 | 　　　　　ブリッジエネルギー |
| 　　　　　接触力 | | 　　　　　アーク光スペクトル |
| 環境条件—動作雰囲気ガス | | 　　　　　表面形状変化 |
| 　　　　　（成分、気圧） | | 　　　　　表面組成変化 |
| 　　　　　湿度 | | 　　　　　ノイズ |
| 　　　　　温度 | | |

としてみることが必要である。

　アーク放電中の細かな電流変動のノイズをインパルス的というには継続時間が長い。アナログ機器やTV画像等に妨害源となるので、妨害の定量的な評価も可能な、ノイズ源の性質の計測とその表現が必要である。

　また、接点のアーク放電に影響を与える因子は表2に示されるように、閉成時電流、開放時電圧だけでなく、負荷・材料・雰囲気などがあり、今後も詳細な研究が必要である。

### 3．誘導雑音の定量的な計測の方法[3〜5]

　ノイズ波形は、スペクトルアナライザで解析することや、規格によって定められた方法による測定[1]も可能であるが、放電中の波形を詳細に検討するための方法が望まれる。ここでは、同期検波型のノイズ分析器で解析された結果を基にノイズ特性を説明する。同期検波型の分析器を使用すると、ほぼノイズの包絡線が得られる。すなわち被妨害側を考えたときの信号帯域内のノイズ波形に近いものが得られる。また、スペクトルアナライザの中間周波数を同様に波形分析することも可能である。さらに、図1または図13の下のような波形の包絡線をモデルとして解析することもできる。

　接点開離時のノイズ波形は、開離動作1回ごとに少しずつ異なり、統計的に結果を扱うことによって、ノイズ波形の性質を明確にできる。すなわち、多数

回の実験から統計的に処理することが、重要なことになる。

## 3—1 周波数変移の原理

中間周波数と同期検波の基本原理は図2に示すような、解析対象信号$v_s$と基準信号$v_c$が掛け合わせられる構成を考える。

解析する対象のノイズ波形の信号を、

$$v_s = A\cos(2\pi f_s t + \theta_s) \quad \cdots\cdots (1)$$

基準信号を、

$$v_c = B\cos(2\pi f_c t) \quad \cdots\cdots (2)$$

とする。信号（ここではノイズ）の振幅$A$と周波数$f_s$および位相角$\theta_s$は変動成分である。また、基準信号の振幅$B$、周波数$f_c$を一定とし、位相角は基準として0とする。

出力波形$v_m$は、

$$\begin{aligned}v_m &= (AB)\cos(2\pi f_s t + \theta_s)\cdot\cos(2\pi f_c t)\\ &= (AB/2)\bigl[\cos\{2\pi(f_s-f_c)t+\theta_s\}\\ &\quad +\cos\{2\pi(f_s+f_c)t+\theta_s\}\bigr]\end{aligned} \quad (3)$$

すなわち、振幅は両信号の積に比例し、周波数は和と差の成分が生じる[6]。$B$および$f_c$は一定とするので、式(3)の差の成分のみを考えると、振幅は$A$の情報を残し、かつ$\cos\{2\pi(f_s-f_c)t+\theta_s\}$は、周波数が$f_c$だけシフト（変移した）ものと考えることができる。これを、上手に利用することが行われる。以下に、

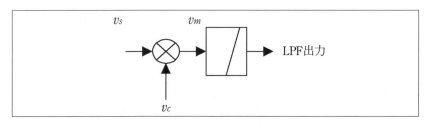

〔図2〕ノイズ計測系の原理

2つの例を示す。

① $(f_s - f_c) = f_{IF}$、すなわち周波数$f_{IF}$となるように同調する場合に、$f_{IF}$を中間周波数と言うことができ、$f_{IF}$を中心にある帯域幅内のノイズ成分を取り出すことができる。

②一方、$f_s = f_c$となるように同調をとると、信号の振幅成分$A$は直流に変移することになる。図2に示したように、低域通過フィルタを用いて$(f_s + f_c)$の成分を除いて、信号成分をベースバンドで取り出すことができる。

この信号の操作は、周波数変換や同期検波（同期整流）の基本操作になっている。

## 3－2 ノイズ波形の統計的表現

ノイズの発生原因もノイズ波形そのものも不規則な現象になっているので、統計的な表現が必要である。

接点の現象では、表2に示すような機械的条件や電気的条件によって現象が異なることが知られているが、ノイズ波形に関しては、以下のようなパラメータが計測できる[2]。

(1) ノイズ波形がある電圧を超えて発生する時間率
(2) ノイズ波形の2乗平均値
(3) ある振幅を超えてノイズが生じる接点の動作回数率
(4) 接点の開離動作の回数
(5) 開離時のアーク放電の継続時間
(6) アーク継続時間の総計

ノイズ波形の確率的表現に関するものは、初めの3つの項である。

①時間率で測定するノイズ振幅確率分布特性（Time-base Noise Amplitude Probability Distribution, Time-base APDということができる）

②ノイズ電力（Mean Square Value of Noise, $W_n$）

③ノイズの発生回数頻度分布特性（Noise Occurrence Distribution, NOD）

①と②の計測は、ノイズ波形の性質を表わし、③は接点開離時に発生するノイズが、他の機器の妨害にどの程度影響するかという性質、すなわち被妨害側に対してはノイズイミュニティの性質を表わしている。

もう少し、これらの確率的表現について詳しく述べておきたい。

### 3-2-1 時間率で測定するノイズ振幅確率分布特性

図3は、ノイズ波形と時間率の計測の説明図である。$k$回目の接点の開離動作中のアーク放電継続時間$T_B(k)$中に図中に示したようなノイズ波形が得られたとする。ノイズ電圧が測定電圧$V$（閾値$V$に対応する）以下にある時間の総和$\Sigma Tv_n(k)$との時間比で、1回のアーク放電中のノイズの時間率から求められる振幅確率分布関数（time-base APDと言うことができる）を定義する。$K$回の開離動作を終了した時のノイズを計測した後に、全動作回数から推定できるノイズ

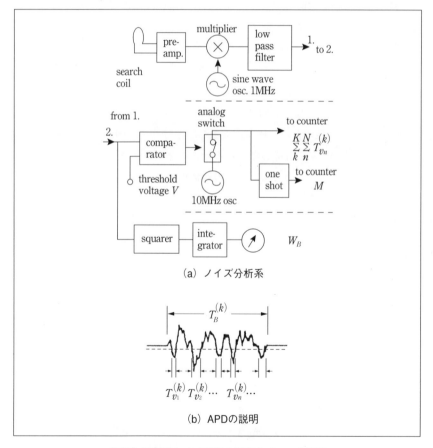

(a) ノイズ分析系

(b) APDの説明

〔図3〕時間率とノイズ電力測定のブロック図[5]

波形の統計的なtime-base APDは、式(4)で定義できる。

$$P(V) = \frac{\sum_{k}^{K}\sum_{n}^{N} T_{Vn}(K)}{\sum_{k}^{K} T_B(k)} \quad \cdots\cdots(4)$$

ただし、Kは実験した開離動作の回数、NはVを超してノイズ振幅が発生した回数である。

定常信号については、時間率と振幅確率分布は一致することが知られている[6]。図1に示した接点開離時のアーク放電のノイズは、波形の変動があり定常とは言えない。しかし、パルス的なノイズに関しては時間率で測定する。

定常信号におけるAPDを時間率で計測して確認するには、白色ノイズについて計測するとよくわかる。白色ノイズの例は、熱雑音がある。熱雑音について式(4)を適用すると、その結果は、良く知られる正規分布（ガウス分布）になる。式(3)において、$f_s=f_c$とした時に、正規性分布になる。一方、式(3)において、$f_s-f_c=f_{IF}$に設定すると、中間周波数に白色ノイズの$f_s$成分が生じる。このときの時間率はレーレー分布と呼ばれる分布になることが知られている。正規分布とレーレー分布については、各種の通信工学もしくは信号処理、ノイズ解析の教科書を参照されたい[6]。

### 3－2－2 ノイズの電力

ノイズ電圧の2乗平均値を電力として指標に用いる。K回動作させた時に計測されるノイズの電力$W_n$は、式(5)で定義される。

$$W_n = \frac{1}{\sum_{k}^{K} T_B(k)} \int_0^T v^2(t)\,dt \quad \cdots\cdots(5)$$

ただし、Tは全測定時間である。分母は、K回行った開離時動作の測定中のアーク継続時間を加えた総和である。分子は計測時間中のすべてのノイズ、すなわちアーク放電中のノイズの全体を2乗平均したものである。

### 3－2－3 ノイズの発生回数確率

ノイズ源である電気接点を開離させる動作を繰り返す度にノイズが出るわけであるが、検出したノイズ電圧がある測定電圧（閾値、電圧Vとする）を超えた

ノイズが生じる回数の頻度（確率）を一つの指標とすることが可能である。これは、式(6)で定義できる。

$$Q(V) = \frac{|V|をノイズ電圧が超えた動作回数(M)}{開離動作した全回数(K)} \times 100(\%) \quad \cdots\cdots(6)$$

今、このノイズ源の極近くにある機器が$V$[V]で妨害を受ける可能性があるとすると、接点が$K$回動作した場合に$M$回だけ妨害が発生する可能性があることを示している。

このような指標は規格中には確立されていないが、ノイズ源と機器のイミュニティを結ぶ指標としての意味を持つと考えられる。

### 3－3 ノイズの特性の計測系
#### 3－3－1 包絡線の計測

図4は、アーク放電の計測を行った時の、ノイズ解析系である。式(4)から式(6)が計測できるようになっている。動作回数$K$、アーク継続時間$T_B(k)$、$K$回分のアーク継続時間の総計は、アーク放電の特性計測である。下の部分では、

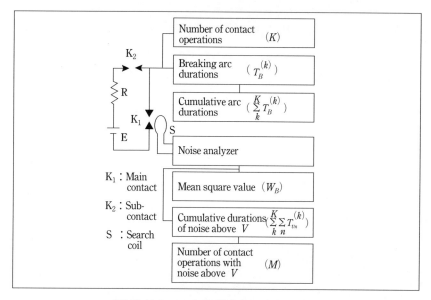

〔図4〕接点ノイズの解析装置のブロック図[5]

検出されたノイズの電力$W_n$、$V$を超えて生じる時間の総和、$V$を超えてノイズが生じる回数$Q(V)$が計測されている。これらの計測から、3—2節の特性が計測できる。実際には図3は、ノイズの解析部分をもう少し詳しく示した図で、3—1節の(2)で述べた計測法になっている。

図5は、1.8kΩの抵抗体の熱雑音を、帯域幅1MHz、22℃の条件で増幅後、デジタルオシロで観測した波形例である。図6は、この波形の時間率（すなわちtime base APD）を、正規確率紙上に描いたもので、正規性の性質である直線に

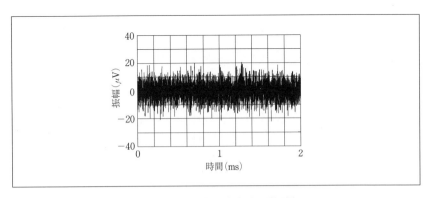

〔図5〕抵抗体熱雑音波形の計測例

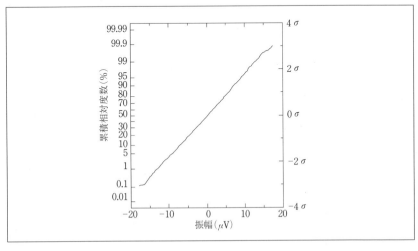

〔図6〕熱雑音の振幅確率分布（APD）

なっている。また、50%のところが平均値であるから、偏り成分すなわち直流成分がなければ、平均値は0になる。また、直線上の15.9または84.1%の所が標準偏差$\sigma$すなわち2乗平均値になることが知られている。

抵抗体の熱雑音$v_{nr}$は、

$$<v_{nr}^2> = 4kT_R BR \dots\dots\dots(7)$$

k：ボルツマン定数、$T_R$：温度、$B$：帯域幅、$R$：抵抗値、であることが知られているから、抵抗体が過剰なノイズを発生しなければ、この計測から装置の校正を行うことが可能である。図6の波形の理論値は5.41[nV/(Hz)$^{1/2}$]である。この結果は低域通過型のノイズの性質を例示したが、結果は3—1節で述べた方法でも同様なものとなる。

3—3—2 中間周波数での計測

図7は、ノイズの周波数を中間周波数に変換して計測する場合の測定系のブロック図である。測定の電圧$V_t$以下の時間率を計測し、$P(V_t)$を得るものである。このブロックに熱雑音を入力すると、図8に示すように、正規確率紙上では直線とならない。この場合は、レーレー分布となることが知られている[7]。

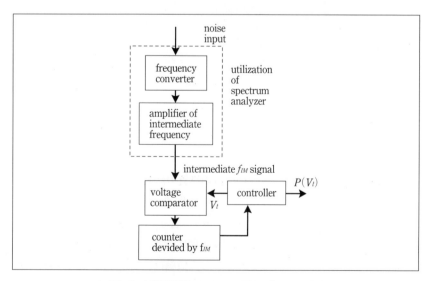

〔図7〕中間周波数でのノイズ計測ブロック図[4]

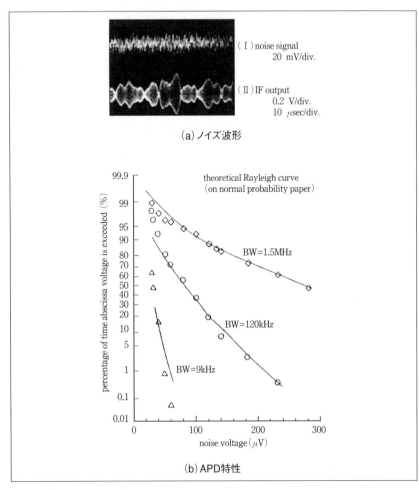

〔図8〕熱雑音のレーレー分布[7]

## 4．開離時アーク放電中のノイズの統計的性質の計測例

　図9は、銀対銀（Ag）クロスロッド接点の開離時アーク放電中の時間率を図4の装置によって測定したものである。条件は、図1の場合と同じであり、正規確率紙上に示している。通電時の電流（閉成時電流）を外部抵抗によって変えて、1.6、3.2、4Aと変えて測定している。横軸は、安定したノイズの得られる4Aにおけるノイズの2乗平均値で正規化して示した。小振幅では50回、大振

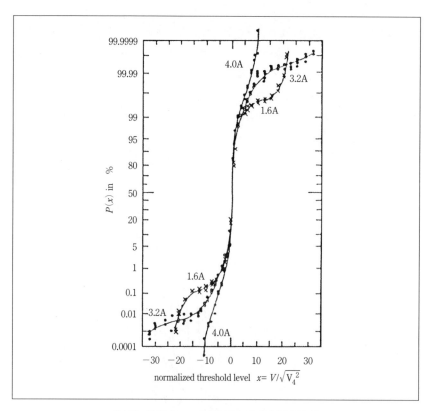

〔図9〕銀接点アーク放電のAPD計測結果[3,5]

幅では500回の開離動作中のノイズ計測を数回繰り返して、データとした。縦軸の上と下の部分は$10^{-6}$の確率で生じる非常に短い時間のノイズに相当する。すなわち、ほぼ観測されるノイズのピーク値と考えることができる。4Aではノイズは、2乗平均値の10倍程度のピーク値が観測できる。1.6Aでは20倍、3.2Aでは30倍を超す大きなノイズが生じる。また、最大値の閉成時電流依存性を求めると、閉成時の電流により放電中のノイズが異なることが明らかになる。また、グラフの形の違いがある。これをまとめて書いたものが、図10である。例えば、1.6Aでは、縦軸の確率が$1.5\times10^{-3}$あたりで急激に大きなノイズが出ていることがわかる。このことは、ノイズの発生するアーク継続時間$T$の中で、$1.5\times10^{-3}T$の継続時間を持った大きな振幅のノイズが発生することが確率とし

て明らかになった。4A付近でアーク放電に変化があることは、アーク継続時間 $T$ が4Aあたりから急激に増加することと関係している。放電中のノイズ計測から、アーク放電の安定性、ノイズ波形の特徴が明らかになった。今回示したAg電極材料では、長い継続時間のアーク放電と短い継続時間のアーク放電では、短い方がノイズ波形が大きい振幅を持つのでノイズ源となり得ることが明確になっている。

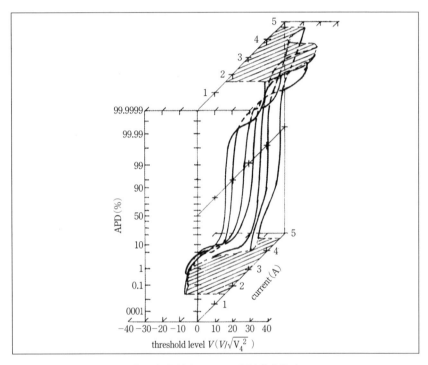

〔図10〕銀接点のAPDの電流依存性[4]

図11は、ノイズのNOD（Noise Occurrence Distribution）を計測した例（Ag接点、3.1A）である。横軸は、ノイズの振幅を示している。縦軸は、横軸の振幅が開離動作回数の何％生じるかを示している。波形の特徴として考えた場合、0％になるノイズ電圧はほぼ最大ノイズ電圧に一致する。縦軸100％から小さくなる振幅は、毎回必ず発生するノイズの大きさである。100％の部分が広い特

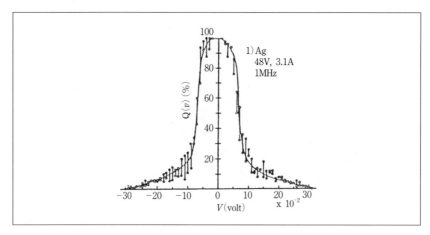

〔図11〕銀接点のNODの計測例[3,5]

性は、アーク放電ごとのノイズがあまり変わらないことを示し、裾の部分の広がっている特性は、大きなノイズを生じるアーク放電であることがわかる。妨害波として考えた場合、$V$ボルトで妨害を受ける機器に対して、$Q(V)$が100%の電圧では接点の開離動作ごとに必ず妨害が生じる。0%の時のノイズ電圧が被妨害機器のイミュニティ最低電圧より高ければ、その機器は妨害を受けないことが確認できる。NODの電流依存性は、図12のように描くことができ、妨害源としての性質を示している。

雑音2乗平均値に関してはここでは図に示さないが、4Aで比較すると、継続時間でははっきりしない傾向も、波形の統計的な解析によって、波形の特徴が明確になる。

また、接点を構成する材料によっても、特徴が異なるので、ノイズを接点材の評価とすることもEMCからの見地では重要なことと考えられる。

接点アーク放電中のノイズでは、インパルス的なノイズと考えると継続時間が長いが、ラジオ、TVなどを含むアナログ系機器の被ノイズ検査に重要なものと考えられる。

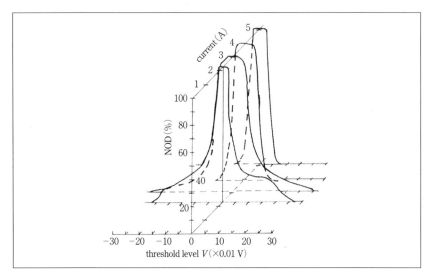

〔図12〕銀接点のNODの電流依存性[4]

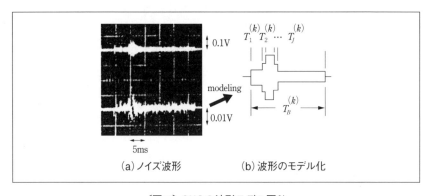

〔図13〕CNGの波形モデル図[3]

## 5. ノイズ波形のシミュレータ（CNG）とその応用[3〜5,8,9]
### 5－1　CNGモデル

　図1に示したノイズ波形は、よく観測するとアーク放電中の特定の時間位置で振幅が大きくなっていることがわかる。そこで、図13のように、いつかの区間内のノイズが定常で、振幅のゆっくり変化する階段的なモデルとすることができる。小振幅のノイズは比較的長く継続し、大振幅のノイズは短い時間の間

発生する。今これを、$J$個の区間で近似すると、測定電圧$V$における確率密度関数は、

$$P(V) = \frac{1}{T_n} \sum_{j=1}^{J} T_j \int_{-\infty}^{V} p_j(V) \mathrm{d}V \quad \cdots (8)$$

ただし、$T_n$はノイズの発生している継続時間、$T_j$は$j$番目の区間のノイズ継続時間、$p_j(V)$は$V$におる$j$番目の区間のノイズ振幅確率密度関数である。このような、ノイズのモデルを複合ノイズ発生器（Composite Noise Generator, CNG）と呼ぶことにする。最も簡単には、各区間内を正規性のノイズ（ガウス性のノイズ）とすると、ノイズのモデルを簡単に実現することができる。

図14は三つの区間でCNGをハードウェアで構成した場合のブロック図である。正規性のノイズ源から３つの振幅の異なる波形を作製する。発生のタイミングは、発生の周期および区間の時間長を考慮して決める。Ag、4Aのノイズ（図9）は２つの区間で近似できる。また3.1Aの時のノイズ波形は、３区間で近似できることがわかる。ノイズの継続時間、区間の時間比とノイズ電力を測定したtime-base APD特性と一致するように決めることができると、NODも良い近似ができる。

## 5－2 アーク放電ノイズを模したCNGの応用

電子機器のイミュニティ検査には適当なノイズ源を機器に印加して、その誤動作を調査する。ある機能を持つ電子機器、特に通信系に接点開離時のノイズが妨害した時のイミュニティ検査を行う時に、CNGを使用したイミュニティ検査を考えることが可能である。すなわち、CNGの使用目的には、

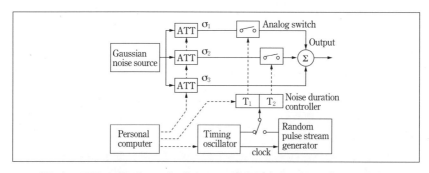

〔図14〕３区間のプログラマブル複合ノイズ発生器（PCNG）のブロック構成[9]

①ノイズ源の特性のシミュレーション

②被ノイズ系のイミュニティテスト

が考えられ、ノイズ源または被ノイズ系によって可変のパラメータを選択することが望まれる。

接点開離時のアーク放電から生じる誘導ノイズは、「比較的長い継続時間で振幅の複雑なランダム波形が生じ、これがある周期で発生しているノイズ源」ということができる。

そこで、CNGを使用してノイズイミュニティ研究に用いるのにあたって考慮すべき点は、CNGの持つパラメータ、すなわち時間、振幅および周波数の選択である。考えられるパラメータをすべて可変できる装置、すなわちプログラム可能な複合ノイズ発生器（Programmable CNG）はまだないが、今後以下の内容の検討が必要になる。

(1) ノイズ発生周期と継続時間

①発生周期が一定かランダムか

②ノイズの継続時間が一定かランダムか

③近似区間の数とその区間の間の時間比率はどのようになっているか

(2) 振幅

①区間の間の振幅の比率はどのようになっているか。

②最大振幅はどのくらいか

③ノイズ電力はいくらか

(3) ノイズの周波数特性

①各区間内のノイズ周波数、すなわちノイズ周波数帯域幅およびゼロ交差周波数はどのようになっているか

(4) ノイズの発生する周波数はいくらか

①伝送周波数すなわち無線周波数か

②信号ベースバンド周波数すなわち包絡線か

以上の内容をよく検討して、使用することができれば、CNGの使用は有用な手段と考えられる。

5－3　CNGを用いたTV画像に重畳するノイズの妨害に関する研究

接点開離時アーク放電からの電磁ノイズによるTV画像妨害の評価実験を行

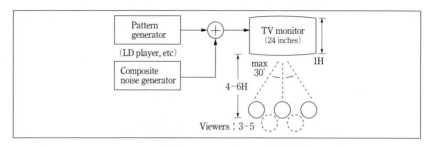

〔図15〕TV画面の重畳するノイズの主観評価の測定系[9]

〔表3〕TV画面上のノイズ評価の観視条件[9]

| | |
|---|---|
| 被 験 者 数 | 学生および職員10〜13人 |
| 室 内 照 明 | 蛍光灯 |
| 画面ピーク輝度 | 83 cd/m² |
| 視 距 離 | 画面高の4〜6倍 |
| 提 示 方 法 | ランダムな順（2回繰返し） |
| 提 示 時 間 | 10〜15秒 |
| 休 止 時 間 | 5秒 |

〔表4〕画像の主観評価の5段階妨害尺度[9]

| 評 価 値 | 評 価 語 |
|---|---|
| 5 | （妨害が）わからない |
| 4 | （妨害が）わかるが気にならない |
| 3 | （妨害が）気になるが邪魔にならない |
| 2 | （妨害が）邪魔になる |
| 1 | （妨害が）非常に邪魔になる |

った。図15は評価測定のための構成である。画像パターンの発生器出力に複合ノイズ発生器すなわちCNGの出力を混合して、評価対象のノイズを含む画像を作成する。表3は観視の条件をまとめたものである。被験者は、TVモニタを注視して、主観評価する。標準画像としてはカラーバーや風景画像、映画などを用いた。5段階評価（表価値、Mean Opinion Score, MOS）は表4の標語による評定尺度法を使用している。

　最も単純なCNG、すなわち図16のモデルについて、そのパラメータすなわちノイズの平均電力、発生頻度、継続時間（$T_1+T_2$）を一定として継続時間の比（$T_2/T_1$）と実効値の比（$\sigma_2/\sigma_1$）によってAPDを変化させた場合、また妨害のパ

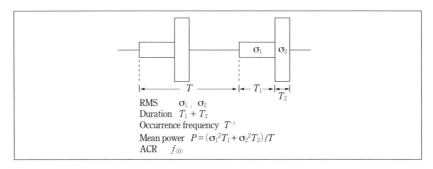

〔図16〕2区間で近似したCNGモデルの模式説明[9]

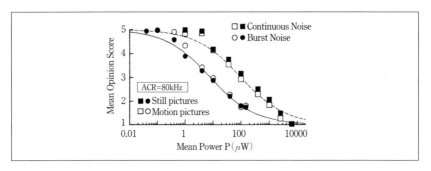

〔図17〕ノイズの平均電力を変えたときの主観評価結果例

ラメータを変えてMOSを評価した。計測結果の例を以下に示す。

図17は、平均電力を変えたときの結果である。静止画と動画で若干の差があることがわかる。これらの結果から、以下のことが明らかになった。

①ノイズのAPDの影響は小さく、バーストノイズのみでノイズの評価ができる

②ノイズの平均電力による影響が大きい

③ノイズが一定周期で発生する場合では、発生頻度10から20回／秒の範囲でMOSが若干向上している。ランダムの場合と妨害の感じ方が異なっている

④CNGはTV画像に発生する妨害に対するノイズシミュレータとして有効な手段である

## 6．あとがき

　本稿では、筆者が髙木相東北大学名誉教授、田中元志秋田大学講師らと研究してきた接点開離時に発生するアーク放電中に生じる電磁ノイズの性質とそのノイズシミュレータへの応用について述べた。CNGのノイズは、Middletonの規範ノイズとの適合性も検討されているが、詳細についてはここでは省略した[10]。詳細な放電ノイズの解明は、接点の現象解明にも寄与し、またノイズシミュレータ（CNG）はイミュニティテストにも使用できると考えられ、今後の研究の進展が期待される。

## 参考文献

1）杉浦，清水：「電磁妨害波の基本と対策」，電子情報通信学会，平成7年
2）髙木相編：「電気接点のアーク放電現象」，コロナ社，1995年
3）髙木，井上：「銀接点開離時アークの1MHzの誘導雑音の統計的測定と複合雑音発生器（CNG）の提案」，信学論B，Vol.J68-B, No.12, pp.1506-1512, 1985年
4）H. Inoue："Induced Noise from Arc Discharge and Its Simulation" IEICE Trans. on Communication, Vol.E79-B, N0.4, pp.462-467, 1996
5）井上：「接点アーク放電雑音と複合ノイズ発生器」，第31回通研シンポジウム，pp.51-56
6）宮脇一男：「雑音解析」，朝倉書店，pp.148-166，昭和36年など
7）H. Inoue, D. Okuyama, H. Nishida and T. Takagi："A Simplified Method for Noise APD Measurement Using Intermediate Frequency", 1884 Inter. Symp. On EMC. 17AB2, pp.244-249, 1984
8）M. Tanaka, H. Inoue and T. Takagi："An Experimental Study on Subjective Evaluation of TV Picture Degradation by Electromagnetic Noise —Opinion Tests on Still and Motion Picture—", IEICE Trans. on Communications, Vol.E78-B, No.2, pp.168-172, 1995
9）田中元志，井上浩，髙木相：「複合ノイズ発生器（CNG）を用いたテレビ画像劣化の主観評価」，テレビジョン学会誌，Vol.49, No.7, pp.932-927, 1995年

10) H. Inoue, K. Sasajima, M. Tanaka and T. Takagi : "A Simulation of "Class A" Noise by P-CNG", 1999 IEEE Symp. On EMC, pp.520-525

# IV-6 静電気放電の発生電磁界と
## それが引き起こす特異現象

名古屋工業大学 藤原　修

### 1．はじめに

　静電気放電（electrostatic discharge、以後はESDとよぶ）とは、帯電や静電誘導で電位の異なった二つの物体が接触することによって起こる電荷の急峻な移動を指すが、電界集中が引き起こすことで生ずる局所的な火花放電をいう場合が多い。一般に、ESDに伴う電荷移動（すなわち電流）はサブナノ秒で生ずる一過性の高速現象であるため、電子機器に不測の電磁障害を引き起こす。帯電した人体や家具・什器類などが機器システムに接触することで生ずるESDは直接ESDとよばれ、このモデルを想定した電子機器のESD耐性試験法がIEC（国際電気標準会議）規格としてすでに標準化されている[1]　一方、帯電物体間のESDで生ずる過渡電磁界が離れた場所での機器システムに電磁障害を引き起こすことが知られるようになったが、これを想定した試験法はまだない。そのようなESDは間接ESD[2]と呼ばれ、今日ではハイテク電子機器の深刻な電磁干渉源として広く認知されている。

　しかしながら、その発生機構には不明の部分が多く、例えば、間接ESDは直接ESDよりも機器システムに対して強い電磁障害作用を及ぼすこと、その程度はESDの発生電圧には必ずしも並行せず、低電圧ESDのほうが逆に大きい場合が存在すること、運動に伴う帯電金属体の衝突で生ずるESD電磁界はそうでない場合よりもレベルが高くなることなどの奇妙な事例[3,4]が特異現象として報告されている。このような現象は関連業界においては以前より指摘されていた

ところであるが、ESD電磁界に関する研究論文[5〜10]が相次いで発表され、上述の特異現象も学会誌上において、その存在がようやく認識されるに至った。

本稿では、ESDの上述した奇妙な特異現象がどのような機構で生じるのか、その機構はどのようなパラメータで支配されるか、発生電磁界のレベルは予測できるのかなどについて解説する。

## 2．ESD現象を捉える

ESDは帯電物体で引き起こされるので、その現象が起こる直前の部位は必ず電気双極子の状態にあるといってよい。簡単のために、帯電物体を点電荷に置き換え、帯電量±$q$の双極子が距離$l$隔てた状況下で放電したと仮定する。この様子を図1（a）に示した。火花放電が生じ、電流が流れ始めた状態を図1（b）に示すように長さ$l$の電流ダイポールでモデル化すれば、この場合の発生電磁界は電流の関数で理論的に誘導でき、静電界は電流の積分波形、誘導界は電流波形、放射界は電流の微分波形にそれぞれ比例することはすでに知られている。

いま、ダイポール電流を単発の衝撃波とし、電流ピーク値$I_m$を、公称継続時間（電流が流れ続ける実効的な時）を$\tau$とすれば、$q=I_m\times\tau$となり、ダイポール電流$i(t)$は、

$$i(t) = I_m \cdot F(t/\tau) \qquad (1)$$

と表わされる。ここで、$F(\cdot)$は波形面積が1の無次元関数である。電流波形を

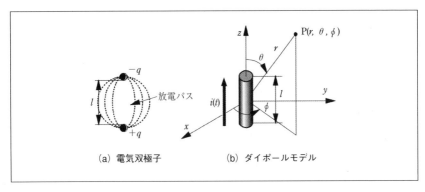

(a) 電気双極子　　(b) ダイポールモデル

〔図1〕（a）電気双極子と（b）ダイポールモデル

表わす関数$F(\cdot)$は放電パスの火花抵抗を導入することで具体的に求められ、いま、ESD電圧を$V_s$とすれば、電流ピーク値$I_m$、電流波形を表わす関数$F(\cdot)$は、それぞれ、

$$I_m = \frac{q}{\tau} = \frac{q(\alpha/p)(V_s/l)^2}{3\sqrt{3}} \quad \cdots\cdots (2)$$

$$F(x) = \frac{3\sqrt{3}}{2} \cdot \exp\left\{3\sqrt{3}(x-x_0)\right\} \times \left[1 + \exp\left\{3\sqrt{3}(x-x_0)\right\}\right]^{-1.5} \quad \cdots\cdots (3)$$

と誘導される[7, 10]。ここで、$p$は圧力、$\alpha$は放電部位を取り囲む雰囲気の種類や圧力および火花の温度に依存して定まる定数であり、大気圧の空気中では$\alpha \fallingdotseq$ 1.1atm・cm$^2$・V$^{-2}$・s$^{-1}$である。$x_0$は火花開始の時刻を決める積分定数であり、計算に際しては$F(0) \ll 1$となるように適当に決めればよい。式(2)、式(3)をみると、ESDが生じる寸前の帯電量$q$、放電ギャップ長$l$と火花電圧$V_s$がわかれば、ダイポール電流が計算でき、それゆえにこれらのパラメータからESD界を予測できることがわかる。図2にはダイポール電流の波形関数$F(x)$とその微分波形を示す。この図から、ESDで生ずる放射界（電流の微分波形に比例）は誘導界（電流波形に比例）よりも波形が急峻となり、それゆえに放射界の周波数スペクトルのほうが広帯域にわたることが推察される。

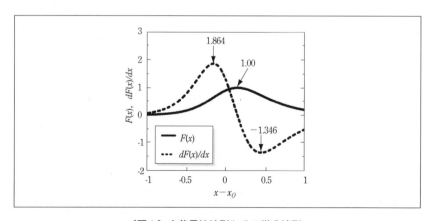

〔図2〕火花電流波形とその微分波形

次に、式(1)〜(3)のダイポール電流から導かれるESD界の特性について述べる。例えば、図1(b)の$xy$平面上（$\theta=\pi/2$）における静電界、誘導電界、放射電界のピーク値の距離依存性[10]を示すと図3のようになる。ただし、横軸は放電点からの距離$r$を$c\tau$（$c$：光速）で規格化して表わしているが、例えば$r=c\tau$は、火花電流が流れている間に火花点から発生した電波が光速$c$で到達する距離に相当する。また、縦軸は相対電界のピーク値である。この図から、放射電界は、$r>0.54\times c\tau$の領域では誘導電界、$r>0.73\times c\tau$の領域では静電界よりもそれぞれ優勢となることがわかる。結局、$r>c\tau$の領域では放射界が支配的だとしてよいことになる。例えば、火花電流の実効的な継続時間$\tau$が1nsであれば、火花点から$c\tau=30cm$以上離れると放射界が優勢となる。

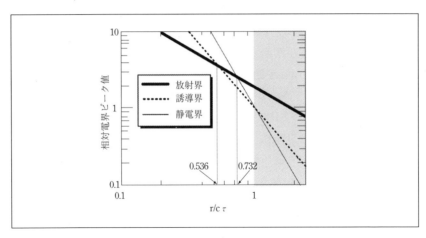

〔図3〕電界ピーク値の距離依存性

## 3．界の特異性を調べる

図4はWilsonとMaが行った間接ESDのモデル実験[5]を示す。彼らは、図4(a)のようにグラウンド板上に半径4mmの金属球を近接配置し、これにESDシミュレータで火花を飛ばしたときの発生電界を、放電点から1.5m離れたグラウンド板上の点で測定している。図4(c)〜(e)から、火花電流や電界のピークは火花電圧には必ずしも比例せず、そのレベルは4kV放電で最大となっていることがわかる。また、そのときの火花電流のピークは25A、電界では150V/mにも

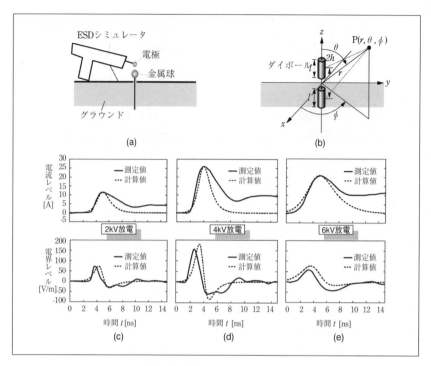

〔図4〕間接ESDのモデル実験

達している。このことは、図4のモデル実験では4kVのESDが電子機器に対して最も強い電磁障害作用を及ぼすことを示唆している。なお、この場合の発生電界は図4(b)のモデルで式(1)のダイポール電流を仮定すれば計算でき、h→0とした結果[10]を図4(c)～(e)の点線で示している。火花電流の計算波形は立ち下がりの測定波形とは一致していないが、これはESDシミュレータの回路容量に蓄積された電荷によるものと推察される。しかしながら、ダイポール電流の計算波形を用いた発生電界の計算波形は測定波形に大体一致していることがわかる。

こうしたESD界の特異特性は、2章で述べたESD現象の捉え方から次のように説明できる。文献10)によれば、ダイポール電流の最大勾配$di/dt|_{max}$は、

$$\left.\frac{di}{dt}\right|_{max} = \frac{2\sqrt{21}-3}{75\sqrt{6-\sqrt{21}}} \cdot q(\alpha/p)^2 (V_s/l)^4 \quad \cdots\cdots(4)$$

—247—

で与えられる。式(2)と式(4)は、静電容量$(q/V_s)$が一定ならば電流の尖頭値や立ち上がり時間は火花電圧と放電開始$V_s$時の電位傾度$(V_s/l)$で定まり、後者の寄与が大きいことを示してる。すなわち、ESDに伴う誘導界、放射界はそれぞれ放電電流、その微分値に比例するので、これらの界は火花電圧よりも電位傾度の大小に大きく影響されることを意味する。例えば、式(2)から、$I_m \propto q(V_s/l)^2$となるので、電流ピーク値は帯電量$q$と放電開始時の電位傾度$(V_s/l)$の2乗値との積に比例することがわかる。また、図1(b)に示した点Pでの静電界、誘導電界、放射電界のピーク値をそれぞれ$E_p^S, E_p^I, E_p^R$とすれば、

$$E_p^S \propto ql(V_s/l)^0, \quad E_p^I \propto ql(V_s/l)^2, \quad E_p^R \propto ql(V_s/l)^4 \quad \cdots\cdots(5)$$

という関係が誘導できる(静電界を除けば、磁界についても同じ関係が得られる)[3]。これらの関係から、次の結果が得られる。パッシェン則によれば、静止物体では、$q$が大きいほど長い$l$で放電し、$V_s$は増加するのに対し、$(V_s/l)$は逆に減少することが知られている。かくして、静電界は$q$に比例し、$V_s$が高いほどレベルも高くなるのに対し、誘導界や放射界は$(V_s/l)$の寄与が大きいために$q$または$V_s$には必ずしも比例しないのである。図4で示したWilsonとMaの実験では、帯電量$q$と放電ギャップ長$l$が不明ではあるが、これらを実験結果から推定すると、$q(V_s/l)^2$、$q(V_s/l)^4$が4kV放電で最も大きくなることが確かめられ、このために火花電流と放射電界のピークが最大に達したものと推察できる。

また、帯電体$q$の運動衝突のESDで生じた界レベルが静止時の場合よりも増大する現象が知られているが、この機構についても、つぎのように推察できる。運動物体では、放電体への接近速度が大きいほど放電時の電流波形の立ち上がりが急峻になる(電流勾配が増加する)ことが知られている[11]。このことは、式(4)から帯電物体の速度に並行して$(V_s/l)$が増大することを意味し、結局、運動物体では$(V_s/l)$が静止時の場合よりも増大することで誘導界や放射界のレベルが増加するのであろう。

## 4．界レベルを予測する

現実のESDはスチールパイプ椅子などの非接地金属体間で生ずる場合が極めて多く、それによる発生電磁界は情報機器等に重大な影響を及ぼすことが知ら

れている[2]。最近の研究によれば、金属体の存在は、それによるESD界を増幅させることが判明し、金属球体間のESDに対して球体サイズと界レベルとの関係[12]がイメージダイポールモデルで理論的に明らかにされている。しかしながら、任意形状の金属体ではダイポールモデルはもはや適用できず、この場合のESD界を求めるには数値計算に頼らざるを得ない。

RizviとLoVetriは、ダイポール界を微小電流の励振源としたFDTD（finite-difference time-domain）法で数値解析[13]し、結果が理論値とよくあうことを確認している。なお、FDTD法とは、マクスウエルの方程式を時間と空間との2領域において差分化し、それらを時間領域で逐次計算することによって電磁界の数値解を得る計算技法である。

ここでは、金属球体のESDに対してFDTD法を用いた計算機シミュレーション[14,15]の一例を紹介する。図5はFDTD解析のための金属球体ブロックモデルと座標系を示す。金属球体は1辺$\delta$（1.2mm）の微小セル（立方格子）を複数個用いて構成され、放電部は1個のセルで表わされている。むろん、その他の空間部分も微小セルで構成され、計算に際しては各セルには媒質に応じた電気定数が与えられる。なお、金属球体は直径を5セル（6.0mm）、その材質には真鍮（導電率：$2.0\times10^7$S/m）が想定されている。さて、金属球体間の火花放電は放電部のセルに式(1)の火花電流（$\tau=0.49$ns）を与えることで模擬し、空間中の発生電磁界を求めるのであるが、この場合の磁界に対する数値結果の一例を図

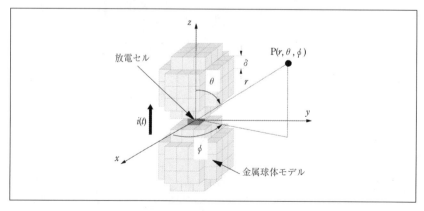

〔図5〕FDTD解析のための金属球体ブロックモデルと座標系

6に示した。図は、火花電流と直交する$xy$平面上の29×28セルの領域における計算結果であり、図6(a)は火花電流がピークに達した瞬間での金属球体による発生磁界、図6(b)は金属球体を取り去った場合のそれである。図をみると、金属球体間ESDの発生磁界は金属球体のない場合よりも界レベルが明らかに高

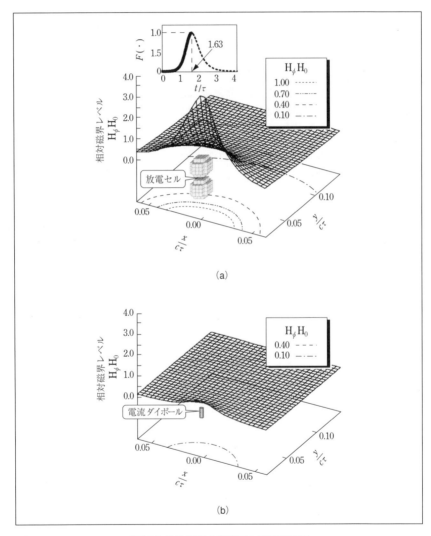

〔図6〕発生磁界の鳥瞰図と等磁界線図

くなっていることがわかる。この場合の発生磁界の計算波形を図7に示す。図7(a)は放電部からy軸上の正方向に沿った10セルの座標における計算波形であり、図7(b)は110セルでのそれである。図中の太い実線は金属球体間ESDに対するFDTD法を用いた計算波形であり、細い実線は金属球体を取り除いた場合のそれである。細い点線はダイポールモデルによる計算波形であり、太い点線は金属球体の存在も考慮に入れた文献12)のイメージダイポールモデルによる計算波形である。図から、金属球体のない場合のFDTD法による磁界波形はダイポールモデルによるそれとよく一致し、金属球体が存在すれば発生磁界のピーク値はダイポールモデルによる結果に比して4倍程度大きくなっていることがわかる。なお、金属球体が存在する場合のFDTD法の計算波形はイメージダ

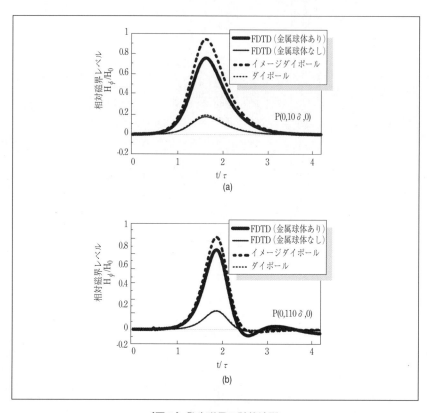

〔図7〕発生磁界の計算波形

イポール法のそれとも大体において一致していることがわかる。

以上の計算知見は、金属球体間の火花実験でも検証されており、その一例を図8に示す。図は、金属球間に火花放電を起こした場合の発生磁界を遮へい型プローブを通して測定したディジタルオシロスコープ（帯域：1.5GHz）の観測波形であるが、同一の観測距離でほぼ同じ火花電圧でも球体サイズが大きいほど観測波形の振幅値が増大していることがわかる。また、観測波形のFDTD計算値は測定値にほぼ一致していることも確かめられる。

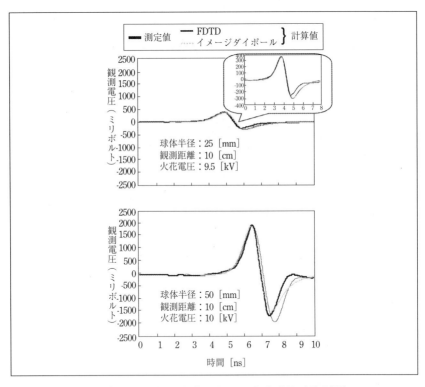

〔図8〕 金属球体間の火花放電による発生磁界の観測波形

## 5．おわりに

ESD現象を点電荷の電気双極子と火花電流のダイポールとの組み合わせモデ

ルで捉え、ESDにまつわる特異的な現象を解説した。ESDによる発生電磁界は帯電量や放電電圧よりは「放電開始時の電位傾度」に強く依存し、それがESD界を決定する際の重要なパラメータとなろう。帯電物体の運動は、「放電開始時の電位傾度」に影響を及ぼすもので、ESD現象の本質的なパラメータでないと筆者は考えている。むろん、現実に起きているESDは一層複雑であり、本稿で述べた単純モデルですべてを説明できるものではない。

　ESD現象自体は単純明快である半面、放電体の接近速度と「放電開始時の電位傾度」との関係、放電時の電流分布と発生電磁界との関係、金属体構造物と発生電磁界との関係、発生電磁界と電子機器との電磁気的結合など未解明の部分が非常に多く、これらの問題を着実に研究・解明しない限り、ESDの電子機器に対する電磁脅威は続くであろう。

## 参考文献

1）例えば，髙木相：「EMC/EMI関連測定とその測定技術に関する我が国の研究開発」，電子情報通信学会論文誌，Vol.J79-B-II, No.11, pp.718-726, 1996年11月

2）本田昌實：「金属物体で発生する静電気放電（ESD）の脅威」，電子情報通信学会誌，Vol.78, No.9, pp.849-850, 1995年9月

3）藤原修：「ESD現象をとらえるソースモデルと界特性」，電子情報通信学会誌，Vol.78, No.9, pp.851-852, 1995年9月

4）M.Honda : "Fundamental Aspects of ESD Phenomena andits Measurement Techniques, "IEICET rans.Commun., Vol.E79-B, No.4, pp.457-461, 1996.4

5）P.F.Wilson and M.T.Ma : "Field radiated by electrostatic discharges", IEEE Trans.Electromagnetic Compatibility,Vol.EMC-33, 1,pp.10-18, 1991.2

6）馬杉正男：「電気ダイポールモデルによる静電気放電の過渡応答解析」，電子情報通信学会論文誌，Vol.J75-B-II, No.12, pp.981-988, 1992年12月

7）O.Fujiwara and N.Andoh : "Analysis of transient electromagnetic fields radiated by electrostatic discharges", IEICE.Trans.Commun.,Vol.E76-B, No.11, pp.1478-1480, 1993.11

8）D.Pommeremke : "Transient fields of ESD", Proc. EOS/ESD.Syposium EOS-16,

pp.150-160, 1994.9
9) S.Ishigami, R.Gokita, Y.Nishiyama, I.Yokoshima and T.Iwasaki : "Measurements of fast transient fields in the vicinity of short gap discharges",IEICE Trans.Commun.,Vol.E78-B, No.2, pp.199-206, 1995.2
10) O.Fujiwara : "An analytical approach to mode lindirect effect caused by electromagnetic discharge", IEICE Trans.Commun.,Vol.E79-B, No.4, pp.483-489, 1996.4
11) B.Daut, H.Ryser, A.Ggerman and P.Zweiacker : "The correlation of rising slope and speed of approach in ESD testing" ,The 7th International Zurich Symposium on EMC 461, 1987.3
12) 藤原修, 堀武雄：「帯電金属球間の火花放電による発生電磁界のレベル推定」, 電気学会論文誌, Vol.118-C, No.1, pp.9-14, 1998年1月
13) M.Rizvi and J.L.Vetri : "source modeling in FDTD", 1994 IEEE Int. Syposium on Electromagnetic Compatibility, pp.77-82, 1994.8
14) 藤原修, 川口慶：「帯電金属体の火花放電による発生電磁界のFDTD解析」, 電子情報通信学会誌, Vol.J81-B-II, No.11, pp.1066-1072, 1998年11月
15) 藤原修, 奥田弘一, 福永香, 山中幸雄：「金属球体間の火花放電による発生電磁界のFDTD計算」, 電子情報通信学会誌, Vol.J84-B, No.1, pp.101-108, 2001年1月

# V. 電波

# V-1 電波の放射メカニズム

東北大学大学院　澤谷　邦男

## 1．まえがき

アンテナ設計するためには、電波が放射しやすい構造を考える必要がある一方、電子機器からの不要電波の放射を抑制するためには、逆に放射しにくい回路構成とすることが重要である。特に複雑な回路の場合には、放射の抑制は必ずしも容易ではない。しかしながら、回路を流れる電流の分布を考察することによって不要放射を始めとする障害の原因を突き止めることができる問題も少なくない[1]。

本稿では、通常の電磁気学や電波工学の参考書とは多少異なる立場から電波放射のメカニズムについて考察する。また、視点を変えて等価定理を用いることにより、電波の放射を等価面電流、または等価面磁流からの放射と見なすことができることを述べる。さらに、強い電波が放射される条件について考察する。

## 2．電波の放射源

電波はMaxellの方程式

$$\nabla \times E = -j\omega\mu_0 H$$
$$\nabla \times H = j\omega\varepsilon_0 E + J_0 \quad \cdots\cdots\cdots\cdots\cdots\cdots\cdots\cdots\cdots\cdots\cdots\cdots\cdots\cdots\cdots\cdots\cdots\cdots(1)$$

に従って放射されることはいうまでもない。ここで、$J_0$ はアンテナや散乱体を

流れる高周波の電流密度であり、放射や散乱の源である（以後、簡単のために電流密度を単に電流と呼ぶことにする）。例えば、図1(a)に示すダイポールアンテナでは線状の導体に流れる電流から電波が放射されており、また図1(b)のパラボラアンテナでは、ホーンアンテナなどの1次放射器から放射された電波が反射鏡面（導体）に電流を誘起し、この電流によって正面方向に強い電波が放射される。さらに、図2に示すスロットアンテナにおいても、導体面上の電流から電波が放射される。後述のように、スロットアンテナを磁流と置き換え、磁流が放射すると説明することもできるが、現実には導体を流れる電流が

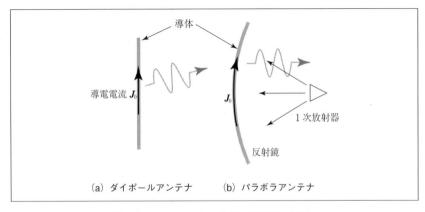

〔図1〕アンテナからの放射　放射源は電流$J_0$

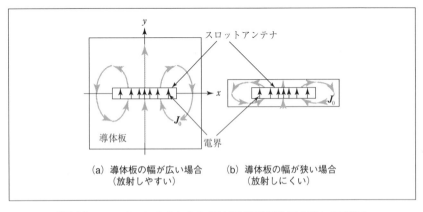

〔図2〕スロットアンテナからの放射 放射源は導体面を流れる電流$J_0$

放射している。図2に示すように電流のx成分はy軸の左右で逆向きなので、この電流成分からの放射は小さい。これに対して電流のy成分はx軸の上下で同じ方向を向いているので、強く放射する。図2(a)に示すようにy方向の寸法が大きい場合には放射は強いが、図2(b)のようにy方向の寸法が短い場合には放射は弱くなる。

　次に、図3に示すように十分に薄い導体面上を流れている面電流からの放射を考える。このとき、図3(a)のように、導体面の上側と下側を半分ずつ電流が流れている場合、あるいは図3(b)、(c)のように上または下の面だけに流れている場合の放射は全く同じとなる。すなわち、上下の電流$J_u$、$J_l$の配分が異なっていてもこれらの面電流の和$J_u+J_l$が等しければ、放射される電磁界は等しく、電波にとって薄い導体面は透明に見える。図4に示すように導体のキャビティの外側にアンテナがあるとき、キャビティの外表面に電流$J_c$が流れる。観測点が外側のA点にあるときには、アンテナ電流$J_a$から放射される電磁界$E_a$, $H_a$（アンテナからの直接波）、およびキャビティ導体の全ての表面（6面体なら6面）の面電流$J_c$から放射される電磁界$E_c$, $H_c$（キャビティからの散乱波）が観測点に到達する。一方、観測点がキャビティ内部のB点にあるときも導体は透明なのでアンテナ電流$J_a$とキャビティ導体表面の面電流$J_c$から放射される電磁界$E_a$, $H_a$および$E_c$, $H_c$が観測点に到達するが、これらはお互いにキャンセルして$E_a+E_c=0$, $H_a+H_c=0$となり、結果として内部の電磁界は零になる。また、図1(b)のパラボラアンテナの場合も、反射鏡を流れる電流は前方（右側）だけでなく後方（左側）にも放射しており、右側の正面方向では反射鏡の電流からの放射が強いのに対して、後方では反射鏡の電流からの放射界と1次放射器からの放射界が打ち消し合って放射界は極めて弱くなり、その結果、右側の正面方

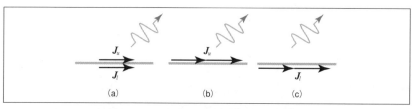

〔図3〕導体面の上面と下面を流れる電流両方の面を流れる電流の和
　　　$J_u+J_l$が等しければ、放射界は等しい

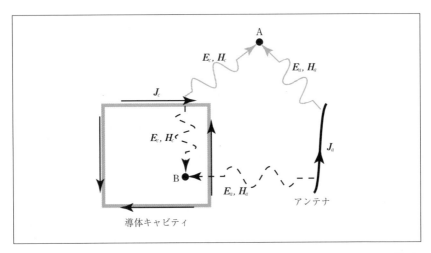

〔図4〕アンテナ近傍に置かれた導体キャビティ。アンテナ電流$J_a$から放射された電磁界$E_a, H_a$とキャビティ導体表面の電流$J_c$から放射された電磁界$E_c, H_c$の和はキャビティ内部の観測点Bで0となる

向だけに強い指向性を持つことになる。

## 3．等価定理

　上述のように、電波の放射源は電流であるが、見方を変えて等価的な電流と磁流を考えることも可能である。等価電磁流を考えるためには、等価定理を導入する必要があり、等価定理には「Loveの等価定理」と「Schelkunoffの等価定理」がある[2]。「Loveの等価定理」とは、図5に示すように、アンテナや散乱体からの放射を、ある閉じた面$S$からの放射と考えるもので、面$S$上の電磁界を$E_s, H_s$としたときに、この面上に

$$J_e = \hat{n} \times H_s, \quad J_m = E_s \times \hat{n} \tag{2}$$

で与えられる等価面電流$J_e$と等価面磁流$J_m$を仮定し、これらが電波を放射すると見なす定理である。ここで、$\hat{n}$は面$S$に垂直な単位ベクトルである。この等価定理は厳密であり、面上の電磁界を$E_s, H_s$が正確に求められれば、実際の放射源から放射される電磁界と等しい電磁界を厳密に求めることができる。

　一方、「Schelkunoffの等価定理」では等価面電流$J_e$または等価面磁流$J_m$の一方

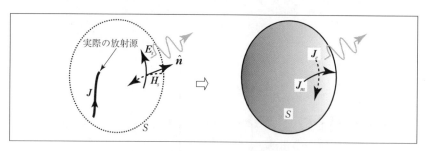

〔図5〕等価面電流源と等価面磁流源

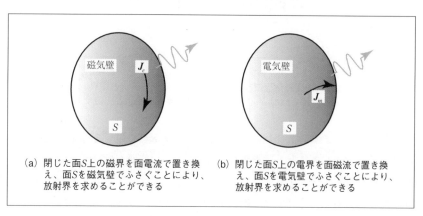

(a) 閉じた面S上の磁界を面電流で置き換え、面Sを磁気壁でふさぐことにより、放射界を求めることができる

(b) 閉じた面S上の電界を面磁流で置き換え、面Sを電気壁でふさぐことにより、放射界を求めることができる

〔図6〕Schelkunoffの等価定理

だけで放射電磁界が求められるという定理である。図6(a)、(b)に示すように、等価面電流$J_e$だけを考える場合は面Sを磁気壁でふさぎ、また等価面磁流$J_m$だけを考える場合は面Sを電気壁で置き換える。ここで、磁気壁とはその表面で磁界の接線成分が0となる仮想的な磁気的完全導体であり、電気壁とはその表面で電界の接線成分が0となる電気的完全導体である。「Schelkunoffの等価定理」は等価面電流$J_e$または等価面磁流$J_m$だけを考えるだけで良いという点で有用な定理であり、「界の唯一性」(uniquess of solution)[3] すなわち「ある閉じた面上の電界、または磁界の接線成分がわかっていれば、電磁界は唯一に決まる」という理論を定理として表わしたことに相当する。図7(a)に示す無限導体板上に設けられたスロットアンテナにおいて、導体板に平行な電界はスロット部にのみに存在し、その他の導体面上では0である。この問題にSchelkunoffの等価

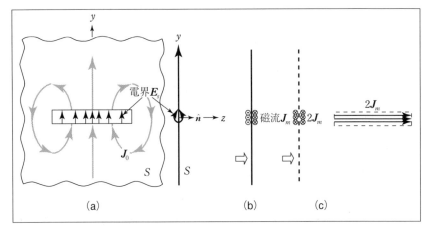

〔図7〕スロットアンテナからの放射（磁流としての扱い）
(a) 無限導体板に設けられたスロットアンテナと電界
(b) 等価面磁流　(c) z>0の空間から見た等価面磁流とそのイメージ

定理を適用し、まず図7(b)に示すとおりスロット部の電界を等価面磁流で置き換える。次に、スロット部を導体でふさぎ$z>0$の空間だけに着目すると、等価面磁流のイメージが見えるので、等価面磁流とそのイメージ、すなわち等価面磁流の2倍の磁流を考えて導体を取り去ったモデル図7(c)と等価になる。このようにして、スロットアンテナは等価的な磁流アンテナと見なすことができる[2,4]。ただし、このような置き換えは導体板寸法が無限大の場合に成立すること、スロットを等価的に磁流と見なすことができるのであり実際に磁流が存在する訳ではないことに注意する必要がある。なお、$z<0$の空間では等価面磁流およびそのイメージは図7(c)とは逆向きになる。

## 4．放射しやすい条件

上述のように、電波の放射源は電流であり、また導体面は電波にとって透明であるので、導体に高周波電流が流れれば電波が放射されることになる。ここで、強い電波が放射される条件についてまとめると以下の場合が考えられる。
1．共振などにより、電流の振幅が大きくなるとき（電流が強すぎるだけでは必ずしも放射しない）
2．高周波電流が波長程度以上の大きさのとき

3．放射界を打ち消す電流が近傍に存在しないとき
4．線路の曲がりのように電流に不連続があるとき

アンテナを設計するときには、これらの条件を満足するような構造を用いる必要があり、満足しない場合には、アンテナの周波数帯域幅が狭くなったり、放射効率が低下することになる。一方、EMIの立場から見れば、これらの条件を満足しないように高周波回路を設計する必要がある。

電波放射の源は電流であることを考えると、電流が強ければ放射も強くなると考えられる。しかしながら、条件2に挙げたとおり、局所的な電流が強くても電流が存在する空間が小さければ、放射は少ない。図8 (a) に示す全長が$2h$で給電点電流の振幅が$I_0$の微小ダイポールアンテナから放射される電波の電力$W_r$は、$h<<\lambda$（波長）の条件の下で、

$$W_r = 20|I_0|^2(k_0 h)^2 = 80\pi^2|I_0|^2(h/\lambda)^2 \quad \cdots\cdots (3)$$

で与えられる[4]。すなわち、放射電力は波長λで規格化したアンテナ長の2乗に比例する。また、図8 (b) に示す面積$S$の微小電流ループの場合には$S<<\lambda^2$の条件の下で、放射電力$W_r$は

$$W_r = 20|I_0|^2(k_0^2 S)^2 = 320\pi^4|I_0|^2(S/\lambda^2)^2 \quad \cdots\cdots (4)$$

となり、波長で規格化した面積の2乗に比例している[4]。これらの例からわかるように、構造が同じであれば放射電力は電流の振幅の2乗に比例して大きくなるが、寸法が小さくなると急激に放射電力は減少する。

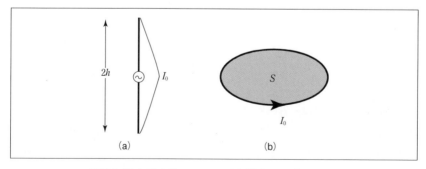

〔図8〕微小ダイポールアンテナと微小ループアンテナ

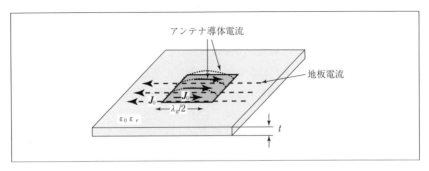

〔図9〕方形マイクロストリップアンテナ

　最も基本的な半波長ダイポールアンテナや1波長ループアンテナ、図9のマイクロストリップアンテナなどは共振により電流が強くなっていることを利用している点で1の条件を満足している。また、これらのアンテナは半波長程度の寸法を有しており、2の条件も満たしている。
　条件3に示すように、強い電流が流れていてもその近傍にこれを打ち消す電流が存在するときには、それぞれの電流からの放射界が打ち消しあって、放射は弱くなる。例えば平行2本線路において、いわゆるディファレンシャルモード電流では2本の線路上の電流は互いに逆向きであるために、線路間の距離が短ければ、それぞれの電流からの放射界は互いに打ち消されるので、放射は小さい。図9のマイクロストリップアンテナは条件1と2を満足しているが、近傍に地板があるため、地板に流れる電流とアンテナ導体上の電流が放射する電波が打ち消しあう関係にあるので、条件3を満足していない。そのため、マイクロストリップアンテナは共振周波数付近の狭い周波数でしか動作しないという、アンテナとして大きな欠点を有している。このアンテナを広帯域化するためには、誘電体基板の厚さ$t$を厚くし、また誘電率が小さい誘電体基板を用いてアンテナの寸法を大きくして、放射しやすい構造にする必要があるが、それでも半波長ダイポールアンテナなどに比べて狭帯域である[5]。
　同軸線路では外導体の外側表面にいわゆるコモンモード電流が流れる場合を除いて放射は発生しない。また、平行2本線路でも線路間の距離が波長に比べて十分に短かく、ディファレンシャルモード電流だけが流れている限り、放射は極めて弱い。さらに、マイクロストリップ線路では、地板の幅が十分広けれ

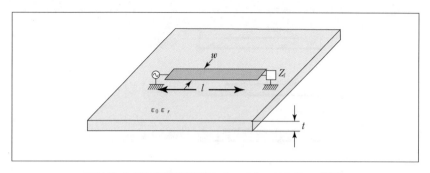

〔図10〕先端に負荷$Z_l$を接続したマイクロストリップ線路

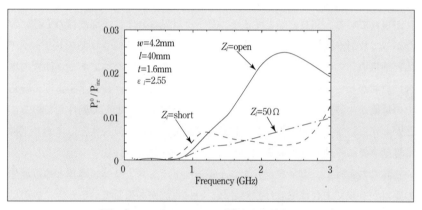

〔図11〕マイクロストリップ線路の放射率$P_r^0/P_{inc}$、
$P_{inc}$：線路への入射電力 $P_r^0$：放射電力

ばコモンモード電流は発生しないので、同様に放射は極めて弱い。しかしながら、平行2本線路の線路間距離が波長に比べて無視できない場合や、マイクロストリップ線路において線路と地板の距離が無視できない場合は、いわゆるディファレンシャルモード放射が発生する。特に、曲がりや分岐がある場合には放射はさらに増加する[6,7]。

ディファレンシャルモード放射の一例として、図10に示すように先端に負荷を接続したマイクロストリップ線路を考える[8]。この線路からの放射をFDTD法[9]と呼ばれる数値解析法を用いて計算した結果を図11に示す。ここで横軸は周波数、縦軸は放射電力と線路に入射する電力の比をそれぞれ表わしている。先端開放と短絡の場合にはそれぞれ2.3GHz付近および1.2GHz付近に放射のピー

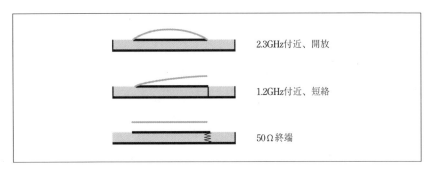

〔図12〕マイクロストリップ線路上の電流分布

クが現れている。50Ω終端とすると、ピークは見られずに、周波数の上昇にしたがって放射が増加していく。これは、周波数が上がるにつれてストリップ導体と地板導体の距離を波長で規格化した値が大きくなるためである。開放の場合に放射がピークとなる周波数の電流分布を求めると、図12に示すように線路上の電流が半波長共振し、マイクロストリップアンテナとして動作していることがわかる。また、短絡の場合は1.2GHz付近で4分の1波長共振しており、携帯電話等でよく使われている逆F形アンテナの原型である逆Lアンテナとなっている。このように、ディファレンシャルモードでもストリップ導体と地板導体の距離が有限であれば電波は放射され、特に電流が共振しているときに放射はピークとなる[10]。

## 5．むすび

本稿では、まず電波放射のメカニズムについて考察し、電波源が電流であること、薄い導体は電波にとって透明であることを述べた。次に、視点を変えて等価定理を用いることにより電流からの放射を等価面電流、または等価面磁流からの放射と見なすことができることを述べた。最後に、強い電波が放射される条件について考察し、マイクロストリップ線路を例としてディファレンシャルモードでもストリップ導体と地板導体の距離が有限であれば電波は放射されること、線路上の電流分布を考察することにより強い放射が発生する原因を説明できることを示した。

## 参考文献

1) 笹森崇行,澤谷邦男,安達三郎,村井泰仁,小川正浩,井口勝弘,西山光生:「中波放送波による送電設備への誘導の解析」,電子情報通信学会論文誌B, Vol. J82-B, No. 4, pp. 645-652, Apr. 1999.

2) R. E. Collin, "Field Theory of Guided Waves", IEEE Press, NY, chap. 1, 1991.

3) J. A. Stratton, "Electromagnetic Theory", McGraw-Hill, New York, 1941.

4) 安達三郎:「電磁波工学」,コロナ社,3章,1983.

5) Y. Suzuki and J. Hirokawa, "Development of Planar Antennas", IEICE Trans., Vol.E86-B No.3, pp.909-924, March 2003.

6) 村田孝雄,王丸謙治:「衛星放送受信用2層構造プリントアンテナ」,電子情報通信学会論文誌B-II, Vol. J72-B-II, No.6, pp. 236-244, June 1989.

7) P. A. Pucel, D. J. Masse and C. P. Hartwig: "Losses in microstrip", IEEE Trans. Microwave Theory Tech., Vol. MTT-16, No. 6, pp.342-350, June 1968.

8) 戸花照雄,陳強,澤谷邦男,笹森崇行,阿部紘士:「フェライト板によるプリント基板からの放射の抑制効果の数値解析」,電子情報通信学会論文誌B, Vol. J85-B, No. 2, pp.250-257, Feb. 2002.

9) 宇野亨:「FDTD法による電磁界およびアンテナ解析」,コロナ社,1998.

10) 大久保寛,陳強,澤谷邦男,塩川孝泰:「90°屈曲マイクロストリップ線路からの放射に関する検討」,電子情報通信学会論文誌B, Vol. J86-B, No.8, pp. 1659-1662, Aug. 2003.

# V-2 アンテナ係数とEMI測定

電気通信大学　岩崎　俊

## 1．電磁界測定におけるアンテナの特性

　電磁界を測定するためには、電磁界とスペクトラムアナライザやオシロスコープなどの計測器とのインターフェースとして、アンテナが必要となる。計測器がいくら正確でも、アンテナの特性が未知であれば測定が行えない。入力を同軸線路とした計測器は、アンテナ特性の測定精度よりかなりよい精度を持つことが普通である。従って、空間の電磁界測定の精度は、実際上アンテナ特性の測定精度によって決定される。

### 1－1　電界の測定

　MHzオーダ以上の周波数領域における電界測定のためのアンテナ特性としては、アンテナ係数が定義されている。電界測定用のアンテナとしては、一般にダイポール系のアンテナが用いられ、基本的には図1に示すように、電界を直接受信する部分であるアンテナエレメント、バラン（平衡―非平衡変換器）やパッド（減衰器）からなる結合回路、フィーダ（ケーブル）から構成されている。アンテナ係数は、アンテナに入射する平面波の電界強度$E$とフィーダに接続された負荷両端の出力電圧$V_0$の比

$$F = \frac{E}{V_0} \tag{1}$$

であり[1]、その単位は、メートルの逆数 [1/m] である。この値が求まれば、

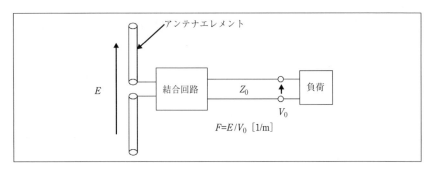

〔図1〕電界測定用ダイポールアンテナとアンテナ係数

出力電圧から電界強度を求めることができる。

上記のアンテナ係数は、平面波について定義されているけれども、アンテナ固有の特性だけでなく、平面波の到来方向や偏波、負荷のインピーダンスによっても変化する値である。そこで、ダイポールアンテナに対しては、たとえばアンテナエレメントに平行に電界が入射し、負荷インピーダンスはフィーダの特性インピーダンスと一致した抵抗、すなわち整合負荷の場合に限定して定義すれば、アンテナ係数はアンテナ固有の特性となる。ただし、この場合においても、アンテナ係数は結合回路およびフィーダの特性を含んでいることに注意する必要がある。

1—2 磁界の測定

自由空間中における平面波電磁界では、電界強度$E$と磁界強度$H$との比は波動インピーダンス

$$\eta_0 = \frac{E}{H} \approx 377\Omega \quad \text{...............(2)}$$

となる。従って、電界強度を測定すれば、磁界強度は377Ωを掛ければ得られ、磁界強度の測定は不要ということになる。しかし実際には、電磁界測定は波源の近傍において行われることが多く、電界強度と磁界強度の比は波動インピーダンスに等しくならない。この場合、平面波で定義されたアンテナ係数をそのまま電界強度あるいは磁界強度の測定に用いると測定誤差の原因となる。

磁界測定用のアンテナとしては、一般にループ系のアンテナが用いられるが、

磁界測定に関するアンテナの特性は、いまだ統一されたものがない。送信アンテナとして用いた場合のループアンテナの特性として、次式で定義されるループアンテナ係数$F_L$がある[2]。

$$F_L = \frac{I \cdot S}{2\sqrt{P_i}} \quad \cdots \cdots (3)$$

ここで、$P_i$は給電線からループアンテナに入射する電力、$I$はループの平均電流、$S$はループの面積である。このループアンテナ係数の単位は[$m^2/\Omega^{1/2}$]である。電磁界の可逆性から、ループアンテナ係数は受信アンテナの感度特性としても用いることができる。

また、電界に対するアンテナ係数と同様、アンテナに入射する平面波の磁界強度$H$と、そのアンテナに接続された負荷の両端の出力電圧$V_0$との比で定義することも考えられる。この場合、単位はジーメンス毎メートル[S/m]となる。
この他、図2に示すように、入射平面波の磁界強度$H$と、そのアンテナに接続された負荷に流れる電流$I_0$との比

$$F_h = \frac{H}{I_0} \quad \cdots \cdots (4)$$

で定義する「磁界アンテナ係数」も考えられる[3]。この磁界アンテナ係数の単位は、電界のアンテナ係数と同じメートルの逆数[1/m]となる。

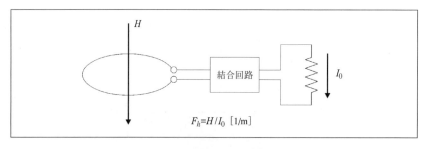

〔図2〕磁界アンテナ係数

## 2. アンテナ特性の測定法
### 2—1 結合回路の特性を測定する方法

電界あるいは磁界に関するアンテナ係数を求めるには大きく分けてふたつの方法がある。ひとつはアンテナの形状からモーメント法などを用いて理論的にアンテナエレメントの電気的特性（たとえば実効長）を計算すると共に、結合回路の特性（インピーダンスや損失など）を別途測定し、これらの値から求める方法である[4]。この方法は、アンテナ特性測定のための広い測定場（サイト）が不要であるという利点があるが、主な問題点は、付属回路の特性を精度よく測定することが難しいことである。

アンテナ係数を使って測定しようとする電界強度は、当然、受信アンテナが置かれる前の電界に関する値である。受信アンテナが置かれた場所周辺の電磁界はアンテナによって乱されている。しかし、実効長などアンテナエレメントの特性を電界積分方程式からモーメント法を用いて計算する場合、アンテナがないときの電界とアンテナが置かれたことによってエレメントに流れる電流が作る散乱電界の和がエレメントの表面で０となるように電流を決める[5]。

### 2—2 3アンテナ法

アンテナ係数を求めるもうひとつの方法は、図３のように、３つのアンテナのうち２つを選んでそれぞれ送信用アンテナ、受信用アンテナとして用い、それらの間の減衰量を測定、組み合わせを変えた３つの減衰量 $A_{21}$, $A_{32}$, $A_{13}$ からそれぞれのアンテナ係数 $F_1$, $F_2$, $F_3$ を計算する３アンテナ法である。平面波に対して定義されたアンテナ係数を測定するためには、基本的に６面電波暗室中な

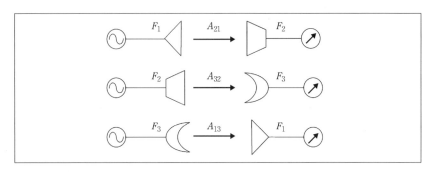

[図３] ３アンテナ法によるアンテナ係数の測定

どの自由空間とみなせる環境で行われる。この方法では、アンテナを送信用としても使用するので、結合回路は受動回路のみで構成された可逆回路でなければならないが、アンテナエレメントと結合回路は常に接続され実際の使用状態となっているから、結合回路の特性を別途測定する必要はない。しかし、この方法は測定サイト周囲の反射などの環境の影響を受ける。また通常、送受アンテナ間の距離は、受信電界が平面波とみなせるほど大きくとることができないので、送受アンテナ間の相互干渉による誤差が発生する。この誤差を理論的に補正するために、近傍界3アンテナ法が提案されている[6]。

いわゆる標準サイト法[7]は、3アンテナ法の一種である。ただし、標準サイト法はサイトアッテネーションの測定と同じ計算モデルを用いグランドプレーン上で行われるので、送受アンテナ間の距離やアンテナの高さによって求まる値が変わってくる。従って、標準サイト法によって決まるアンテナ特性の値は、アンテナ固有の特性ではなくサイトアッテネーションにアンテナが占めるファクタともいうべきものである[8]。一般には、式(1)によって定義される量も、サイトアッテネーションに対しアンテナが及ぼすファクタも共に、antenna factor と呼ばれ区別されていない。

本稿では便宜上、入射電界の条件と整合負荷インピーダンスを規定した上で式(1)によって定義されるアンテナの感度特性を「アンテナ係数」、標準サイト法から求まるようなサイトアッテネーションにアンテナが占めるファクタを「アンテナファクタ」と呼んで区別することにする。アンテナ係数はアンテナ固有の値であるが、アンテナファクタはアンテナ以外の外部条件によって変わる値である。

## 3．EMI測定とアンテナの特性

情報処理装置などからの漏洩電波の電界強度測定（EMI測定）は、現在までのところ30MHz〜1000MHzの周波数帯域において、図4に示すように行われる。すなわち、グランドプレーン上において供試機器を360°回転させ、3m, 10m（規格によっては30m）のいずれかの距離に受信アンテナ設置し、受信アンテナの高さを1mから4mまで変化させて最大電界強度を測定する。受信アンテナとしては、半波長同調ダイポールアンテナを使用することが原則であるが、対

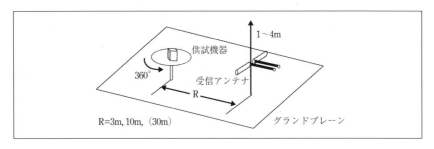

〔図4〕EMI測定

数周期ダイポールアレイアンテナ（LPDA）やバイコニカルアンテナなど直線偏波の広帯域アンテナも用いられている。さらに最近では、LPDAとバイコニカルアンテナを組み合わせたいわゆるバイログアンテナが用いられることもある。これらの広帯域アンテナはいずれも半波長同調ダイポールアンテナと指向性などの諸特性において大きく異なっている[9]。

このような多種類のアンテナが用いられるEMI測定において、どのようなアンテナの受信特性を用いればよいのであろうか。すべてのアンテナに共通の外部条件を決めて「アンテナファクタ」を測定すればよいというのが、ひとつの考え方である。しかし、これでは使用するアンテナによってそれぞれ異なったEMI測定値が得られることになってしまう。

そこで、実際に測定しようとする点の電界強度にできるだけ近くなるようなアンテナの受信特性を採用しようとすることが考えられる。この場合、EMI測定はグランドプレーン上でしかも3m～30mの近距離で行われるから、式(1)に基づく平面波のアンテナ係数を採用することは適当ではないことになる。厳密に考えると、各種のアンテナに対して異なった特性測定条件を設定することになるであろう。しかも、EMI測定で供試機器から放射される電磁波は、複雑な空間分布・時間波形を持つ単一の周波数の波ではないので、問題は複雑である。

サイトアッテネーションの測定と異なり、EMI測定では、現在の規格にアンテナファクタの測定条件について明確な規定はないようである。ただし、偏波や広帯域アンテナの指向性については、一定の条件を設定している[10]。EMI測定に関しては、この他バイログアンテナなどの大形アンテナを用いた場合の問

題など、まだ検討を必要とする問題が多く残されている[11]。

**参考文献**

1) 岩崎俊：「1.3.1アンテナ，電磁波の遮蔽と吸収」，日経技術図書，pp. 426-434, 1999年
2) 横島一郎：「電磁波計測技術ガイドブック」，安全問題研究会（日本品質保証機構），pp. 300-302, 1995年
3) 山本欣徳，五木田良一，石上忍，岩崎俊：「ループセンサの磁界複素アンテナ係数の近傍界での適用範囲」，電気学会計測研究会資料，IM-95-38, 1995年
4) 細山尚登，岩崎俊，石上忍：「バランのSパラメータの測定によるダイポールアンテナの複素アンテナ係数の推定」，電気学会論文誌A，Vol. 117A, No.5, pp.509-514, 1997年
5) 岩崎俊：「電界と磁界［後編］—EMCを理解するために—」，電磁環境工学情報EMC，pp. 125-131, No.144, 2000年
6) 藤井勝巳，石上忍，岩崎俊：「モーメント法を用いた近傍界3アンテナ法による複素アンテナ係数の推定」，電子情報通信学会論文誌，Vol.J79-B-II, No.11, pp.754-763, 1996年
7) A. A. Smith, Jr. : Standard site method for determining antenna factors, IEEE Trans. Electromag. Compat., Vol.EMC-24, pp.316-322, 1982
8) 下村泰平，岩崎俊：「バイログアンテナを用いたサイトアッテネーション測定におけるアンテナファクタの影響」，電気学会計測研究会資料，IM-00-18, 2000年
9) 藤井勝巳，千賀敦夫，岩崎俊：「バイログアンテナを用いた正規化サイトアッテネーション測定のシミュレーション」，電子情報通信学会論文誌，Vol.J84-B-II, No.2, pp.272-282, 2001年
10) CISPR 16-1, 1999
11) 蓮尾朋丈，岩崎俊：「バイログアンテナを用いたEMI測定の適用範囲の検討」，電子情報通信学会環境電磁工学研究会，EMCJ 2000-131, 2001

# V-3 EMI測定と測定サイトの特性評価法

財団法人 テレコムエンジニアリングセンター 杉浦　行

## 1. 電磁妨害波の測定法

　電気・電子機器等から発生し、無線の受信や他の機器に障害を及ぼす可能性がある不要な電磁エネルギーを、一般に電磁妨害波（electromagnetic disturbance、またはelectromagnetic interference : EMI）と呼んでいる。このうち、周波数帯30 MHz以下では、妨害波エネルギーが主として電源線や通信線に沿って伝搬するため、これを伝導妨害波（conducted disturbance）と称している。一方、30 MHz以上では、波長が機器の寸法と同程度かまたはそれ以下になるため、機器やその電源線が効率の良いアンテナの働きをして、妨害波エネルギーは電波となって機器から放射される。これを放射妨害波（radiated disturbance）と呼んでいる。なお、英文の規格では、術語"disturbance"の代わりに、"emission"が用いられる場合が多い。

　上記のように、電磁妨害波の伝搬経路は周波数によって変わるため、妨害波測定法も周波数によって2種類に分けられる。すなわち、周波数30 MHz以下では、機器の電源線や通信線を伝搬する伝導妨害波の電圧や電流を測定し、30 MHz以上では、機器本体や電源線などの接続線から放射される放射妨害波の電界強度を測定する。

## 2．伝導妨害波の測定法と測定環境

### 2－1　測定法

　周波数30 MHz以下の伝導妨害波の測定では、図1のように、供試装置のAC電力供給を擬似電源回路網（artificial mains network：AMN）を通して行う[1]。

　ここで擬似電源回路網は実際の屋内電力線の配線網の高周波特性を模擬するもので、基準金属面に直接接続されて、以下の役割を果たす。

①供試装置の電源線の2本の導線について、各線と基準金属面の間に規定の高周波インピーダンス負荷（通常50Ω）を挿入

②前記の規定負荷の両端に現れる妨害波電圧（一線大地間電圧：unsymmetrical voltage）を測定するための端子を付属

③電源線を伝搬して、この測定系の外部から測定系内に侵入する他の電磁妨害波を排除

　なお、EMC規格によっては、擬似電源回路網を電源線インピーダンス安定化回路網（line impedance stabilization network：LISN）と呼んでいる。この回路網は、供試装置の電源端子に発生する伝導妨害波の電圧や電流の測定に使用するものであるが、供試装置の通信端子の伝導妨害波については、前述の擬似電源回路網の代わりに、通信線路の特性を模擬する模擬回路網（artificial network：AN）を使用する。なお、規格によっては、模擬回路をインピーダンス安定化回路網（ISN）と呼んでいる。これらの擬似回路網の高周波インピーダンス特性は、測定結果に直接影響するため、規格によって厳密に定められている[2]。

　供試装置の伝導妨害波の測定では、図1の擬似電源回路網の測定端子に妨害

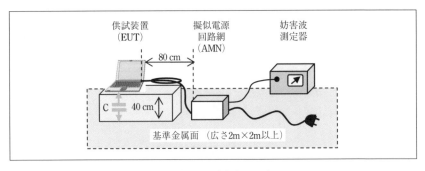

〔図1〕伝導妨害波の測定

波測定器を接続し、端子電圧の準尖頭値（quasi-peak value）と平均値（average value）を測定する。

2—2 測定環境

　ここで、供試装置で発生した妨害波電流の流れを考えてみる。図1の測定系において、供試装置の妨害波電流は電源線を伝って流出し、擬似回路網内の規定負荷を通って、基準金属面に流れ落ちる。さらに、基準金属面を流れる妨害波電流は、金属面と供試装置間の浮遊容量Cを通って供試装置に戻る。測定される妨害波電圧は規定負荷に流れる電流に比例するため、測定値は浮遊容量Cに強く影響される。このため、供試装置に最も近接する金属平面を基準金属面として、その間の距離、すなわち、供試装置の高さは規定の40 cmに保持しなければならない。さらに、妨害波電流が他の金属面に流れないようにするために、他の金属面は供試装置から80 cm以上離さなければならない。ただし、供試装置と擬似回路網の距離は80 cmに固定すること。また、基準金属面の広さは2 m×2 m以上必要である。なお、図1では基準金属面を水平に設置したが、通常は垂直に設置することが多い。この場合、以下に述べる電磁遮蔽室の壁面を基準金属面として利用する。

　図1の測定系に放送波などの外来電波が混入すると測定が困難になったり、測定値の誤差が大きくなる。このために、伝導妨害波の測定は、通常、電磁遮蔽室（シールドルーム）で行う。この遮蔽室の遮蔽特性は80 dB程度以上あることが望ましい。また、遮蔽室に引き込む電源線や通信線を介して遮蔽室外の妨害波が侵入しないようにするために、引き込み線の各線に減衰特性80 dB程度の高域阻止フィルタ（ノイズフィルタ）と、このフィルタによる漏電防止のために絶縁トランスを設置する必要がある。

　なお、伝導妨害波の測定を次章で述べる放射妨害波の測定サイトで行うことがあるが、この場合、測定系に混入する放送波などの外来電波の周波数では測定が困難になる。

## 3．放射妨害波の測定法と測定サイト（30 MHz〜1000 MHz）

　周波数30 MHz以上の妨害波エネルギーは、機器筐体やそれに付随する電源線等のケーブルから電波として直接放射されるとことが多いため、その電界強度

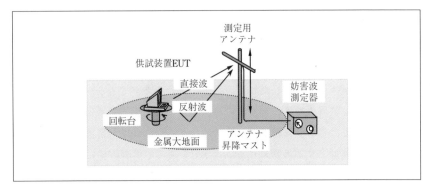

〔図2〕 放射妨害波の測定

をアンテナを用いて測定する。ただし、具体的な測定法は、周波数30 MHz～1000 MHzおよび周波数1000 MHz以上によって異なる[4]。

### 3—1 測定法

周波数帯30 MHz～1000 MHzの放射妨害波測定には、図2のように、金属または金網を大地面に敷設した広い測定場（open site）を用いる[5]。供試装置を高さ80 cmの非導電製回転台に載せ、測定用アンテナは供試装置の外縁より規定の距離（基本は10 m）だけ離して設置し、妨害波測定器に接続する。測定においては、供試装置を回転し、かつアンテナを地上高1 m～4 mの範囲で昇降しながら、最大受信電圧を妨害波測定器で測定する。なお、この測定は、アンテナを水平偏波および垂直偏波に設置して行う。

### 3—2 測定用アンテナ

周波数30 MHz～250 MHzの放射妨害波の測定には、図3のバイコニカルアンテナ（biconical antenna）が、また250 MHz～1000 MHzには「ログペリ」と通称されている対数周期ダイポールアレイ・アンテナ（LPDA）が最も一般に使われている。

以前は、この周波数帯の測定用アンテナとして、半波長共振ダイポールアンテナ（half-wave tuned dipole antenna）が標準であったが、エレメントの長さを周波数ごとに調節する必要があるため、妨害波測定の自動化と共に、ほとんど利用されなくなった。これに代わって、上記の2種類の広帯域アンテナの使用が推奨されている[5]。ただし、半波長共振ダイポールアンテナは、その特性を

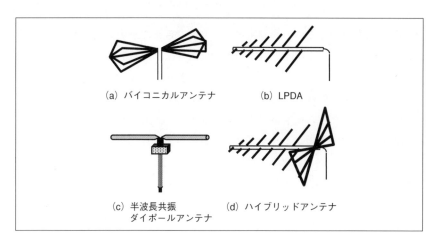

(a) バイコニカルアンテナ  (b) LPDA
(c) 半波長共振ダイポールアンテナ  (d) ハイブリッドアンテナ

〔図3〕測定用アンテナ（30 MHz～1000 MHz）

数値計算によって正確に求めることができるため、測定サイトの特性評価の際には標準アンテナとして用いられている。

また、近年、バイコニカルアンテナやボウタイ（bow tie）アンテナとLPDAを組み合わせたハイブリッドアンテナ（hybrid antenna）が、30 MHz～1000 MHzの全周波数範囲にわたる妨害波測定に用いられている。しかし、このアンテナは非常に大型であるため、例えば3 mのような近距離の妨害波測定では、測定結果の不確かさが大きくなるため、使用は避けるべきである。なお、このアンテナは「バイログ」の商品名で通称されている。

3—1項の測定手順に従って得られた最大受信電圧 $V$ [dB(μV)]に、測定に用いたアンテナのアンテナ係数 $F$ [dB(1/m)]を加えて、放射妨害波の電界強度 $E$ [dB(μV/m)]を計算する。すなわち、

$$E = V + F \quad\quad\quad\quad\quad\quad\quad\quad\quad\quad\quad\quad\quad\quad\quad\quad (1)$$

このようにアンテナ係数は測定結果に直接影響するため、アンテナ校正機関に依頼して、測定に使用するアンテナのアンテナ係数を定期的に求めておくべきである。

3—3 測定サイト

周波数30 MHz～1000 MHzの測定は、図2のように、大地面が金属で、かつ周

囲に反射物がない非常に広い測定場で行う。できるだけ広い測定サイト（test site）が好ましいのであるが、測定距離$D$（例えば3 mや10 m）に用いるサイトの場合、図4（a）に示すように、少なくとも長径$2D$、短径$\sqrt{3}D$の楕円の範囲内に、金属大地面以外に電波を反射する物体がないことである[5]。例えば、この楕円上にビルなどの反射体があると、直接波の伝搬距離$D$に対して反射波の伝搬距離は$2D$になる。アンテナで受信される電界強度$E$は、直接波$E_0$と大地反射波$E_R$に加えて、さらに周囲のビルなどから到来するn個の不要な反射波$E_k$(k=1....n)を考慮する必要があり、これらの電波がすべて同相で重なり合う最悪の場合を想定して周囲反射波による測定誤差を評価する必要がある。すなわち、誤差は次式によって推定できる。

$$error = \frac{E_0 + E_R + \sum_{k=1}^{n} E_k}{E_0 + E_R} \quad \cdots\cdots(2)$$

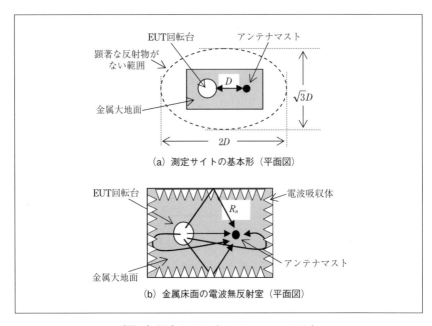

〔図4〕測定サイト（30 MHz～1000 MHz）

例えば、この周波数帯では電波の電界強度は距離に反比例するので、図4(a)の楕円上にビルが1棟ある場合は、

$$E_0 \propto 1/D, \quad E_R \propto 1/\sqrt{D^2 + 3.3^2}, \quad E_1 \propto 1/(2D)$$

となるので、

$$error = \frac{E_0 + E_R + E_1}{E_0 + E_R} \approx \begin{cases} 1.30 \text{ (for } D = 3\text{m)} \\ 1.26 \text{ (for } D = 10\text{m)} \end{cases}$$

が得られる。すなわち、図4(a)の楕円の周囲にある完全反射のビルによって、測定結果に2dB程度の誤算が生じる可能性がある。

図2のような野外の測定サイトの代わりに、金属床面の電波無反射室(5面暗室)がしばしば用いられている。図4(b)は平面図であるが、床面以外の周囲壁面および天井に電波吸収体を貼付して、反射波を低減した測定場である。この場合も、周囲壁面や天井からの反射波を$E_k$ (k=1....5)として、式(2)を用いて不要な反射波による測定誤差を評価する必要がある。

測定サイトの金属大地面の広さもできるだけ広い方が良いが、最大供試装置の外縁や最大測定用アンテナの外周の外側に1m以上広がっており、かつ供試装置とアンテナ間の大地面に広がっていることが最低条件である[5]。

### 3—4 測定サイトの特性評価法

前項では、周波数30 MHz～1000 MHzの放射妨害波の測定に使用するサイトの構造的条件を述べたが、これらの条件はガイドラインであって、必須条件ではない。以下では、測定サイトが満足すべき電磁波特性の必須条件を述べる。

図2の妨害波測定において、金属大地面の電気的特性やアンテナマストの影響によって、測定値はサイトごとに異なる。したがって、これらの影響を調べるには、供試装置の代わりに信号発生器を接続した基準アンテナを設置し、このアンテナから放射される電波を、妨害波測定法と全く同様に測定アンテナの受信電圧の最大値を測定し、理想的なサイトに関する理論値と比較すれば良い。なお、測定は水平および垂直偏波で行う。

①サイトアッテネーション

例えば、図5(a)に示すように、半波長共振ダイポールアンテナを2本用い

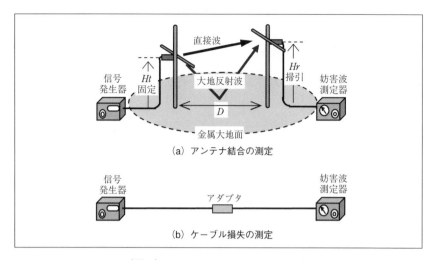

〔図5〕サイトアッテネーションの測定

て、一方は信号発生器に接続して供試装置の代わりに用い、他方のアンテナは測定用アンテナとして供試装置から距離$D$だけ離して設置し、地上高1 m〜4 mの範囲で昇降して、その間の最大受信電圧$V_{MAX}$ [dB(μV)]を測定する。次に、図5(b)のように、送受アンテナの接続ケーブルをアンテナから外して、アダプタを介して直接接続し、受信電圧$V_{DIRECT}$ [dB(μV)]を測定する。これらの値より、当該サイトのアンテナ間伝送損失の最小値$A_{SITE}$ [dB]は次式で求められる。

$$A_{SITE} = V_{DIRECT} - V_{MAX} \quad \cdots\cdots(3)$$

一般に、上記の値をサイトアッテネーション（site attenuation）と呼んでおり、理想的なサイトを想定した理論値と比較して、サイトが妨害波測定に適しているか否かを判断する。実際には、モーメント法などの電磁界シミュレーションによってサイトアッテネーションの理論値を求める[6]。なお、このサイトアッテネーション測定は、EMIサイトの特性評価法の基本で最も厳密に評価できるが、不便な半波長共振ダイポールアンテナを用いるため、現在では以下に述べる正規化サイトアッテネーション測定に置き換わっている。

②正規化サイトアッテネーション

1980年代に放射妨害波の自動測定が普及するのに伴って、半波長共振ダイポ

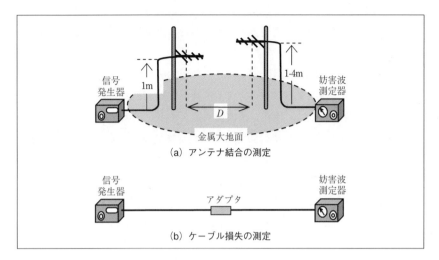

〔図6〕正規化サイトアッテネーションの測定

ールアンテナが使用されなくなり、代わりにバイコニカルアンテナやLPDAなどの広帯域アンテナが広く用いられるようになってきた。このため、ダイポールアンテナの代わりに、広帯域アンテナを使用したサイトアッテネーション測定が1982年に提案され、その理論値が求められた[7]。このサイトアッテネーションは、前述のものと区別するために、正規化サイトアッテネーション (normalized site attenuation : NSA) と名付けられている。NSA測定では、図6のように、送信アンテナを地上高1 mに設置し、受信アンテナを高さ1 m～4 mの範囲で昇降して、最大受信電圧$V_{MAX}$を測定する。式(3)のサイトアッテネーション値は、測定に使用した送受アンテナのアンテナ係数$F_{AT}, F_{AR}$に直接依存するため、さらに両アンテナのアンテナ係数を減じて、アンテナの影響を除去している。すなわち、NSAの測定値[dB]は次式で計算する。

$$A_{NSA} = V_{DIRECT} - V_{MAX} - (F_{AT} + F_{AR}) \quad \cdots (4)$$

また、理論値は、実際に使用したアンテナと異なって、送受アンテナに微小ダイポールアンテナを仮定して計算し、この値が規格値としてCISPR規格等に掲載されている[5]。規格によれば、サイトにおけるNSAの実測値と理論値の差違が±4 dB以内であれば、当該サイトを放射妨害波の測定に使用できることに

なる。なお、金属大地面の電波無反射室におけるNSA測定などの詳細については、関連規格を参照すること[5]。

NSAが提案された1982年以降ずっと、この理論値の妥当性や適用範囲に疑問が出されており、使用するアンテナごとに補正係数が必要であることがわかった[8]。補正係数としては、現在、半波長共振ダイポールアンテナに関するものと[9]、バイコニカルアンテナに関するものが提案されている[10]。LPDAに関しては、市販されているアンテナの特性が千差万別であるため、統一的な補正係数を算出するのが困難な状況である。さらに、NSA測定の欠点は、アンテナ間伝送損失の測定における不確かさに、送受アンテナのアンテナ係数の不確かさが加わるため、全体として測定結果の不確かさが相当大きくなることである。

③参照サイト法

NSAは世界中で使用されているにもかかわらず、上記の問題点や欠点があるため、CISPRでは2007年から、EMIサイトの別の特性評価法が検討されている。すなわち、参照サイト法（reference site method : RSM）と呼ばれる方法である。すでに述べた①サイトアッテネーションや②NSAの測定では、実測値と理論値とを比較して、サイトの適合性を判断してきた。これに対して参照サイト法では、このような理論値を基準とせず、特性が非常に良いEMIサイト（参照サイト）におけるサイトアッテネーションの実測値を基準とする方法である。すなわち、参照サイトで、①のサイトアッテネーションを実測し、同じ送受アンテナを用いて被評価サイトのサイトアッテネーションを測定し、両方の測定値の差が一定範囲内であれば、そのサイトを適合とするものである。

この方法の良い点は、理論計算が不要であるため、サイトアッテネーションの測定に、LPDAなどの様々なアンテナを使用できることである。欠点は、基準となる参照サイトを定めるために、新たなサイト評価法を作る必要があることである。現在、この参照サイトの評価法として、厳密に電磁波特性を計算できる半波長共振ダイポールを用いて、①のサイトアッテネーションを測定し、理論値と比較する方法が最も有力である。

## 4．1 GHz〜18 GHz用測定サイトの特性評価法

周波数1 GHz〜18 GHzの放射妨害波の測定場は、床面を含めて、無反射（自由

空間）条件をできるだけ満足することが必要である。これらの条件を満たすためには、電波吸収体を使用し、供試装置の設置高を上げることも有効である。したがって、供試装置の妨害波測定では、大地面からの反射波を無視できるため、30 MHz～1000 MHzの測定と異なって、基本的に測定アンテナの高さを一定にして測定する[5]。

この周波数帯の測定に用いるアンテナは直線偏波のアンテナであり、LPDAやダブルリッジド・ホーンアンテナ（DRH）などの広帯域アンテナが一般に用いられている。なお、ある種のDRHでは、利得が周波数と共に激しく変化するものがあるが、この場合、アンテナの主ビームが単一ビームでないことが懸念されるので、このような周波数帯では使用しないことが望ましい。

サイトの特性評価は、いわゆるサイト電圧定在波比（site voltage standing-wave ratio）の測定によって行う[5]。すなわち、比較的に広角な小型送信アンテナに信号発生器を接続し、これを供試機器の代わりに供試機器台に設置する。その放射波を固定位置に設置した測定用アンテナで受信する。ただし、送信アンテナは、図7の小さい丸で示すように距離40cmの範囲内の6点の位置に移動し、そのつど受信アンテナの出力電圧$V$を測定する。もし、測定サイトが理想的で周囲反射波がなければ、測定アンテナに到達するのは直接波のみとなり、受信電圧$V$ [dB(μV)]は送受アンテナ間の距離に反比例して一様に変化する。しかし、周囲反射波があれば、直接波と反射波が干渉するため、受信電圧は場所によって細かく変動する。したがって、最大・最小電圧を測定し、次式によっ

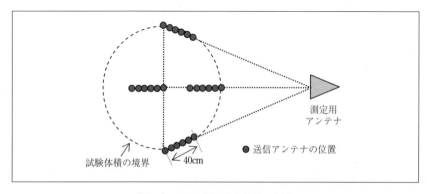

〔図7〕サイト電圧定在波比の測定

てサイト電圧定在波比を計算すれば、周囲反射波の大きさを推定できる。

$$S_{VSWR} = E_{max} - E_{min} = V_{max} - V_{min} \quad\quad\quad (5)$$

ただし、周囲反射波のない理想的なサイトにおいても、図からもわかるように送受信点間の距離が変わるため、式(5)の計算を行う前に、電圧や電界強度の測定値に距離補正を施す必要がある。

水平および垂直偏波について$S_{VSWR}$の測定値が6 dB以下であれば、サイトは放射妨害波に適していると判断する。なお、このサイト評価法に関する詳細は、関連規格を参照すること[5]。

## 参考文献

1) CISPR 16-2-1, 2008 : "Specification for radio disturbance and immunity measuring apparatus and methods: Part 2-1 Methods of measurement of disturbances and immunity - Conducted disturbance measurements"
2) CISPR 16-1-2, 2006 : "Specification for radio disturbance and immunity measuring apparatus and methods: Part 1-2 Radio disturbance and immunity measuring apparatus - Ancillary equipment - Conducted disturbances"
3) CISPR 16-1-1, 2007 : "Specification for radio disturbance and immunity measuring apparatus and methods: Part 1-1 Radio disturbance and immunity measuring apparatus - Measuring apparatus"
4) CISPR 16-2-3, 2006 : "Specification for radio disturbance and immunity measuring apparatus and methods : Part 2-3 Methods of measurement of disturbances and immunity - Radiated disturbance measurements"
5) CISPR 16-1-4, 2008 : "Specification for radio disturbance and immunity measuring apparatus and methods : Part 1-4 Radio disturbance and immunity measuring apparatus - Ancillary apparatus - Radiated disturbances"
6) A. Sugiura, Y. Shimizu, Y. Yamanaka : "Site attenuation for various ground conditions," Trans. IEICE, vol. E73, 9, pp.1517-1524, 1990
7) A. A. Smith, Jr., R. F. German, and J. B. Pate : "Calcu-lation of site attenuation from antenna factors," IEEE. Trans. on EMC, vol. EMC-24, pp. 301-316, 1982

8 ) A. Sugiura : "Formulation of normalized site attenuation," IEEE Trans. on EMC, vol. EMC-32, 4, pp.257-263, 1990

9 ) A. Sugiura, T. Shinozuka, A. Nishikata : "Correction factors for the normalized site attenuation," IEEE Trans. on EMC, vol. EMC-34, 4, pp.461-470, 1992

10) ANSI C63.4, 2003 : "American National Standard for Methods of Measurement of Radio-Noise Emissions from Low-Voltage Electrical and Electronic Equipment in the Range of 9 kHz to 40 GHz"

# V-4 低周波からミリ波までの電磁遮蔽技術

兵庫県立大学 畠山 賢一

## 1. はじめに

　電磁遮蔽は種々の電磁環境整備技術の中でも基礎的な技術である。遮蔽効果、あるいは遮蔽量は単に入射波と透過波の比、または遮蔽材があるときとないときの漏洩電磁波の比で与えられる。例えば図1は遮蔽技術の導入図としてよく用いられ、実際、この図どおり平面波を入射してその透過波を求めれば平面波遮蔽量が得られる。遮蔽の概念を理解するのは容易であるが、この概念だけで実際の電子機器筐体に効果的な遮蔽を施そうとなるとなかなか大変である。本稿では遮蔽技術をできるだけ実際面に関連する形で整理し、あわせて筆者が関わっている遮蔽手法や評価法を紹介する。

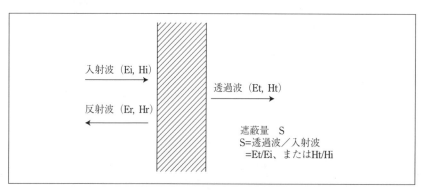

〔図1〕遮蔽の考え方、遮蔽量

## 2. 電磁遮蔽材の種類と特性

金属は電磁波を透過させないので、電磁遮蔽性能のよい電子機器筐体材料として古くから用いられてきた。1970年代以降、プラスチック材にいろいろな形状の金属粒子を分散させて導電率を大きくし、電磁遮蔽効果のあるプラスチック筐体の実用化を目指した研究が行われた。しかし、導電率がそれほど高くならなかったことや製造コストの点から現在でもそれほど普及はしていないようである。金属板を筐体材料とする傾向は現在でも変わらない。一方、隙間用の遮蔽材は数多く市販されており、金属材料だけでなく磁性材を使用する遮蔽法も提案されている。図2に遮蔽法を原理的な面から分類して示す。

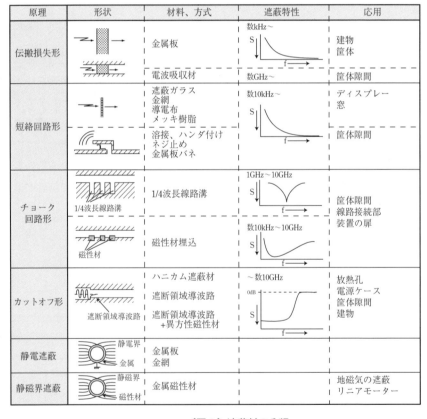

〔図2〕遮蔽材の分類

伝搬損失形とは電磁波が材料中を伝搬する際に減衰することが主な原因で遮蔽量を大きくするものである。伝送線路的には空間を伝わる電磁波を遮蔽する場合、隙間を伝わる電磁波を遮蔽する場合を区別する必要はない。この型の遮蔽材は周波数が高いほど遮蔽量が大きくなるという傾向を持つ。金属のように導電性が高いときは表皮深さの数倍程度の薄い層で十分な遮蔽が得られるし、またミリ波のように高い周波数では電波吸収材として用いられる比較的損失の小さい材料でも遮蔽量が大きい。

　短絡回路形から1/4波長形までは隙間用の遮蔽材である。短絡回路形は隙間を構成する2枚の金属間を同電位にして電磁波が隙間に存在しないようにしたものである。隙間のネジ止め、溶接、ハンダ付けなどもこのタイプの遮蔽法であると考えてよい。隙間を導電性の高い材料でふさいで遮蔽材するときは、伝搬損失形か短絡回路形のどちらかで遮蔽をしている。一般に遮蔽材というと、伝搬損失形か短絡回路形であることが多い。

　チョーク回路形は隙間を伝送線路と考えたときに伝送路に高インピーダンスを挿入して透過を小さくする方法である。1/4波長線路を用いる方法は低い周波数では長い線路が必要になるため、おおよそ1GHz以上で用いられる。磁性材を埋め込む方法は透磁率が大きい周波数範囲を使うので比較的低周波で用いられる。

　隙間が導波管として扱えるときはカットオフ形も用いられる。これは導波路の遮断（カットオフ）現象を利用するもので、ハニカム構造遮蔽材はこの原理を利用している。4章で述べるように、異方性磁性材を用いればさらに減衰量を大きくできる。

　チョーク回路形、カットオフ形は隙間を完全に塞がずに遮蔽効果があるという特徴がある。そのため遮蔽材を押しつぶすということがなく、頻繁に開閉を行う扉構造の遮蔽に適用しても遮蔽量の再現性がよく、また特性の劣化もない。

　他に静電界遮蔽、静磁界遮蔽があるが本稿では触れない。

　各遮蔽法は図3に示すようによく用いられる周波数がある。図に破線で示すのはある程度推定を交えた範囲であり、この図は概略を示すものと見てもらいたい。金属板は全周波数で用いられる（低周波数帯では磁界の遮蔽量を増すた

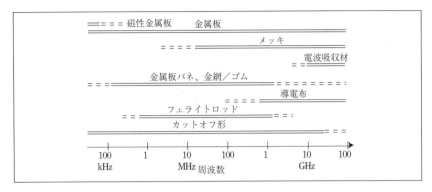

〔図3〕各遮蔽材の周波数帯

めに磁性金属板がよく用いられる)。隙間の遮蔽として用いられる金属板バネは低周波での磁界の遮蔽には効果が低下する傾向がある。カットオフ形は導波管カットオフを利用するのであるから、断面サイズで決まるある周波数を越えると遮蔽能力がなくなる。

## 3．遮蔽材の使用に関する2、3の注意点

実際の機器に遮蔽材を使用するときに、基本的に知っておくことが必要であろうと思われることを2点挙げる。

### 3—1 近傍界と遠方界

遮蔽材は電磁波を放射している箇所のすぐ近くで用いることが多い。「すぐ近く」とはおおむね発生源からの距離が波長以内という意味であって近傍界と言う。これ以上離れた位置では遠方界と言う。「すぐ近く」ということを考慮しなくていい場合と考慮しなくてはならない場合とがある。

遮蔽を施す箇所が、同軸線路、あるいは導波管などの伝送路として考えられるところは、伝搬状態は導波路のモードで扱う。4章でこれらの事例を紹介するがこのような場合は数kHzからの遮蔽であっても（波長は数10kmであるからほとんどの場合遮蔽を施すところは発生源からの距離が波長以内）電磁界は導波路モードで扱い、遮蔽量を考える。

これに対し、発生源が自由空間にあるとして遮蔽を施す場合、近傍界領域では伝搬の形態はいわゆる平面波とは異なっている。発生源がコイルのように磁

界発生源であるときは磁界に対する遮蔽、ダイポールのように電界発生源であるときは電界に対する遮蔽が必要となり、静電界、静磁界遮蔽の取り扱いに近くなる。この2つの遮蔽量は同一材料でも非常に異なる。

図4に著者が行ったプラスチック材に金属メッキした材料の遮蔽量測定例を示す。磁界の遮蔽量Smは低周波になるほど小さくなるのに対し、電界の遮蔽量Seは逆に大きくなる傾向を持ち、その差は数10dBに達する。このことは、例えば銅板は静電界には遮蔽量が大きいが一方静磁界は全く遮蔽しないことからも直感的に理解できよう。この2つの遮蔽量の他に平面波に対する遮蔽量がある。低周波での導電性材料による遮蔽量は一般に、磁界遮蔽量＜平面波遮蔽量＜電界遮蔽量、の関係がある。このように近傍界としての扱いが必要な場合は、同一材料、同一周波数でも異なった3種類の遮蔽量があるということに注意する。実際に遮蔽材を用いるときは発生源の様子を調べなければならない。

### 3－2　遮蔽材の多層化

実際の場面において、遮蔽材を2重、3重に用いて遮蔽効果を増加させようとすることは多い。例えば遮蔽量20dBの導電ゴム材料を2重に用いたら2×

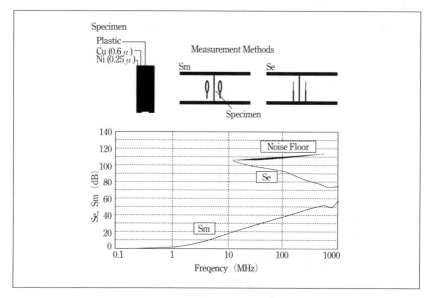

〔図4〕プラスチックメッキ材の電界の遮蔽量（Se）、磁界の遮蔽量（Sm）

20=40dBの遮蔽量が得られるであろうか。遮蔽に慣れた方なら26dBと答えるかも知れない。このどちらも場合によっては正解であり、不正解である。

多層にしたときの平面波遮蔽量を伝送線路理論で求めてみる。遮蔽材の厚み$d$、比誘電率、比透磁率が$\varepsilon_r$, $\mu_r$では、四端子パラメータA，B，C，Dで用いると遮蔽量$S_{pln}$は、

$$S_{pln} = \frac{2}{A + B/Z_0 + CZ_0 + D} \quad\quad\quad (1)$$

で与えられる。ただし、

$$A = D = \cosh(\gamma_m d), \quad B = Z_0 Z_m \sinh(\gamma_m d), \quad C = \frac{1}{Z_0 Z_m}\sinh(\gamma_m d), \quad\quad (2)$$

$$Z_0 = 376\Omega, \quad Z_m = \sqrt{\mu_r/\varepsilon_r}, \quad \gamma_m = j\frac{2\pi}{\lambda}\sqrt{\varepsilon_r \mu_r}$$

$Z_0$、$Z_0 Z_m$：線路、遮蔽材中の特性インピーダンス

である。遮蔽材が多層になっているときは、各層の四端子パラメータを(2)式で求め、次にこれら全体の四端子パラメータを求めて(1)式を適用すればよい。詳しくは伝送線路のテキストを参考にして頂きたい。

図5に導電率25[1/Ωm]、厚み5mmの導電性材料単層の場合と、0、および30mmの間隔で2層にしたときの遮蔽量Sの計算例を示す。単層の場合、①で示す周波数領域ではSはほとんど周波数に依存せず一定である。②の領域では周波数につれてSが大きくなる。

(1)式において、$|\gamma_m d|<<1$の近似を行うと、

$$S = \frac{2}{Z_0 \sigma \cdot d} \quad\quad\quad (3)$$

となり、Sは周波数に依存しない。①はこの近似が成り立つ領域である。(3)式は層の抵抗が$1/(\sigma d)$で与えられるときのSであって、周波数に依存しない一定の遮蔽量を示すのは層厚みが表皮深さよりも薄い場合であることを示している(この計算例では100MHzでの表皮深さは10mmである)。2層で層間隔が0のとき（すなわち厚みが2倍）は(3)式でd→2dになるので、①で示した低周波帯

では単層のときよりも6dB大きい値である。②の領域では層厚みが表皮深さと同程度かそれ以上になり、Sは周波数とともに大きくなる。周波数が高くなるほど層内部の減衰が大きくなり、2層で層間隔が0のときのSは（2×単層のS）の値に近くなる。

すなわち、遮蔽材を2重にしたときに遮蔽量が6dB増加するのか、2×S(dB)になるのかは①、②のどちらの領域の周波数かによる。なお、層間隔を設けた場合は、①の領域のかなり低い周波数では、層間隔が波長より非常に短いために実質上層厚みが2倍になった場合と等価であって、Sは6dB増加する。しかし、導電層と空気層との境界での反射があるため、層間隔が0の場合に比べて低い周波数からSが増加し始める。さらに周波数が高くなると、層間隔が半波長となる周波数から共振を生ずるようになる。

①、②の領域では層が遮蔽能力を発揮する原因が異なる。図2の分類で言え

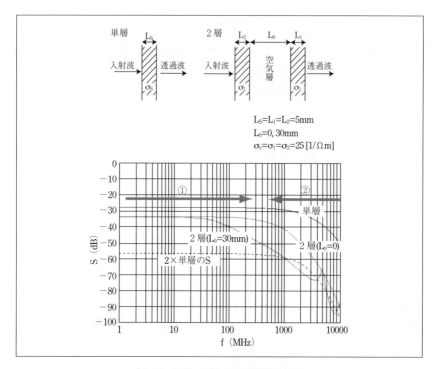

〔図5〕単層、2層の平面波遮蔽特性

ば、①の領域では導電層は短絡回路形の、②の領域では伝搬損失形の遮蔽材となる。従って2重に用いたときは、短絡回路形ではS+6(dB)に、伝搬損失形では2×S(dB)に近い値になると言ってもよい。さらに3層目を加えたときの効果は①の領域では約4dB増加にとどまるので、この領域に限って言えば層数を増やすのは得策ではない。

## 4．遮蔽材、遮蔽手法の紹介

遮蔽材はいろいろなものが市販されているので詳しくはカタログ等を参考にして頂きたい。ここでは低周波遮蔽、高周波遮蔽に分けて筆者が関わってきた遮蔽材や遮蔽手法、評価法を紹介する。ここで低周波遮蔽とは数10kHz～数GHzあたりまでの周波数帯を、高周波遮蔽とは数GHz～ミリ波での遮蔽を指す。

### 4－1　低周波遮蔽の例
#### 4－1－1　開口部の遮蔽

カットオフ形の遮蔽法である。開口部が導波管のように遮断（カットオフ）周波数のある導波路と見なせるとき、遮断周波数以下では伝搬路軸方向では急激に減衰することを利用する。

図6に示すような放熱用の開口部を有する電源ユニットは長辺a、短辺bの開口を持つ矩形導波管と見なすことができる。この開口部の遮蔽効果の目安として伝搬軸(z)方向1cmあたりの減衰量を取り、これをSとする。最低次モードのTE$_{10}$モードの減衰量からSを求めると遮断周波数より十分に低い周波数では、

$$S = 0.087\frac{\pi}{a} \text{ [dB]} \tag{4}$$

となり、開口部長辺で定まる値となる。

伝搬路内壁に磁性体を装着すると減衰を大きくすることができる[1, 2]。電磁界は磁性体シート表面が磁気壁（インピーダンス無限大の壁）であるかのようにy方向にも変化し、遮断周波数より十分に低い周波数でのSは、

$$S = 0.087\sqrt{\left(\frac{\pi}{a}\right)^2 + \left(\frac{\pi}{2b}\right)^2} \text{ [dB]} \tag{5}$$

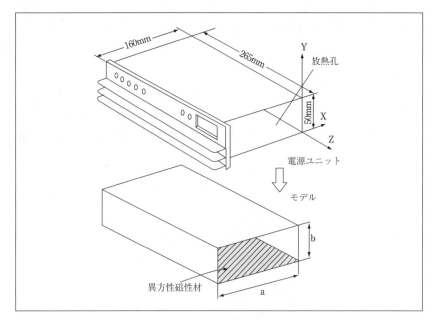

〔図6〕電子機器開口部の遮蔽

となる。もし、開口部の高さがかなり低くて隙間のようであればa>>bであるから(5)式は

$$S = 0.087 \frac{\pi}{2b} \text{ [dB]} \quad \text{..................................................................(6)}$$

となって(4)式に比べて非常に大きい値が得られるので、隙間の遮蔽法としても効果的である。このような特性が得られるのは磁性体シートの透磁率が大きいことが必要なのでおおよそ数100MHz以下の周波数帯で利用可能である。また透磁率に異方性が必要なので、シートの作り方に工夫が必要である。磁性体としてはアモルファス磁性繊維、フェライトなどが有効であることが確認されている。

この遮蔽手法は伝搬路と考えられる筐体内に電磁界発生源があるので距離と波長の関係だけから言うと近傍界であるが、上に述べたように遮蔽量は$TE_{10}$モードでの減衰定数から得られる。

4−1−2　Oリング遮蔽材

Oリングは水、油、気体などのシール材として用いられている。これに導電性を付加し、電磁遮蔽機能を有するOリングが開発されている[3]。Oリングの使用状態を図7に示す。伝送線路的には同軸線路、あるいは平行板間を放射状に広がる線路にOリングを挿入すると見ることができ、各々円筒固定形、平面固定形と名付けて区別している。遮蔽特性は3−2で述べた平面波に対する遮蔽量である。

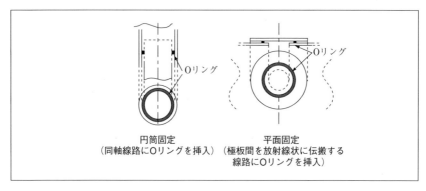

〔図7〕Oリングの使用状態

図8は筆者らが開発した評価装置であって、およそ1GHzまで評価できる。短絡回路形遮蔽材は導電率を高くすることが必要である。カーボンその他の添加剤によりリング材としては100(1/Ωm)以上を達成している。

図9に遮蔽量測定例を示す。入射波と透過波の比（透過係数）を遮蔽量$S_m$とすると、$S_m$は50dB程度が得られている。カーボン充填材は、よく知られているように、粒子間の等価的な容量によりその導電率は周波数により変化し、遮蔽量は図中a、bで示すように変化する。このことは直流で測定した導電率では周波数が高いところの遮蔽量は求められないことを示している。3−2で述べた周波数と表皮厚みの関係に対応して言えば、およそ1GHzまでは短絡回路形の遮蔽材である。10MHz付近での遮蔽量の変化は導電率によって生じているものである。1GHz以上では伝搬損失形の遮蔽材となる。この種の遮蔽材は低周波での遮蔽量が低下する傾向にあるので、低周波の導電率を高くする材料的工夫

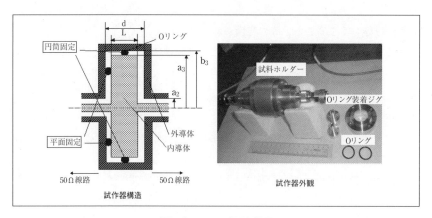

〔図8〕Oリング測定装置

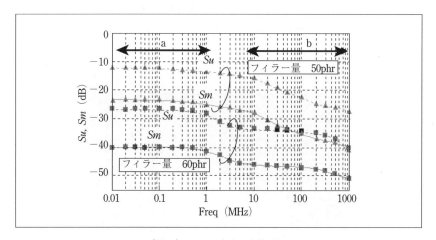

〔図9〕Oリング材の遮蔽特性

が必要である。

4—2　高周波遮蔽の例

　近年、電子機器の動作周波数が高くなって電磁ノイズ周波数も1GHz以上まで伸び、また今後はミリ波機器も増えると想定されるので、ミリ波を含む高周波遮蔽が必要になると思われる。高周波遮蔽を1GHz以下の低周波での遮蔽と比べると、①波長が数mmであるから近傍界は考慮しなくてよい場合が多いこと、②金属であればメッキでも表皮深さ以上の厚みとなること、③磁性体を利用す

る手法は難しくなること、等の特徴がある。

遮蔽材のミリ波での特性を評価した報告は非常に少ない。以下に著者らが用いている評価装置を紹介し、隙間用遮蔽材と建築板材のミリ波での測定例を紹介する。

4-2-1 隙間用遮蔽材

低周波帯でよく用いられている各種隙間用遮蔽材はミリ波ではどれくらいの遮蔽量を示すか？

図10は筆者らが用いている測定装置で、2枚の極板間に設けた誘電体ロッドを電磁波が伝送し、ロッド先端から試料に向かって電磁波が放射する[4]。透過成分を対向して設けた受信用ロッドで受ける。この誘電体ロッドはTEモード伝送路であるが、ロッドがない試料部分はTEM波伝送路になるので、測定されるのは平面波遮蔽量である。この装置はおよそ10GHzから110GHzまで測定することができ、現在必要とされるミリ波領域をほとんどカバーする。

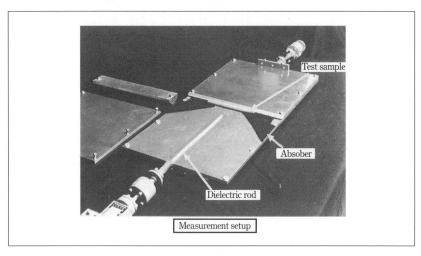

〔図10〕ミリ波隙間用遮蔽材評価装置

図11に各種の隙間用遮蔽材の特性を示す。金属板バネ状遮蔽材、金網を巻いたゴム、導電布を巻いたウレタンなどは市販品ですべて短絡回路形遮蔽材である。隙間金属板との接触抵抗のため、遮蔽量は装着するたびにある程度変動し、

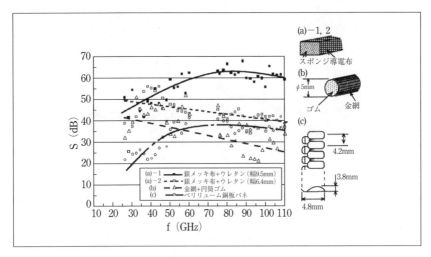

〔図11〕短絡回路形遮蔽材の遮蔽特性

よい精度で再現しない。実際の使用状態でもこのような変動があると思われるので注意されたい。また、周波数が高くなるにつれて遮蔽量が低くなるものがある。

図12は電波吸収材として使用しているカーボン含浸ウレタン発泡材やフェライトゴム混合材の遮蔽量である。これらの材料は導電率が高くないので短絡回路形遮蔽材としてはそれほど遮蔽量が大きくない（すなわち低周波では遮蔽量が大きくない）。しかし、ミリ波では幅数mmで波長と同程度以上の厚みとなる。したがって表皮深さ以上の厚みとなるので伝搬損失形遮蔽材となる。遮蔽量は周波数につれて大きくなり、図11に示した隙間用遮蔽材と同程度の遮蔽量を得ることができる。特に金属繊維複合材はミリ波での遮蔽量が大きい。

4－2－2　板状試料の遮蔽特性

　今後、マイクロ波からミリ波帯の電磁波をDSRC通信のような近距離で使う場合に、建物の外壁や内壁を遮蔽材で構成する需要が増えると思われるので、種々の建築材料の遮蔽量を測定しておくことは重要である。ミリ波では波長が短いので遮蔽材が使用されるところはほとんどの場合遠方界である。したがって平面波遮蔽量を測定しなければならない。しかし、平面波入射の状態を実現するための送受信アンテナ距離は意外に長い距離を必要とし、大がかりな装置

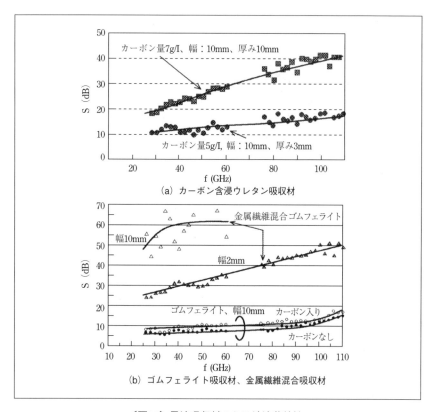

〔図12〕電波吸収材のミリ波遮蔽特性

となる（たとえば100GHzで一辺10cmの試料を測定するためにはアンテナ試料間距離は7m必要となる）。図13は筆者らがオフィス壁材を測定するのに用いた装置であり、パラボラ反射鏡により試料に入射する電磁波の位相を揃えて平面波にしている[5]。この装置は通常の実験室内にセットできる大きさである。

図14に測定例を示す。ロックウール系吸音板、シナベニヤなどはよく用いられる天井材、壁材であってミリ波でも電波の損失が小さく、遮蔽量は数dBにとどまる。図にあるように導電布を装着すれば遮蔽量を大きくすることができる。壁材に導電材を混合することもミリ波では有効な処置と考えられる。

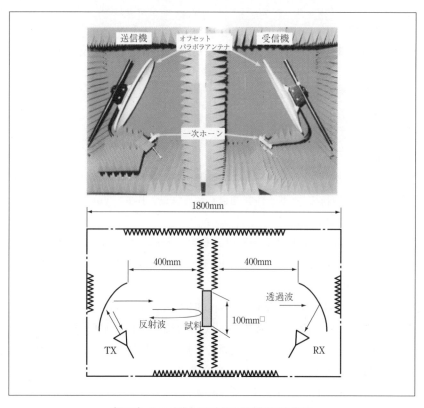

〔図13〕ミリ波帯板状試料の遮蔽量測定装置

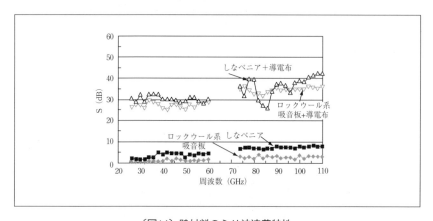

〔図14〕壁材料のミリ波遮蔽特性

## 5．おわりに

近年、ミリ波に至る高周波の電磁波利用が進んでおり、遮蔽技術の重要性はますます高まってくると思われる。本稿の中に遮蔽材を使おうとされている方や遮蔽材を開発しようとされている方に少しでも役に立つ記述があるとしたら幸いである。

## 参考文献

1) 畠山，澤渡：「磁性体シートによる電子機器きょう体開口部から漏えいする電磁波の抑制法」，電子情報通信学会論文誌，B-Ⅱ，Vol.J74-B-Ⅱ，No.2，pp.101-109，1991年3月
2) 畠山，澤渡：「磁性体シートによるスイッチング電源筐体の電磁遮蔽」，電子情報通信学会論文誌」，B-Ⅱ，Vol.J75-B-Ⅱ，No.1，1992年1月
3) 畠山，山田，百武：「導電性Oリングの電磁遮蔽性能評価装置"電子情報通信学会技術研究報告，EMCJ-87，pp.43-48，2001年11月
4) 畠山賢一，戸川斉：「誘電体ロッドを装加した平行金属板線路によるマイクロ波からミリ波での遮蔽材料測定法」，電子情報通信学会論文誌B-Ⅱ，Vol.J79-B-Ⅱ，No.6，pp.334-342，1996年6月
5) 戸川斉，畠山賢一：「ミリ波帯での電磁波遮へい，吸収の簡易計測」，電子情報通信学会論文誌B-ⅡVol.J81-B-Ⅱ，No.6，pp.651-656，1998年6月

# V-5 電磁界分布の測定

東北学院大学 越後 宏

## 1. 序

本稿では、電磁界分布の測定について、いくつかの事例を紹介する。またその中で、問題点の指摘も行う。

電磁界分布の研究は、従来より多くなされているが[1~3]、本稿では電磁界分布として、次の3種類を取り上げる。
1) 強度分布
2) 瞬時分布
2—1) 位相を含めた強度分布
2—2) 時間変化する分布

## 2. 強度分布

振動振幅の大小が、空間中でどのように分布しているかを規定しているものを強度分布とここでは認識する。多くは、全く同じ周波数の放射源が空間的に分布していることで形成される。

最も単純な場合は、全く同じ周波数の平面波と平面波が進行している空間で発生する。(もちろん単一の平面波が進行する空間でも一様な強度分布が形成されるわけではあるが、空間的に強弱変化のあるものを分布と考えている。) 2波の場合、互いの干渉で、常に打ち消しあう場所と常に助長しあう場所が形成される。

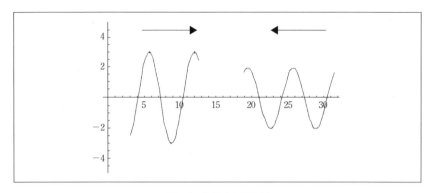

〔図1〕進行波と反射波

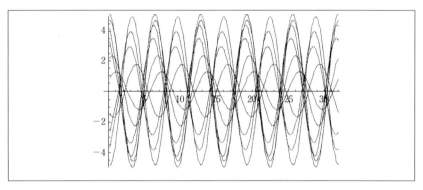

〔図2〕振幅3と2の2波の合成波形を、時間経過に従い重ね書きしたもの。最大振幅位置では5、最小位置では振幅が1となっている。このときSWRは5、反射係数は2/3

　1次元軸上で進行方向が逆（たとえば左から右へと右から左へ）（図1）で、平面波と平面波が干渉を起こせば、いわゆる定在波が形成される（図2）。干渉後の振動振幅の最大と最小の比が定在波比（SWR：standing wave ratio）である。逆にSWRから、左右に進行する波の振幅比がわかる。

　右方向の座標軸をx、時間をtとすると、

　　左から右へ進行する波は $A \exp[j(\omega t - \beta x)]$

　　右から左に伝搬する波は、$B \exp[j(\omega t + \beta x)]$

で表現できるから、合成波w(x, t)は、A>Bとして

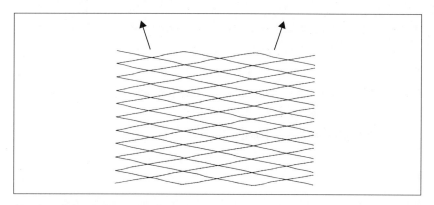

〔図3〕 2方向に伝搬する平面波の干渉
　　　実線は波の波頭頂を示す。交差している垂直線上で振動が助長し合う。その中間垂直線上で振動は打ち消しあう。

$$w(x, t) = \{1 + B/A \exp(j2\beta x)\} \cdot A \exp[j(\omega t - \beta x)]$$

従って最大振幅は（1+B/A）、最小振幅は（1−B/A）、で与えられる。

$$SWR = (1+B/A)/(1-B/A)$$

であるから、

$$B/A = (SWR-1)/(SWR+1)$$

　左から右に向かう波を進行波と考え、右から左に向かう波が、進行波の反射により生じたものであれば、B/Aは反射係数と呼ばれる。

　互いに斜交した軸に沿っての平面波同士の干渉では、空間に市松模様の電磁界強度分布が形成される（図3）。これら2波の進行軸を含む平面に対し垂直方向に2波の電界があり（いわゆるTE波）、等しい強度である場合、等価的に時間に関係なく電界E=0という平面が発生する。これは矩形導波管内電磁界分布を説明する時によく使われるモデルである。電界E=0の面内では、磁界強度は0とならず、むしろ2波の合成で1波のそれより強められる。電界センサによる測定でレベルが低い結果でも、必ずしも電磁界が弱いとは言えない。またその点にいる観測者にとって、電界がなく変動磁界のみが存在するわけで、電磁エネルギーが2方向から供給されている事はわからない。電磁エネルギーの

到来方向を知るには、指向性を有するセンサで検出しなければならない。

途中に反射原因のある導波路内で、電磁波の伝搬（モード付き）は、一次元波動の干渉（定在波）と同様に考えられる。極端な場合、導波路の始端と終端が短絡すなわち導体で覆われている場合は、矩形空胴共振器となり、内部の電界分布は、共振時、図4のようになる。

## 2—1　平面波動伝搬のベクトル化

自由空間のように、媒質定数が一様で等方な媒質中では、平面電磁波の電界 E・磁界Hは直交する。もちろん電界E、磁界Hはベクトルである。波の進行方向はEからHに向けてねじった時、右ネジが進む方向であり、この場合ポイン

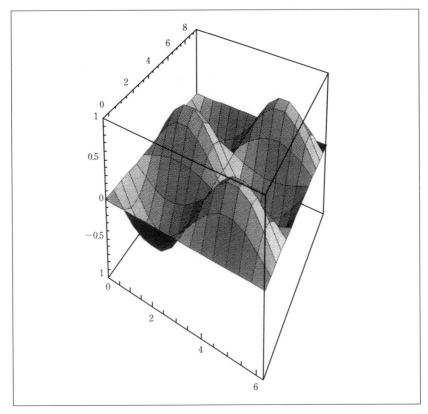

〔図4〕電界強度の瞬時分布を示す。これはTE$_{203}$モードを示している。電界は縦方向に変化なく、手前右方向に2山、奥方向に3山が存在する

チングベクトル（**E**×**H**=**S**で与えられる）と一致し、|**S**|が単位面積を通過する平均電力となる。ただしこれは**E**、**H**が実効値の時であり、振幅の時は1/2をかける必要がある。

2—2 ベクトル位相定数k

平面波の進行方向が空間方向ベクトル**u**の向きで、位相定数がkの時、**k**=k**u**をベクトル位相定数と呼ぶ。等方性で一様な媒質では、**k**は**S**と同じ向きであるが、異方性媒質中では両者は必ずしも一致しない。すなわち位相の進む方向とエネルギーの進む方向が異なることもある。

2—3 ベクトル位相定数の分解

x方向、y方向、z方向、各方向の成分間には次式が成り立つ。

$$(k_x = k\,u_x \quad k_y = k\,u_y \quad k_z = k\,u_z)$$
$$k^2 = k_x^2 + k_y^2 + k_z^2$$

ここに、$u_x$、$u_y$、$u_z$は、方向余弦である。ある方向に進む平面波は、各成分ごとに考えることにより一次元波動の集まりとみなすこともできる（ただし振動数は同じ）。

2—3—1 例1 斜め入射平面波（TE波）の完全導体地平面による反射[4]

直角座標系を図5のようにとる。すなわち紙面左から右にz軸、下から上にx軸、紙面裏側から表に向かう垂直方向にy軸をとる。

それぞれの軸方向の単位ベクトルを**x**、**y**、**z**とする。完全導体地平面はy−z

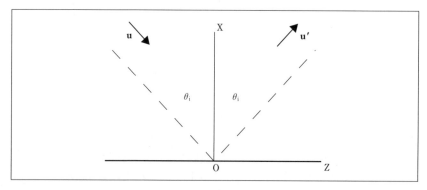

〔図5〕x=0 平面が完全導体地面。TE波が左上から進行し、地面で反射し右上に進む。

平面と一致するものとする。

入射波は紙面左上方向から原点に向かうものとし、その波の進行方向ベクトル$u_0$はx−z面に含まれるものとする。ここで、

$u_0$方向に座標uをとる。ここではTE波のみを対象としているので、電界の向きは紙面に垂直であり、その振幅をEiとすると入射波は

$$\mathbf{Ei} = \mathbf{y}\,Ei\,\exp(-jk_0\,u) = \mathbf{y}\,Ei\,\exp\{-j(\mathbf{k}_0\;\mathbf{u})\}$$
$$= \mathbf{y}\,Ei\,\exp(jk_x\,x)\,\exp(-jk_z\,z)$$

ここに$k_x = k_0\;\cos(\theta i)$、$k_z = k_0\;\sin(\theta i)$

$\theta i$は入射角

となり、反射波は、地面での境界条件から、

$$\mathbf{E}_r = \mathbf{y}\,Ei\,\exp(-jk_0\,u) = \mathbf{y}\,Ei\,\exp\{-j(\mathbf{k}_0\;\mathbf{u}')\}$$
$$= \mathbf{y}(-Ei)\exp(-jk_x\,x)\,\exp(-jk_z\,z)$$

従って総合電界**Et**は

$$\mathbf{Et} = \mathbf{y}\,Ei\{\exp(jk_x\,x) - \exp(-jk_x\,x)\}\exp(-jk_z\,z)$$
$$= \mathbf{y}\,j\,2\,Ei\,\sin(k_x\,x)\,\exp(-jk_z\,z)$$

で与えられる。

地面に沿っての伝搬は、一次元波動で進行波のみ、垂直方向では、入射波と反射波の干渉が発生し、電界強度が正弦的に変化している。電磁界分布はこのように積で与えられる。

ちなみに磁界は次のように与えられる。

$$\mathbf{Ht} = -2\,(Ei/Z_0)\,\{\mathbf{x}\,j\sin(\theta i)\sin(k_x\,x) + \mathbf{z}\cos(\theta i)\cos(k_x\,x)\}\exp(-jk_z\,z)$$

図6に瞬時電界分布を示す。この図は、周波数1GHz、入射角$\theta i = \pi/6$、の場合で、最下部横辺がz軸に対応し、そこに反射面を仮定している。縦方向はx軸である。表示範囲は縦0〜1m、横0〜1mの部分を示している。実際はこのパターンが時間とともに右にずれてゆく。その速度は、$\omega/k_z$で与えられる。

図7は強度分布であり、ハイトパターンが実現されている。

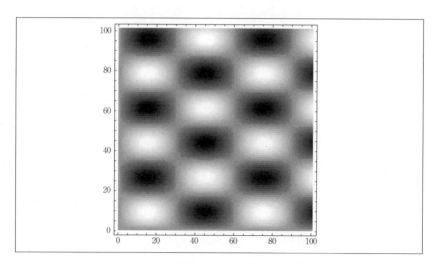

〔図6〕TE平面波の地面反射により形成された瞬時電界分布

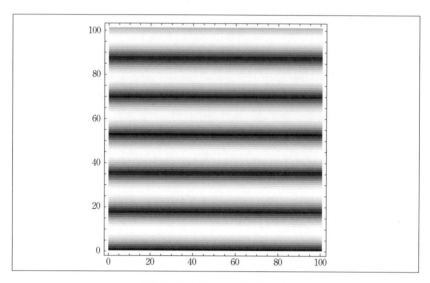

〔図7〕図6に対応する強度分布

2−3−2　例2　矩形空胴共振器

　共振器の横（x方向）、縦（y方向）、奥行き（z方向）の寸法が、**a[m]**、**b[m]**、**d[m]**である時、共振周波数は次式で与えられる。すなわち横・縦・奥行きの各

方向の共振の組み合わせにより、共振モードが規定される。

$$\mathbf{k}_{mnl} = \sqrt{\{(m\pi/a)^2 + (n\pi/b)^2 + (l\pi/d)^2\}}$$

ここにcは高速、$\varepsilon_r$は空胴内の比誘電率、$\mu_r$は比透磁率である。また、

$$f_{mnl} = c\,\mathbf{k}_{mnl}/2\pi\sqrt{\varepsilon_r \mu_r}$$

である。共振条件が満足されたときは、各方向の寸法が、各方向の位相定数$\mathbf{k}_x$、$\mathbf{k}_y$、$\mathbf{k}_z$から決まる各方向の波長$\lambda_x$、$\lambda_y$、$\lambda_z$の半整数倍になっている。

モード (**m,n,l**) のときは、平面波は、

$$\mathbf{k} = (\pm\mathbf{k}_x, \pm\mathbf{k}_y, \pm\mathbf{k}_z)$$

の方向に進んでいることになる。

## 2—4 廊下での電磁界強度分布の測定例

アームを垂直方向に移動でき、しかも本体が横方向に移動できる架台を作成し、これにダイポールアンテナを載せて廊下内にて電磁界分布を測定した。アームおよび本体の移動はパソコンで制御し、しかもダイポールに接続したスペクトラムアナライザの出力をA/D変換しパソコンに取り込んでいる。図8は、コンクリート建物の廊下の一部で測定した垂直断面内の分布である。床、壁からの反射により垂直方向、水平方向とも、干渉パタンが発生している。

この測定結果は、ダイポールの特性ならびに反射面による特性の変化も含めたものである。

完全導体平面に平面波が斜め入射したとき形成される電磁界分布をダイポールアンテナで測定する場合には、ダイポールに対し2方向からの平面波が入力されることとなる。このときダイポールに誘導された電流により、散乱波が発生する。一部は測定器入力となり、また一部はダイポールの有限な導電率により導体損も発生する。ダイポールで発生した散乱波は、完全導体面で反射し、一部はダイポールに向かい、ダイポールに新たな電流を誘導する。この電流によってまた散乱波が生じ、完全導体面で再度反射し、一部はダイポール到達し新たな電流を誘導する。この過程が無限に繰り返され、それらを総合した形で出力が得られている。従って電磁界分布の測定用センサとしては、指向性を持

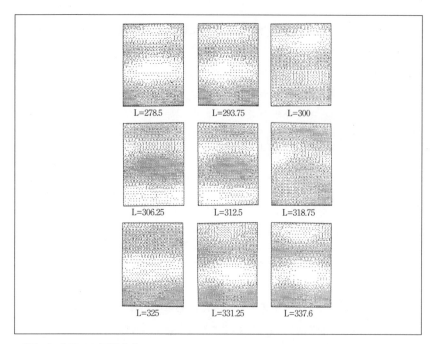

〔図8〕廊下での電界分布
周波数600MHz、水平偏波、Lは廊下端に設置した送信源からの距離（cm）[5]

たず、なお散乱波を発生しないもので、さらに言えば感度の良好なものが求められる。

反射材料によっては、反射波が楕円偏波となる場合がある。このとき強度分布の測定はなお複雑になる。

## 3. 瞬時分布

ある源から放射された電磁波が、ある瞬間でどのような空間分布をしているかも興味の対象である。パルス波で形成された空間分布が、時間的にどのように変化するかは、波動の伝搬を理解する上でも、また現象解析そして対策技術への応用でも極めて有用である。

源が正弦的時間変動をし、すでに定常状態に達した時は、位相と振幅を測定する事によりある瞬間の空間分布を規定できる。

前者は時間領域の測定と呼ばれているものであり、後者はよく知られた複素

振幅の測定である。複素振幅としての測定にはベクトル電圧計などが用いられる。ネットワークアナライザも原理的には同じである。

ダイポールアンテナなどの観測センサの出力に、比較的強い基準波を加え、これを振幅変調受信機により検波する事により、位相を含めた電磁界強度を測定できる。原理は、センサ出力を

$$Vm \cdot \exp(j\theta)$$

基準波をそれに比較しかなり大きな振幅の**Vr**とした時、合成波の振幅Vは

$$V = Vr\{1 + 2\,Vm/Vr\,\cos(\theta) + (Vm/Vr)^2\}$$

となり、直流に重畳した形で、位相を含めた振幅 $2Vm\cos(\theta)$ が得られる。

この原理に基づき測定した例を図9に示す。これは、半波長ダイポールから放射された電波を、ダイポールを含む面と平行な1mはなれた面内にて、測定用センサを走査して求めたもので、波源は左上の角にある。これは丁度ニュートンリング状の分布の1/4が観測されたと等価である。

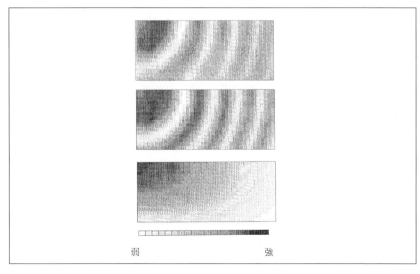

〔図9〕ダイポールから放出された電波の測定例。上から実測結果、計算結果、強度のみの計算結果（波源：570MHz、垂直偏波、地上2.6m、走査範囲：縦1.1m〜2.6m、横3.8m）[6]

これは干渉画像であるから、逆投影する事によりある程度の精度で波源を再生できる。

図10は、波源の後ろにアルミ板を配置し反射波を発生させ、これを横に配置

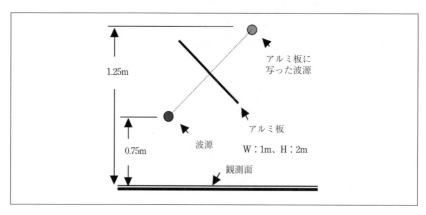

〔図10〕波源の鏡像を再現するための実験

したスキャナで電磁界分布を測定した様子である。図11には、測定されたパタンと、これに基づき波源の位置と波源の鏡像の位置に逆投影したものである。鏡像が非常に明確に現れているのがわかる。

空間走査による測定で、波源の様子を知るには、ベクトル電圧計などにより複素データとして測定するのがよい。

### 3－1　時間領域測定

時間領域測定では、オシロスコープなどの波形観測装置を用いて、実際の電磁界強度の時間経緯を記録する。時間原点を与えるため基準信号をトリガ入力に与え、センサの空間位置を変えながら、波形データを取り込む。各点での波形を記録できた時点で、同時刻のデータを集め空間的分布を合成する。これによりある瞬間の電磁界分布が構成される。

図12に一例を示す。これは平行2本線路上をパルス波が伝搬している様子を示している。波形は磁界分布を示している。

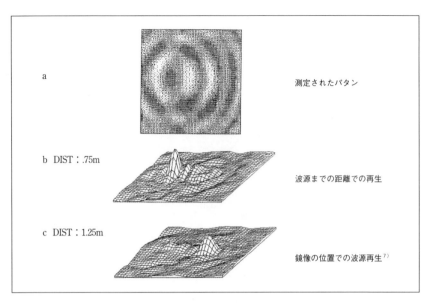

a 測定されたパタン
b DIST：.75m 波源までの距離での再生
c DIST：1.25m 鏡像の位置での波源再生[7]

〔図11〕逆投影による波源の再生

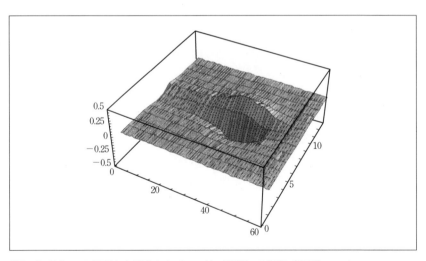

〔図12〕長さ1mの平行2本線路上のパルス波（磁界）の伝搬（実測）
　　　伝送線路は左上から右下に延びる。線路の開放終端で波が反射し電源側に戻るところ。

## 4. むすび

　以上,電磁界分布の測定についていくつかの測定例を交えて述べた。

　実際の測定にあたっては,センサの特性が大きく結果に影響する。またセンサの寸法が,分布の細かさに比べ大きければ,ある意味で平均化された出力が得られるわけであり,真の分布を知るためには,その逆算法が必要である。この件に関し一部検討がなされている[8]。また,センサ自身の存在が本来の分布を変形してしまうことも懸念される。微小なダイポールであっても,共役整合によりセンサ系を共振させ,感度の向上を図ると,周囲の電磁界分布に大きく影響する事が指摘されている[9]。

　電磁界は3次元であり,本来3次元情報として処理されなければならない。今回紹介した事例は,一次元的な捉え方のみであるが電磁界の挙動を理解するには役立つ。

　今後これらの問題が解決され,不要放射源の的確な把握が可能になれば,EMC問題の解決に大いに役立つものと推測する。

　最後に,本記事の作成にあたり,研究成果を利用させていただいた諸兄に感謝いたしますとともに脱稿までご面倒おかけいたしました皆様に陳謝いたします。

## 参考文献

たとえば

1) 飯塚:「マイクロ波ホログラフィ(Ⅰ)(Ⅱ)」信学誌, 58 6/7, 1975年
2) 樋渡ほか:「不可視情報の画像化」, TV学会編, 昭晃堂, 1979年
3) Y.Aoki:「Microwave Hologram and Optical Reconstruction」, Appl. Opt. 6,11, 1967年
4) 稲垣:「電磁波工学」, 丸善, 1980年
5) 山本ほか:「電磁界パターン自動計測システム」, 信学技報, EMCJ84-13, 1984年6月
6) 越後ほか:「ホログラフィック技術による電磁界パターン計測」, 信学技報, EMCJ85-92, 1985年12月
7) 越後ほか:「電磁界パターン計測システムとその応用」, 計測自動制御学

会東北支部第102回研究集会,No.102-4,1986年10月
8) 平山ほか:「逆畳み込み演算による電界プローブの分解能向上」,信学技報,EMCJ2001-26,2001年6月
9) 石曾根:「アンテナの利得は寸法と比例するか」,信学論B,J71-B,11 p.1266,1988年

## V-6 電波散乱・吸収とEMI/EMC
# 電波吸収材とその設計と測定 (I)

青山学院大学　橋本　修

## 1. はじめに

　近年、電波環境は悪化の一途をたどり、このような悪化する電波環境を改善するための各種電波吸収体の必要性はますます高まってきている。そこで本稿では、まず、最近の電波吸収体技術について、その吸収原理や、設計法そして設計上、必要不可欠な材料定数の測定法、さらに製作された電波吸収体の吸収量の評価法について説明する。そして次に、これらの設計法や評価法を用いて実際にマイクロ波帯やミリ波帯において電波吸収体を実現した例について述べる[1~3]。

## 2. 概要
### 2-1 吸収特性

　図1に示すように電波吸収特性は、大きく垂直入射特性、斜入射特性、および偏波特性に分類される。これらのどの特性に注目して、設計するかは、その用途における要求性能で決まるが、一例として直入射特性に注目すると、図2のように狭帯域および広帯域電波吸収体と、ある下限周波数以上のすべての帯域を吸収する超広帯域電波吸収体とに分類される。ここで、吸収する帯域特性の良好さを示す値として$F=\Delta f/f_0$（Figure of Merit、$f_0$は中心周波数）を用いる。一般に、電波吸収体をこの値$F$で分類すると、狭帯域電波吸収体で10~20%、20~30%以上を広帯域電波吸収体と呼んでいる。

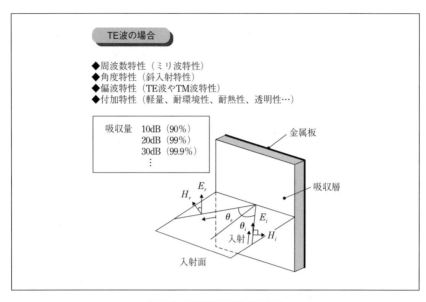

〔図1〕入射電波と電波吸収体

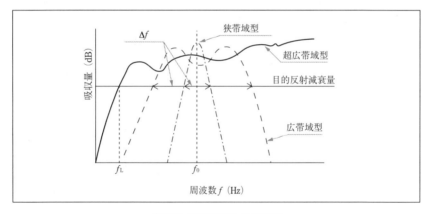

〔図2〕電波吸収体の分類例

## 2-2 実現行程

電波吸収体は、一般に図3に示すように大きく4つのプロセスを経て実現される。すなわち、まず、各種材料の電気的特性（複素誘電率、複素透磁率、導電率）を測定し、使用材料を選択する。次にその材料を用いて電波吸収体が実現可能か

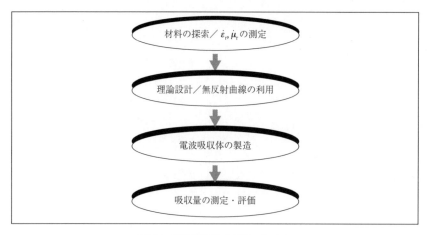

〔図3〕電波吸収体の製造プロセス

どうかについて理論的に検討する。そして、もしその材料を用いて理論的に電波吸収体が実現できるとした場合、具体的に厚み等を設計し、その諸元に基づいて製造する。最後に、製造した電波吸収体の吸収特性を測定し、理論値と比較検討するなどして特性を評価する。このように、電波吸収体が実現されるまでには、各種の測定法や計算機を駆使したシミュレーションを行わなければならず、種々の技術課題が含まれている。とりわけ、高損失材料の高精度な複素誘電率や複素透磁率の測定には、種々の誤差が含まれる場合が多く、この測定結果に含まれる誤差が、後々まで製作した電波吸収体の特性に影響する。なお、以後電波吸収体の特性は「吸収量」を用いて表わすが、この「吸収量」は完全反射体である金属板からの反射レベルに対して、幾何学的に同面積の電波吸収体からの反射レベルがどの程度低下するかによって定義される。図4はその様子を示したものである。また測定において、その測定系を用いてどの程度の吸収量を評価できるかの目安として、試料がまったく存在しない場合の反射レベルと金属板とのレベル差を用い、これをその測定系の測定可能範囲と呼んでいる。

## 3．設計法

### 3—1　留意点

図5は、電波吸収体の解析モデルを示している。この図に示すように、通常

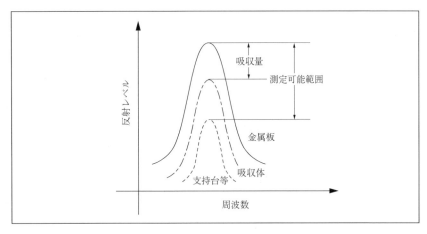

〔図4〕 吸収量の定義

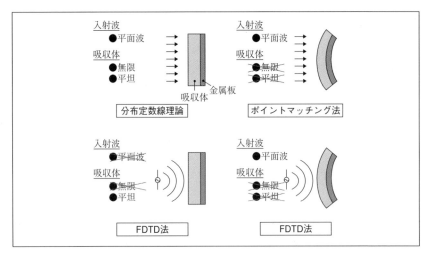

〔図5〕 各種の解析モデル

の解析は、伝送線理論により行われるが、この理論により解析ができる仮定は、入射波が平面波であり、吸収体は平坦で無限に大きい(波長に比べて大きい)ことである。このため、例えば、電波源が近くにあり、入射波が平面波でない場合や吸収体の表面が曲率を有する場合、さらに波長に比べて、吸収体がそれほど大きくない場合には、上記の仮定が成り立たなくなる。そのため、伝送線

理論を用いた解析が困難となり、モーメント法やFDTD法等の数値計算法を用いた検討が必要となる[4～6]。

## 3―2　1層型の場合

自由空間を伝搬する平面波が図6(a)に示す1層型の電波吸収体に垂直入射する場合を考える。この電波吸収体を上記の仮定のもとに分布定数線路に置き換えると図6(b)のようになり、受端から距離$d$の位置にある点から受端側を見込んだインピーダンス$\dot{Z}_{in}$は

$$\dot{Z}_{in} = Z_0 \sqrt{\frac{\dot{\mu}_r}{\dot{\varepsilon}_r}} \tanh\left(j\frac{2\pi d}{\lambda}\sqrt{\dot{\varepsilon}_r \dot{\mu}_r}\right) \quad \cdots\cdots(1)$$

となる。ここで$Z_0$は自由空間の波動インピーダンスである。

そして一例として、電波吸収体を誘電損失材料を用いて製作するとすれば、$\dot{\mu}_r \fallingdotseq 1$であるから式(1)はさらに書き換えられて、

$$\dot{Z}_{in} = Z_0 \sqrt{\frac{1}{\dot{\varepsilon}_r}} \tanh\left(j\frac{2\pi d}{\lambda}\sqrt{\dot{\varepsilon}_r}\right) \quad \cdots\cdots(2)$$

となる。また、吸収体表面において無反射（すなわち、反射係数$\dot{\Gamma}=0$）になる条件は、$\dot{Z}_{in}=Z_0$であるから式(2)に代入して、

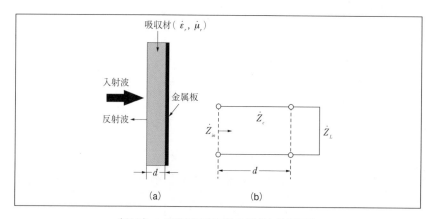

〔図6〕1層型電波吸収体の構成と等価回路

$$1 = \frac{1}{\sqrt{\dot{\varepsilon}_r}} \tanh\left(j\frac{2\pi d}{\lambda}\sqrt{\dot{\varepsilon}_r}\right) \quad \text{...........................................................................(3)}$$

となり、これを無反射条件式と呼ぶ。

さらにこのような垂直入射の場合と同様な考えでTE波、TM波の斜入射に対する無反射条件式もそれぞれTE波とTM波に対する波動インピーダンスと伝搬定数を用いて、次のように求めることができる。

◇TE波の場合

$$1 = \frac{\cos\theta}{\sqrt{\dot{\varepsilon}_r - \sin^2\theta}} \tanh\left(j\frac{2\pi d}{\lambda}\sqrt{\dot{\varepsilon}_r - \sin 2\theta}\right) \quad \text{..................................(4)}$$

◇TM波の場合

$$1 = \frac{\sqrt{\dot{\varepsilon}_r - \sin^2\theta}}{\dot{\varepsilon}_r \cos\theta} \tanh\left(j\frac{2\pi d}{\lambda}\sqrt{\dot{\varepsilon}_r - \sin 2\theta}\right) \quad \text{..................................(5)}$$

以上の式(3)～式(5)において、波長λで規格化した吸収体の厚み$d/\lambda$をパラメータとして複素比誘電率の実部$\varepsilon_r'$と虚部$\varepsilon_r''$の解を求め、この値を複素平面($\varepsilon_r' - \varepsilon_r''$平面)上に描く。この曲線は通常、無反射曲線と呼ばれ、この曲線を用いて簡単に垂直入射や斜入射用の電波吸収体が設計でき、図7に以上説明した無反射曲線の一例を示す。なお、ここでは誘電損失材料に着目して話を進めたが、磁性材料（$\dot{\mu}_r \neq 1$）の場合についても式(1)を用いて得られる式を解くことにより、無反射曲線を導出できる。

このようにして、理論的に求めた無反射曲線を用いて、実際に電波吸収体の設計例を示してみる。すなわち、図7に示すように着目している誘電材料の複素比誘電率がA、B、C点のように変化する場合、B点のように無反射曲線とほぼ交差する点において電波吸収体が実現できる。ここで、具体的に設計の手順をまとめてみると次のようになる。

(1) 損失材料の含有量を変化（複素比誘電率を変化）させ、材料を製作する。
(2) 設計周波数において、材料の複素比誘電率を測定し、その測定値を無反射曲線上にプロットする。
(3) 最も無反射曲線に近い$d/l$の値を選択する（B点）。

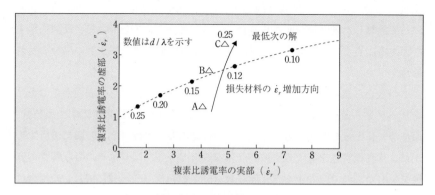

〔図7〕無反射曲線と設計法

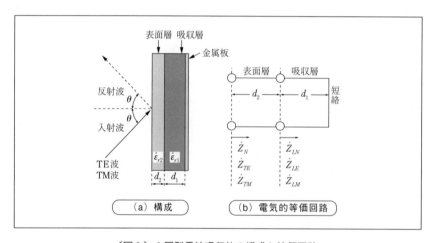

〔図8〕2層型電波吸収体の構成と等価回路

(4) 設計周波数における波長$l$を求める。
(5) 先に選択した$d/\lambda$と波長$\lambda$から、電波吸収体の厚み$d$を決定する。

## 3—3　2層型の場合

　図8に示したように表面層（2層目）と吸収層（1層目）を有する吸収体を2層型電波吸収体と呼ぶ。このような吸収体の理論設計についても、伝送線理論を用いて行うことができ、まず最初に1層目（吸収層）から金属板の方向を見込んだ入力インピーダンスを計算し、これを負荷インピーダンスとして2層目（表面層）前面からみた入力インピーダンスを計算する。そして、このよう

にして計算した表面層前面からみた入力インピーダンスを用いて、反射係数を計算する。表1にこのようにして計算した垂直入射および斜入射の場合の反射係数を示す。

この表から知られているように、垂直入射や斜入射に対して表面からみたインピーダンス $\dot{Z}_N$、$\dot{Z}_{TE}$ および $\dot{Z}_{TM}$ は種々の変数（厚み、複素誘電率、周波数、偏波等）によって変化する。そのため設計時においては、どの変数に着目するかにより各種特性を有する電波吸収体を設計できる。図9はその吸収特性の概要を示したもので、大きく (a)周波数 (b)入射角度 (c)偏波に着目した場合に大別している。すなわち、周波数に着目した場合には広帯域特性、入射角度に着目した場合には広角度特性、および偏波に着目した場合には両偏波特性に優れた電波吸収体が実現できることになる。

一例として、もし $\theta = 0°$（垂直入射）において、2つの周波数 $f_1$ と $f_2$ で $\dot{\Gamma}_N = 0$

〔表1〕各入射に対する反射係数

| 入射分類 | 入力インピーダンス | 反射係数 |
|---|---|---|
| 垂直入射 | $\dot{Z}_N = \dfrac{Z_0}{\sqrt{\dot{\varepsilon}_{r2}}} \cdot \dfrac{\sqrt{\dot{\varepsilon}_{r2}} \cdot X + \sqrt{\dot{\varepsilon}_{r1}} \cdot Y}{\sqrt{\dot{\varepsilon}_{r1}} + \sqrt{\dot{\varepsilon}_{r2}} \cdot XY}$ <br> ここで、$X = \tanh\left(j2\pi\sqrt{\dot{\varepsilon}_{r1}}\dfrac{d_1}{\lambda}\right)$ <br> $Y = \tanh\left(j2\pi\sqrt{\dot{\varepsilon}_{r2}}\dfrac{d_2}{\lambda}\right)$ | $\dot{\Gamma}_N = \dfrac{\dot{Z}_N - Z_0}{\dot{Z}_N + Z_0}$ |
| TE波 | $\dot{Z}_{TE} = \dfrac{Z_0}{\sqrt{\dot{\varepsilon}_{r2} - \sin^2\theta}} \cdot \dfrac{X/\sqrt{\dot{\varepsilon}_{r1} - \sin^2\theta} + Y/\sqrt{\dot{\varepsilon}_{r2} - \sin^2\theta}}{1/\sqrt{\dot{\varepsilon}_{r1} - \sin^2\theta} + XY/\sqrt{\dot{\varepsilon}_{r1} - \sin^2\theta}}$ <br> ここで、$X = \tanh\left(j2\pi\sqrt{\dot{\varepsilon}_{r1} - \sin^2\theta}\dfrac{d_1}{\lambda}\right)$ <br> $Y = \tanh\left(j2\pi\sqrt{\dot{\varepsilon}_{r2} - \sin^2\theta}\dfrac{d_2}{\lambda}\right)$ | $\dot{\Gamma}_{TE} = \dfrac{\dot{Z}_{TE} - Z_0/\cos\theta}{\dot{Z}_{TE} + Z_0/\cos\theta}$ |
| TM波 | $\dot{Z}_{TM} = \dfrac{Z_0\sqrt{\dot{\varepsilon}_{r2} - \sin^2\theta}}{\dot{\varepsilon}_{r2}} \cdot \dfrac{X\sqrt{\dot{\varepsilon}_{r1} - \sin^2\theta}/\dot{\varepsilon}_{r1} + Y\sqrt{\dot{\varepsilon}_{r2} - \sin^2\theta}/\dot{\varepsilon}_{r2}}{\sqrt{\dot{\varepsilon}_{r2} - \sin^2\theta}/\dot{\varepsilon}_{r2} + XY\sqrt{\dot{\varepsilon}_{r1} - \sin^2\theta}/\dot{\varepsilon}_{r1}}$ <br> ここで、$X = \tanh\left(j2\pi\sqrt{\dot{\varepsilon}_{r1} - \sin^2\theta}\dfrac{d_1}{\lambda}\right)$ <br> $Y = \tanh\left(j2\pi\sqrt{\dot{\varepsilon}_{r2} - \sin^2\theta}\dfrac{d_2}{\lambda}\right)$ | $\dot{\Gamma}_{TM} = \dfrac{\dot{Z}_{TM} - Z_0/\cos\theta}{\dot{Z}_{TM} + Z_0/\cos\theta}$ |

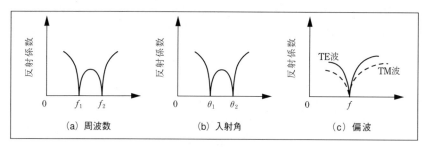

〔図9〕吸収特性の概略

(反射係数が0)となるようにした場合、満たさなければならない条件は、

$$\dot{Z}_N\left(\dot{\varepsilon}_{r1}, \dot{\varepsilon}_{r2}, d_1, d_2, f_1,\right) = Z_0 \quad\cdots\cdots(6)$$

$$\dot{Z}_N\left(\dot{\varepsilon}_{r1}, \dot{\varepsilon}_{r2}, d_1, d_2, f_2,\right) = Z_0 \quad\cdots\cdots(7)$$

であり、この条件を用いて垂直入射において広帯域特性を有する電波吸収体の最適設計が可能となる。すなわち、式(6)および式(7)を用いて電波吸収体を設計する場合$f_1$と$f_2$は既知であるから未知数は各層の複素比誘電率の実部と虚部および厚みの6つとなる。

一方、式(6)と式(7)は複素連立一次方程式であるから、実際には4つの方程式が得られる。そこで例えば、厚み$d_1$と$d_2$を与えてやれば、未知数の数と方程式の数はともに4つとなり、厚みに対する表面層と吸収層の複素比誘電率($\dot{\varepsilon}_{r1}$および$\dot{\varepsilon}_{r2}$)が決定できることになる。

## 4．評価法

### 4－1　材料定数測定

材料定数（誘電率や透磁率）の測定は、大きく分けて、①方形導波管内、②同軸導波管内、③共振器内および④自由空間において透過係数や反射係数、さらに共振周波数など測定することにより行われる。以下、これらの内容を簡単に説明する[7]。

### 4－1－1　導波管法

図10に示すように、導波管内に部分的に媒質が充てんされている場合、その

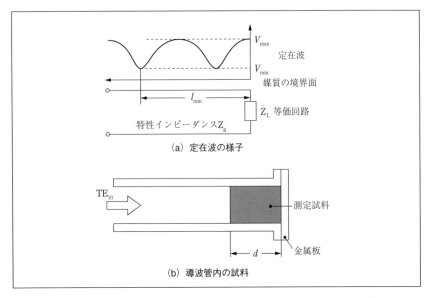

〔図10〕導波管法の概略

境界における特性インピーダンスの違いから反射が起こり、導波管内に定在波が生ずる。そして境界面から電圧最小点までの距離$l_{min}$とその値$V_{min}$を測定することにより、材料定数を求めることができる。なお、この導波管法には、上記した短絡法のほかに、試料の挿入法により開放法や開放短絡法などがある[8,9]。

### 4－1－2 共振器法

図11に示すように、共振器内に微小な誘電体や磁性体を挿入すると、共振周波数やQ値がわずかながら変化する。この共振周波数やQ値の変化量から材料定数を測定する方法が共振器法である。共振器法では、挿入する試料を微小とするので、共振器内の電磁界が試料の挿入前と等しいと仮定して求める。これを摂動法といい、この方法を用いて材料定数を求める公式が、共振器の形状や内部モードに対して示されている。また最近では、FDTD法を用いて挿入試料が大きく、摂動法が成り立たない場合についての誤差検討が行われ、その応用範囲も広くなりつつある[10〜12]。

### 4－1－3 自由空間法

自由空間に置かれた測定試料から反射係数や透過係数を、周波数や入射角度

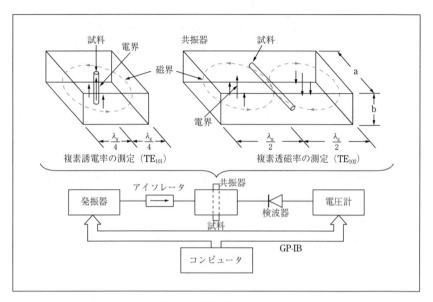

〔図11〕共振器法の概略

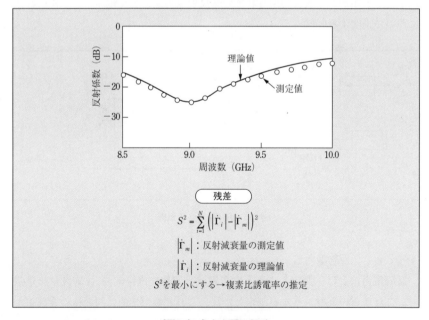

〔図12〕自由空間の概略

を変化させて測定し、その測定結果から誘電率や透磁率を測定する方法が自由空間法である。具体的には、図12に示すように、試料の反射係数を測定し、理論的に計算した反射係数との残差2乗和が最小になるように材料定数を決定する[13,14]。

### 4-2 吸収量測定
#### 4-2-1 概要

電波吸収体の特性評価を行う場合には、物体からの入射角度特性、偏波特性さらに周波数特性などを測定する必要がある。これには、自由空間で行う方法と同軸導波管や方形導波管内で行う方法に分類できるが、導波管内で行う方法では入射角度や周波数に制限があり、また、管内に挿入する試料の加工精度により、大きな誤差が生じることもある。そのため吸収特性の測定は、自由空間における測定が主流となっているが、これらの方法には、①反射電力法、②空間定在波法、③電界ベクトル回転法、④ショートパルス法、⑤タイムドメイン法、⑥レンジドップラーイメージング法などの種々の方法が考案されている。以下、その中から一般に利用されている反射電力法および電界ベクトル回転法について説明する[15,16]。

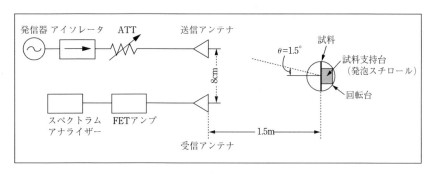

〔図13〕反射電力法の概略

#### 4-2-2 反射電力法

反射電力法とは、測定しようとする電波吸収体に直接電波（CW波）を送信し、これからの反射レベルを測定した後、これと幾何学的に同面積の金属板から反射レベルを同様に測定し、両者の比から吸収量を測定する方法である。図

13はこの反射電力法のブロック図を示したものである。以下、この方法の特徴をまとめると次のようになる。
(1) 構成が簡単で簡易な測定法である。ただし、試料以外の反射からの不要な散乱波の影響を受けやすいので、一般的には電波暗室内で測定する。
(2) 垂直入射特性を測定する場合、送受信アンテナ間のカップリングにより、大きな測定可能範囲が得られない。
(3) アンテナの遠方条件を満たす範囲で測定距離を短くできるが、アンテナのビーム幅をカバーできる大きな測定試料を必要とする。

なお、ミリ波帯のように高い周波数では、容易に指向性の鋭いアンテナが得られるので、本測定が有効となる。

### 4-2-3 電界ベクトル回転法

金属板や試料をわずかに動かすことによって、試料以外からの不要な散乱波を分離し、測定精度を向上させる方法である。

すなわち図14に示すように、受信アンテナで受信される電波には、試料からの反射波$E_r$だけでなく、アンテナ間の直接結合など不要な散乱波$E_d$含まれる。ところが、試料をわずかに移動させると、反射波$E_r$の位相のみが変化するので、電界ベクトルの先端点$E_d$を中心として、複素平面上で円軌道を描く。この結果、反射係数はその円軌道の半径から求めることができる。以下、この測定法の特

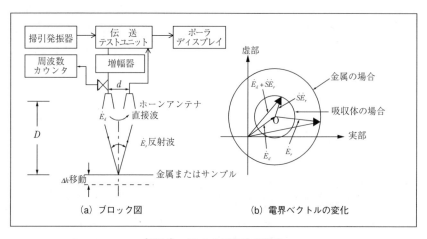

〔図14〕ベクトル回転法の概略

徴としては、次のような点が挙げられる。
(1) 不要な散乱波を分離できるため測定精度が向上する。例えば、Xバンドで、40dB程度の測定可能範囲が得られる。
(2) 反射電力法と同様に、アンテナのビーム幅をカバーできる程度に大きな測定試料を必要とする。
(3) 送受信角度を自由に変化できるので、バイスタティック特性やモノスタティック特性の測定が可能である。

**5．各種電波吸収体**
　ここでは以上述べた設計法や測定法をもとにマイクロ波帯やミリ波帯において電波吸収体を実現した例について紹介する。
5—1　マイクロ波帯用
5—1—1　ホウ素変性アセチレンブラック吸収体
　プラスチックを用いた電波吸収体は柔軟性に富み加工性がメリットとして挙げられる。ここでは先に3—2節で説明した1層型電波吸収体の設計法をもとに具体的に吸収体を設計してみる[17]。
(1) 設計法
　混入するホウ素変性アセチレンブラック（以下，単にカーボンと称す）の含有量（PHR：Parts par Hundred parts of Resin）に対する複素比誘電率（$\dot{\varepsilon}_r = \varepsilon'_r - j\varepsilon''_r$）の変化を方形導波管定在波法により，周波数10GHzにおいて測定する。ここで，カーボン粒子の直径は35nmを選択し，その含有量を2,4,6および8PHRと変化させる。この結果を無反射曲線とともに図15に示す。ここで，図中の各測定点は各試料に対する3回の測定結果の平均値を示している。この図より，カーボンの含有量が増加するに伴い，複素比誘電率の実部（$\varepsilon'_r$）および（$\varepsilon''_r$）とも増加する傾向を示し，無反射曲線に接近し，交差する可能性のあることがわかる。以上の結果から，1層型電波吸収体を設計すると，無反射曲線と交差する点の推測点から，含有量が約9PHR，そのときの$d/\lambda \fallingdotseq 0.088$から，整合周波数10GHzに対して厚みは約2.64mmと設計できる。
(2) 吸収特性
　以上の設計値をもとに大きさ20cm×20cmの金属裏打ちの平板吸収体と$\dot{\varepsilon}_r$を

測定のための導波管用サンプル（23mm×10mm×2.6mm）を製作し、吸収量の周波数特性と$\dot{\varepsilon}_r$を測定する。表2に試料の厚みおよび複素比誘電率の測定結果を示す。この表から、製作した吸収体の厚みは設計値より0.07mm程度厚くなっていることおよび$\dot{\varepsilon}_r$は設計値$8.5-j3.6$と比較して、実部で0.2および虚部で0.5程度異なり、設計値と若干のずれの生じていることが確認できる。

次に図16に反射電力法を用いて測定した吸収量の周波数特性を示す。ここで、図中の実線は、測定した厚みと$\dot{\varepsilon}_r$を用いて計算した理論値を示している。この結果、周波数9.8GHzにおいて最大約22dB程度の吸収量が得られ、20dBの帯域幅は、9.5〜10.1GHzであることが確認できている。さらに、測定値と理論値には、良好な一致がみられ、カーボンの含有量を調整し、製造時に設計どおりの厚み

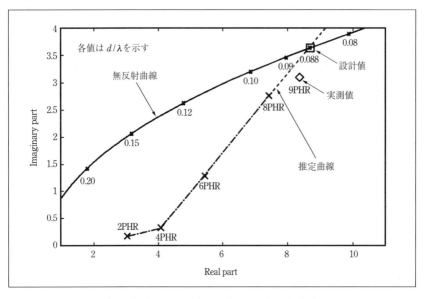

〔図15〕複素比誘電率の測定結果と無反射曲線

〔表2〕測定試料の厚みおよび複素比誘電率

| 諸元 | 設計値 | 実測値 |
| --- | --- | --- |
| 厚み [mm] | 2.64 | 2.73 |
| $\dot{\varepsilon}_r$ | $8.5-j3.6$ | $8.3-j3.1$ |

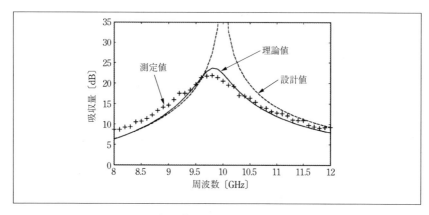

〔図16〕吸収量の測定結果

に製造すれば、整合周波数も正確にコントロールできる吸収体が実現可能なこともわかる。

5—1—2 導電紙を用いた電波吸収体

紙は極めて安価であり、量産も可能である。そこでここでは、導電紙を用いた電波吸収体の設計および製作法について説明する[18,19]。

(1) 製作法

図17は導電紙の製作法である。この図に示すように導電紙は、①塗工量を調整部の間隔によって調整し、導電性塗料の量を一定とした後、②繰出し部より出された紙にローラーで均一に塗り、③これを乾燥させることにより製作される。ここでは、紙として王子製紙(株)製メラミンクルパック73を、また導電性塗料として日本黒鉛工業(株)製バニーハイトC-81を使用する。

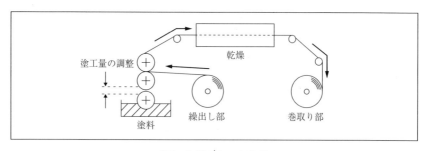

〔図17〕導電紙の製作法

図18は以上の方法により製作された導電紙を用いて設計・製作された$\lambda/4$型電波吸収体の構成である。この図に示すように表面に導電性塗料を塗った上記導電紙を、スペーサとして厚さ5mmの発泡スチロール（$\dot{\varepsilon}_r \fallingdotseq 1$）を介してアルミ板で短絡している。このような構成においてここでは、三菱化学（株）製Loresta MPを用いた四端子法による面抵抗値の測定値が、それぞれ489Ω□（試料A）、470Ω□（試料B）、366Ω□（試料C）の3種類の導電紙を用いて電波吸収体を製作する。以上のように、本電波吸収体は構成が簡単であり、スペーサの厚みを調整することにより、吸収する周波数帯を任意に変化させることができ、実験室レベルで簡単に製作することができる。

(2) 吸収特性

反射電力法を用いて測定した吸収量の結果を図19に示す。この結果より、製作した電波吸収体は、周波数11.5GHzおいて最大30dB以上の吸収量を示している。また、試料AおよびBにおいては、20dBを超える周波数帯域が10.0GHz～12.7GHz、および試料Cにおいては、周波数帯域が9.6GHz～12.0GHzに及んでおり、広帯域特性を有していることもわかる。

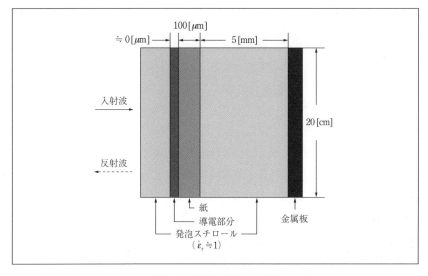

〔図18〕導電紙吸収体の構成

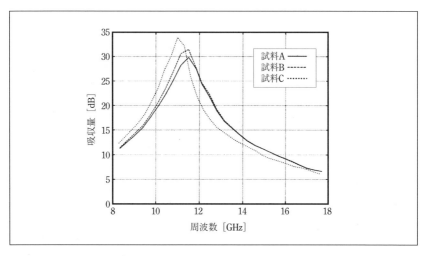

〔図19〕吸収量の測定結果

5−1−3　抵抗皮膜吸収体

　電波吸収体は用途によって、ガラス窓のように透明性を有する場所に使用する場合も多い。そこでここでは抵抗皮膜を用いた透明電波吸収体について説明する[20,21]。

(1) 設計法

　図20は、抵抗皮膜吸収体の構成を示している。この図に示すように、各抵抗皮膜（ITO膜）はガラス（複素比誘電率$\dot{\varepsilon}_r$=6.97、厚み1720$\mu$m）に保持され、その間は空気層（$d$）で形成されている。そしてさらに透明性を損なわないように、従来、金属板やアルミ箔を使用していた反射膜には、面抵抗値$R$が10Ω□程度の抵抗皮膜を使用している。

　このような構成において解析は、入射波が平面波であることを考慮し、この構成を分布定数線路に置き換え、電波吸収体前面から見たTE波およびTM波に対する入力インピーダンスを計算し、吸収量が各編波に対して整合入射角$\theta$で最大になるように、空気層の厚さ（$d$）および吸収膜の面抵抗値（$r$）をニュートン法を用いて決定する。なお、解析において、一例として整合周波数は10.0GHz、整合入射角度は角偏波とも$\theta$=20度とする。

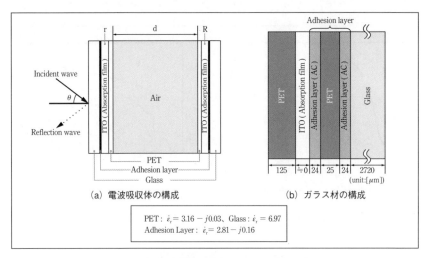

〔図20〕 抵抗皮膜吸収体とガラス材の構成

〔表3〕 設計値および実測値

|  | 設計値 | 実測値 |
| --- | --- | --- |
| 反射膜$R$[Ω□] | 10.0 (10.0) | 11.1 (11.1) |
| 吸収膜$r$[Ω□] | 154.1 (143.8) | 166.5 (142.5) |
| 空気層$d$[mm] | 1.50 (1.84) | 1.64 (1.99) |
| ガラスの厚さ[μm] | 1.72 (1.72) | 1.80 (1.80) |

※ ( )外はTE波用、( )内はTM波用吸収体の値

(2) 吸収特性

　表3に、設計値および実測値、さらに図21に実際に製作した電波吸収体の測定結果を示す。ここで、破線は、実測値を用いて計算した理論値、実線は、測定値を示している。この結果、20dB以上の吸収量が得られる入射角度の範囲はTE波およびTM波においてそれぞれ、0－40度程度および0－35度程度と広角度特性を有していることがわかる。また、理論値と実測値の周波数特性には、1GHz程度のずれがみられるが、この理由はガラスの比誘電率の変化による影響と考えられている。

5－2　ミリ波帯用

5－2－1　エポキシ変成ウレタンゴム吸収体

　誘電損失税量を用いる場合、ミリ波帯での複素誘電率の推定が重要なポイン

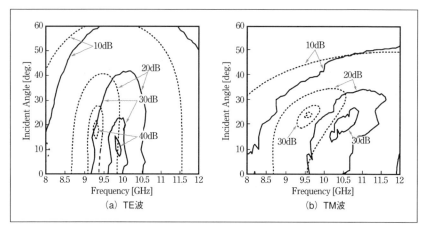

〔図21〕吸収量の測定結果

トとなる。このような技術課題に対して自由空間法（試料の反射係数の測定値から逆問題として複素誘電率を推定する方法）を用いて、精度良くに複素誘電率を推定し、その結果をもとに電波吸収体を実現している[22]。

(1) 設計法

　炭素粒子混入エポキシ変成ウレタンゴムでは、炭素粒子の含有量と60GHz帯における複素誘電率の関係が、自由空間法を用いて実験的に検討されている。そこでこの実験式を用いて、含有率と厚みについて解くと、このタイプの電波吸収体が設計できる。

(2) 製造法

　図22にエポシキ変成ウレタンゴムを用いて電波吸収体を製作する工程を示す。この図に示すようにゴムに対する炭素粒子の含有量を変化させることにより複素誘電率を調整する。そして、3段のペイントロールで炭素粒子を均一に分散させた後、スペーサで厚さを調整し、ホットプレスにより吸収体シートを製作する。

(3) 吸収特性

　図23にTE波、入射角度30度で設計、製作した電波吸収体の吸収特性を示す。この結果から、最大約40dB（反射量0.01％）を超える高い吸収特性を有し、1層でありながら、かなり広角度にわたり20dB（反射量1％）を超える良好な吸

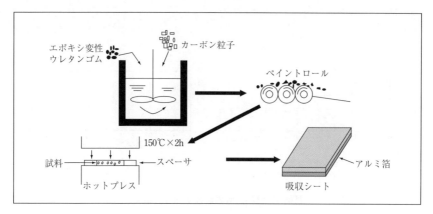

〔図22〕製作工程

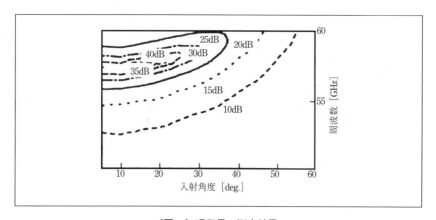

〔図23〕吸収量の測定結果

収特性を示していることがわかる。

5−2−2 抵抗皮膜吸収体

　X帯で実績のある抵抗皮膜を用いた$\lambda/4$型電波吸収体に着目し、ミリ波帯電波吸収体を実現する検討がされている。この理由は、抵抗皮膜が極めて薄い場合、その面抵抗値はほとんど周波数に依存せず、図24に示すようにDC（直流）における測定値は、ミリ波帯（100GHz帯）においてもほとんど変化しないことから、誘電損失材料のように周波数分散特性を考慮する必要がないことが挙げられる[23〜26]。

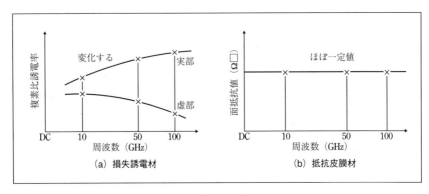

〔図24〕材料定数の周波数変化の概略

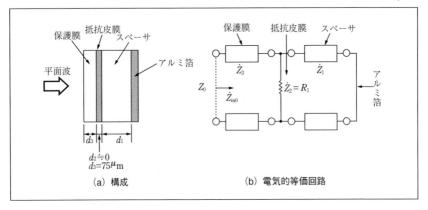

〔図25〕抵抗皮膜電波吸収体の構成

(1) 設計法

　抵抗皮膜電波吸収体の基本的な構成およびその電気的等価回路を図25に示す。設計では、この等価回路を用いて、吸収体前面から見た特性インピーダンスを計算し、その特性インピーダンス（$\dot{Z}_{in3}$）から導出した反射係数が0（整合）となるように抵抗皮膜の面抵抗値をスペーサの厚さを決定する。

(2) 製造法

　図26に一例としてITO（酸化インジウムスズ）の抵抗被膜を用いたミリ波電波吸収体の製造工程を示す。すなわち、この製造工程においては、まず、①保護膜（PET：ポリエチレンテレフタレート）の下層に面抵抗値がほぼ自由空間

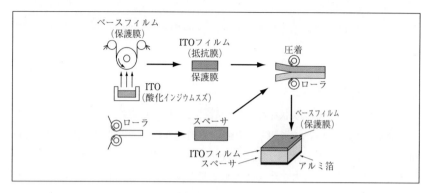

〔図26〕製作工程

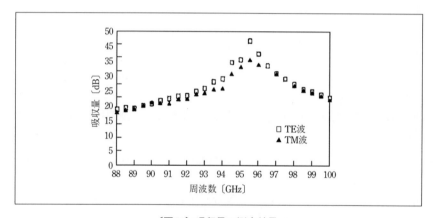

〔図27〕吸収量の測定結果

の波動インピーダンス（約377Ω□）になるように、厚さ数百ÅのITO（酸化インジウムスズ）皮膜を蒸着形成する。次に、②一方の工程において、ほぼ$\lambda/4$（$\lambda$はスペーサを構成する材料内の波長）の厚さを有するスペーサ（PC：ポリカーボネート）を製作する。そして、③ITO膜を挟み込むように保護膜とスペーサを圧着し、同時に金属板（アルミ箔）を裏打ちし、電波吸収体を製作する。

(3) 吸収特性

図27は、このような構成において94GHz帯電波吸収体を設計、製作し、その吸収特性を測定した結果である。これより最大40dB以上の吸収量が得られてお

り，さらに吸収量が20dBを超える帯域は，88GHzから100GHz以上に及んでいることがわかる。

## 6．おわりに

　以上本稿では，電波吸収体の原理や設計法，材料定数の測定法，さらには吸収特性の評価法について説明し，これらの方法を用いた電波吸収体の実現した例について紹介した。今後，電波吸収技術は，電波機材の研究開発や電波環境の悪化に伴い，ミリ波帯まで含めてますます注目される技術となることが予想される。ここでの解説が少しでもこの分野に携わる方々のお役に立てば幸いである。

**参考文献**

1) 橋本修，川崎繁男：「新しい電波工学」，培風館，1998年10月9日初版発行

2) 橋本修：「電波吸収体入門」，森北出版株式会社，1997年10月16日第1刷発行

3) 橋本修：「ミリ波電波吸収体の技術動向」，M&E（1999-4）工業調査会，pp.194-201，1999年

4) 橋本修，宗哲，井上俊和：「面体称断面を有する金属柱に装着する電波吸収体の理論的および実験的検討」，電子情報通信学会論文誌，Vol. J75-B-2, pp.588-595, 1992年

5) 橋本修，西沢振一郎，越智兼夫，原田博司：「大きな扁平率を有する金属楕円筒に装着する電波吸収体に関する理論的検討」，電子情報通信学会論文誌，Vol. J80-B-2, No.9, pp.892-893, 1998

6) 鈴木秀俊，田中隆，橋本修：「反射特性における低損失誘電体試料の寸法に関する影響」，電気学会論文誌，Vol. 119-A, No.8 / 9, pp. 1164-1165, 1999年

7) 橋本修：「マイクロ波・ミリ波帯における測定技術〜その基礎から応用まで〜」，リアライズ社，1998年6月23日第1刷発行

8) 鍵和田啓介，春田将人，友成憲一，続山浩二，橋本修：「方形導波管法を

用いた粉末の簡易複素比誘電率測定」，電気学会全国大会，2000年3年

9) 橋本修，阿部琢美：「FDTD法による方形導波管定在波法を用いた複素誘電率測定における試料変形に起因する誤差検討」，電気学会論文誌，Vol. 117-A, 5, May, 1997年

10) 阿部琢美，橋本修，高橋毅，三浦太郎，西本眞吉：「FDTD法による方形空洞共振器を用いた板状誘電体の誘電率測定に関する検討」，電気学会論文誌A，Vol. 118-A, No.9, pp.1043-1048, 1998年

11) 橋本修，阿部琢美：「FDTD法による矩型空洞共振器を用いた誘電率測定に関する一検討」，電子情報通信学会論文誌，Vol. J79B-2, pp.616-618, 1996年

12) 橋本修，船越一就：「電波吸収体特性の温度依存性に関する研究」，電子情報通信学会論文誌，Vol. J78-B-2, pp. 729-732, 1995年

13) 大塚健二郎，橋本修，石田貴久："94GHz帯における自由空間法を用いた低損失誘電材料の複素比誘電率測定"，電子情報通信学会論文誌，Vol. J82-B, No. 8, pp-1602-1604, 1999年

14) 橋本修，東壽志，織壁健太郎，石坂宏幸：「60GHz帯におけるレーダドーム用材料の複素比誘電率測定」，電子情報通信学会論文誌，Vol. J80-B2, No.10, pp. 906-911, 1997年

15) O.Hashimoto, T.Abe, W. Tsuchida: "Measurement of Wave Intensity Reflected from Object by Range Doppler Imaging in Ordinary Room", IEICE Trans., Vol. E77-C, No. 6, pp. 919-924, 1994

16) 橋本修，松本吉紀：「室内におけるショートパルス法を用いた物体からの反射特性の測定」，電子情報通信学会論文誌，Vol. J75-B-2, pp. 407-411, 1992年

17) 織田満，春田将人，橋本修，今村保男：「法素変性アセチレンブラックを用いたX帯用電波吸収体の検討」，電気学会全国大会，2000年3月

18) 大塚健二郎，織田満，橋本修，守田幸信：「導電紙を用いた電波吸収体の実用的設計法」，電子情報通信学会通信ソサイエティ大会，B-4-1, 1999年9月

19) 大塚健二郎，橋本修，菊池徹，守田幸信：「導電紙を用いたX帯，Ku帯用

簡易電波吸収体に関する実験的検討」，電子情報通信学会技報，MW99-47，1999年
20) 花澤理宏，橋本修：「1GHz帯用抵抗皮膜透明電波吸収体の実験的検討」，電気学会論文誌，Trans. IEE of Japan, Vol. 120-A, No. 1, 2000年
21) 橋本修，春田将人：「X帯用抵抗皮膜型透明電波吸収体に関する実用化検討」，電気学会，Trans. IEE of Japan, Vol. 119-A, No. 4, April, 1999
22) 宗哲，吉岡典子，橋本修：「炭素粒子混入エポキシ変性ウレタンゴムを用いた60GHz帯用電波吸収体の実験的検討」，電子情報通信学会論文誌，Vol. J82-B-2, No.3, pp. 469-475, 1999年
23) 橋本修，花澤理宏，春田将人：「ITO膜を用いた透明電波吸収体」，工業材料（'98-10 Vol.46, No.10）日本工業新聞社，pp. 45-47, 1998年
24) Takizawa, O.Hashimoto, T.Abe, S.Nishimoto : "The Transparent Wave Absorber Using Resistive Film for V-band Frepuency", IEICE Trans., Vol. E81-C, No. 6, pp. 941-947, 1998
25) 橋本修，滝沢幸治，橋本康雄：「94GHz帯における抵抗皮膜型ミリ波電波吸収体の実現」，電気学会論文誌，Vol. 117-A, No. 6, PP. 632-637, 1997年
26) 橋本修：「誘電損失材料，抵抗皮膜材料を用いたミリ波電波吸収体の実現」，工業材料，Vol. 47, No. 2, pp. 101-107, 1999年

**本稿に関する補足資料**
[1] 青山学院大学理工学部電気電子工業科橋本研究室のホームページ：
 "http : // www. ee. aoyama. ac. jp / hashi-lab / welcome. html"
[2] 橋本修：「青学大など，透明電波吸収体を1GHz帯向けに展開」，日経メカニカル大10号（1998, No.529）日経BP社，pp. 48-49, 1998年
[3] 橋本修監修：「新電波吸収体の最新技術と応用」，シーエムシー，1999年
[4]「電波吸収体，ミリ波向け開発，94GHzに対応」，日経産業新聞，1994年12月26日4面
[5]「壁・窓に張り付け不要な電波遮断，透明度高い吸収材料」，日経産業新聞，1997年9月5日
[6]「電波を吸収する透明ボード，1～3ギガ遮断用など，月内に試作・実証

試験へ」,日本工業新聞,1997年11月20日22面
[7]「自動車衝突防止レーダー向け,誤動作をなくす電波吸収体開発,60ギガヘルツを高効率に,耐候性を持つ,ガードレールなどに設置」,日本工業新聞,1997年12月3日
[8]「電磁波の乱反射・混入防止 透明ガラス材で～王子トービ,青学大開発～」,日経産業新聞,1998年6月11日1面
[9]「V帯における透明電波吸収体の開発例」,EMC, No. 123, pp. 81-88, 1998年
[10]「76GHz帯ミリ波向け吸収体を開発」,NE日経エレクトロニクス,1999-2-22, No.737, 日経BP社, P.23, 1999年
[11]「電波吸収体を開発～青学大と横浜ゴム～」,日本工業新聞,1999年2月16日
[12]「壁紙で電波吸収～青学大と王子化工が開発～」,日本工業新聞,1999年7月7日
[13]「電波吸収シートの「異方性」を確認－青学大と日東電工－」,日本工業新聞,1999年9月22日
[14]「周波数選択性ある電波吸収体－青学大が試作－」,日本工業新聞,2000年2月18日
[15]「光る研究室2000－電波吸収体－」,日本工業新聞,2000年2月22日

## V-6 電波散乱・吸収とEMI/EMC
# 電波吸収材とその設計と測定（II）
## ―磁性電波吸収体―

東海大学　小塚　洋司

## 1. はじめに

　………筆者は、早くから磁性材料に対し、製造過程も含め静磁界を印加し「スピンを制御して新たな特性を持った材料が開発できないか」ということを提案してきた。―――この研究は、また、「軟質磁性材料」と「硬質磁性材料」の「中間的な磁性材料」の開発が必要であることを示唆している…………。

　月刊EMC創刊号で「磁化フェライト電波吸収体」の執筆依頼を頂戴し、拙稿の'むすび'で上述のことを記したことを思い出しながら、執筆させていただいている。13年前のことであったが、その後の日進月歩の技術開発は目覚ましく、今日、基本的にこの考え方に立つ磁性材料が脚光を浴びている。六方晶系フェライトと呼ばれるものがその一例である。

　本稿では、磁性電波吸収体のうち、フェライトを中心とする電波吸収材について、その設計や測定の基礎となる構成原理、整合条件、電波吸収材としてのフェライトの性質や特性について述べる。

## 2. 電波吸収体の分類

　電波吸収体は、材料の面から大きく導電性、誘電性、磁性電波吸収材の3種に分類することができる。導電性電波吸収材は、入射電波によって誘起される高周波電流を抵抗や抵抗体を薄膜状に形成した抵抗被膜に吸収減衰させるタイプである。従って、この場合の電波吸収にかかわる電気定数は抵抗率（あるい

は導電率）である。後述の1/4波長形の電波吸収体がこの代表例である。誘電性電波吸収材としては、ゴムや発泡ポリスチロール、発泡ウレタンなどの発泡基剤にカーボンを混入したものが主に使われている。この場合の特性に寄与する電気定数は、複素比誘電率（$\dot{\varepsilon}_r = \varepsilon_r' - j\varepsilon_r''$）で、カーボンのような抵抗材の抵抗率（導電率$\sigma$）は複素比誘電率の虚部に反映され、全体として電波吸収特性が比誘電率で評価される。この例として電波暗室等に使われているピラミッド型の電波吸収体が挙げられる。また、磁性電波吸収材は、フェライト電波吸収体に代表されるもので、電波吸収特性を支配する電気定数は、複素比透磁率（$\dot{\mu} = \mu_r' - j\mu_r''$）である。なお、フェライト電波吸収体では、通常マイクロ波帯でも$\varepsilon_r'$が1とならないことに注意する必要がある。

### 3．磁性電波吸収体の構成原理

ここでは磁性電波吸収体の構成原理を導電性電波吸収体の例と比較しながら、伝送線路理論の立場から述べることにする[1]。

平行な二導体線や内、外導体からなる同軸線路が電波を伝送することは、テレビアンテナから受像機に至る給電線の例から容易に想像されるであろう。ヘルツ（Heinrich Rudolph Hertz）は、1888年に電磁波の実在を実験によって確認する。ドイツミュンヘンのイザール川の中州にあるドイツ博物館には、今もなおその偉業を称える実験装置が残されている。そこには、電波の伝搬特性（定在波分布など）を実験した平行二線路も展示されている。

ところで、電波吸収体の用途の多くは平面波を対象として設計されている。平面波とは図1に示すように、電波伝搬方向に直角な面内のある瞬時における電波界（電界、磁界）の等位相面（いまの場合P点における）が平面である電磁波を総称している。

また、この平面波は、同図に示すように電界と磁界が互いに直行しており、z方向の電界、磁界成分を持たない。このような電磁界分布の波動をTEMモードとも呼んでいる。ところで、この電波進行方向に電界、磁界成分を持たないTEMモードは、図2に示すように、二導体系（高々三導体）の伝送路で実現できる。従って、同図(a)〜(d)に示す電磁界分布は、いずれも平面を想定した定在波測定などに利用されている[2]。平面電磁波の現象を平行二線の伝送線

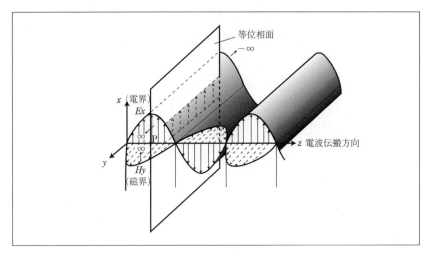

〔図1〕平面波の電界、磁界分布（伝搬方向に直角な面内で振幅が一様な場合）

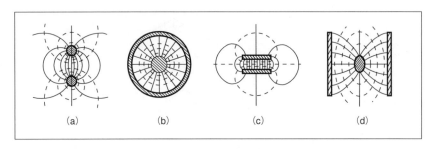

〔図2〕TEM伝送線路の例

路で置き換えて考察する理由は、以上のような考え方に基づいている。

いま、図3(a)のような平行二線の高周波伝送線路を電波が伝搬している様子を考えてみる。伝送線路理論によれば、この電波が負荷インピーダンス$Z_R$で完全に吸収され（熱エネルギーに変換される）反射しないための条件（整合条件）は、$Z_R$がこの線路のもつ特性インピーダンス$Z_C$に等しいときである。この条件は、同図(b)のように負荷インピーダンス$Z_R$から1/4波長離れた線路の終端を短絡しても変わらない。その理由は、1/4波長離れた線路上の位置から短絡線路を見込む入力インピーダンス$Z_{in}$が、同図(c)のように無限大となるからである。つまり、この$Z_{in}$は$Z_R$に対して並列に挿入されるが、$Z_{in}=\infty$のため、実際

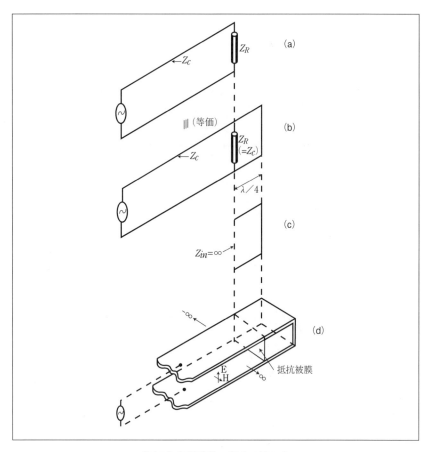

〔図3〕伝送線路の整合の取り方

にはこの$Z_{in}$が負荷$Z_R$に並列に挿入されたことにならないからである。

　以上の基礎的な考察に立って、次に同図(d)に示すように、この伝送線路と等価なTEMモードが伝搬する平行平板線路を考えてみる。ここでは、上下の平行導体板間の媒質は自由空間（導電率$\sigma=0$）と仮定し、電波の波長に対し、上下導体板間の間隔は十分狭いとする。上述の伝送線路の$Z_c$に相当するインピーダンスはいまの場合$120\pi$［Ω］（$\fallingdotseq 377$［Ω］：真空媒質のインピーダンス）である。従って、この抵抗値$120\pi$［Ω］をもつ薄い抵抗板（抵抗被膜という。薄い基盤上に抵抗材を焼き付けたり、蒸着したりしたミクロンオーダの抵抗板）を

−352−

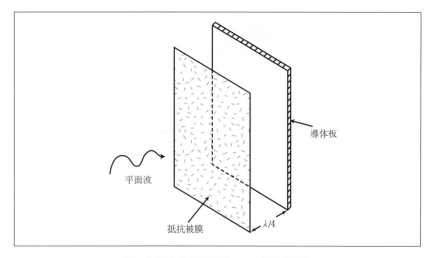

〔図4〕電気的抵抗被膜による電波吸収体

〔表1〕双対関係

| A | B |
|---|---|
| 直 列 接 続 ←→ | 並 列 接 続 |
| インピーダンス ←→ | アドミッタンス |
| 電　　　　圧 ←→ | 電　　　　流 |
| 開　　　　放 ←→ | 短　　　　絡 |

上下導体板間に張り、その後方1/4波長離れたところを短絡すれば、電波は吸収される（整合がとれる）。この平行平板線路間を電波が伝搬していく電磁界分布は、自由空間中を平面波が伝搬していく場合と同じであるから、結局、図4のように空間に抵抗被膜と短絡板（導体板）を配置すれば、電波吸収体を構成できる。以上が1/4波長型の「導電性電波吸収体」の基本構成原理である。

　ところで、この基本構成原理から、上述の抵抗被膜に対して、磁気的な抵抗被膜とも称すべきものが想定される。この電気的抵抗被膜から「磁気的抵抗被膜」の概念に及ぶ理論的根拠は、双対性にある[3]。実際、上述の電気的抵抗被膜と磁気的抵抗被膜（以後、磁性抵抗被膜という）の間には、双対関係が成立している。いま伝送回路を例にとれば、この双対関係とは表1のような関係が成立することである。すなわち、一つの回路がAの関係で表わされている場合、これをBの関係で入れ替えて得られる新たな回路において、Aによる回路と類

—353—

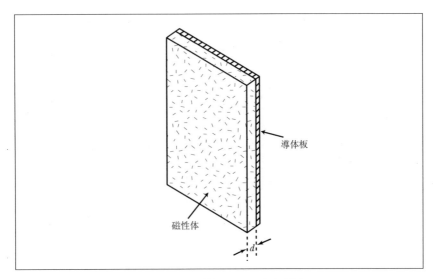

〔図5〕 磁性抵抗被膜による電波吸収体

似の関係が成立する場合、このような性質を「双対性」という。この関係によれば、電気的抵抗被膜では、この背面インピーダンスが無限大であったが、この背面インピーダンスを零として磁気的抵抗体を用いれば「磁性抵抗被膜」による電波吸収体が考えられる。すなわち図5に示すように薄い磁性体板を導電板に張りつければ（背面インピーダンスを零にする）、磁性電波吸収体が構成される。このとき、磁性抵抗被膜を見込むインピーダンスが$120\pi$ [Ω] であれば、電波は完全に吸収される。これが論理的に想定された磁性電波吸収体の基本構成原理である。しかし、最近では、この原理の上に立ち用途に応じ種々の変形タイプも提案されている。

## 4．フェライトの複素透磁率

磁性電波吸収体の主流であるフェライト電波吸収体の特性は、前述したようにその複素透磁率によって左右される。ここでは、フェライトの透磁率について詳述する。

フェライトは酸化物であるため、電気抵抗が大きく、抵抗率はおよそ$10^4$ [Ωm] 程度である。従って通常電気的には絶縁体と見なせる。このため高周波磁界に

よるうず電流損失を抑制でき、しかも透磁率が大きくインダクタンスの高いものが得られる。このため従来コイルやトランスのコア材として広く利用されてきた。これらの用途では、できるだけ損失を少なくする方向でフェライトが開発されている。

しかし、この損失を積極的に利用しているのがフェライト電波吸収体である。

一般に磁気損失には①ヒステリシス損、②うず電流損、③その他の損失（原因として、磁気余効、磁壁共鳴、回転磁化共鳴等）がある。これらの損失は、使用する周波数にも関連している。

いま、高周波磁界$H$で磁性体を磁化する場合、これに伴う磁束密度$B$の変化は、上述のような損失があるとさまたげられ、$B$は$H$の変化に追従できず、位相の遅れを生ずるようになる。交流磁界を$H=H_0 e^{j\omega t}$、これより$\delta$だけ位相の遅れている磁束密度を$B=B_0 e^{j(\omega t-\delta)}$と表わすと、透磁率は、

$$\dot{\mu} = \frac{B}{H} = \frac{B_0 e^{j(\omega t-\delta)}}{H_0 e^{j\omega t}} = \frac{B_0}{H_0} e^{-j\delta}$$

$$= \frac{B_0}{H_0}(\cos\delta - j\sin\delta) = \mu'_r - j\mu''_r \quad \ldots\ldots(1)$$

ここに

$$\mu'_r = \frac{B_0}{H_0}\cos\delta, \quad \mu''_r = \frac{B_0}{H_0}\sin\delta \quad \ldots\ldots(2)$$

$\mu'_r$は$H$と$B$が同位相であるとき、つまり$\delta=0$で損失がないとき、$\dot{\mu}=\mu'_r$、$\mu''_r=0$となる。また、両者の間に位相差があるときは、$\mu''_r$が0でなくなる。結局、この$\mu''_r$の存在が磁性体の高周波損失を表わすことになる。

なお、$\mu''_r$と$\mu'_r$の比をとると、

$$\tan\delta = \frac{\mu''_r}{\mu'_r} \quad \ldots\ldots(3)$$

この$\tan\delta$を「損失係数」（損失と有効に作用するエネルギーとの比）と呼んで

いる。

ところで、電波吸収体に用いられるフェライトの透磁率の周波数特性を一般に示すと概略図6のようになる。同図に示すように、周波数の増加と共に損失項 $\mu_r''$ も増し、高周波領域では、主として上述③の原因により共鳴特性を示すようになる。フェライトはこのように $\mu_r''$ が大きくなる領域で電波吸収体として使われる。

一般に $\dot{\mu}_r$ の周波数の周波数（分散）特性は、外部磁界によるスピン（磁性材を構成しているミクロンオーダの電子磁石）の挙動による磁壁共鳴 $f_1$、回転磁化共鳴 $f_2$（自然共鳴）、フェリ磁性共鳴 $f_3$（強磁性共鳴）等によって特徴づけられる。このうち、$f_2$ の回転磁化共鳴は、フェライトの結晶に磁気的な異方性が存在することに起因して、あたかも外部静磁界が印加されているかのように、結晶内のスピンが磁化方向を軸に歳差運動をするためである。このように磁気異方性を生ずるのと等価な磁界を「異方性磁界」といい、$H_a$ で表わすと、この歳差運動における角周波数は、

$$\omega = \mu_0 |\gamma| H_a \quad \cdots\cdots(4)$$

ここに、$\gamma = -176 \times 10^9 \quad \left[\mathrm{T^{-1} \cdot s^{-1}}\right]$

であり、$\mu_0$ は真空の透磁率、$\gamma$ はジャイロ磁気定数と呼ばれている。

式(4)の角周波数と同じ高周波磁界が外部から加わると、スピンはこれに共鳴し $\mu_r'$ と $\mu_r''$ の値の変化も大きく変動する。このようにフェライトが本来もっ

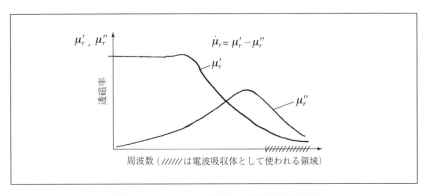

〔図6〕フェライトの透磁率の周波数分散特性

ている磁気異方性によって、外部静磁界が印加されなくても、スピンが高周波磁界と自然に共鳴することから、この磁界共鳴は「自然共鳴」と呼ばれている。外部から静磁界を加えない限り、この自然共鳴に基づく透磁率 $\mu'_r$、$\mu''_r$ の減衰をもって、通常のフェライトの透磁率特性は消滅していく。

このように通常のフェライトの透磁率は、この自然共鳴に基づき、その高周波特性には限界がある。図7は、Ni-Zn系の種々の組成をもつフェライトの $\mu'$ ($\mu'$=に相当)、$\mu''$ ($\mu''$=に相当) の周波数特性を示している。各組成のものについて、透磁率実部 $\mu'_r$ が1/2となる点をそれぞれの組成に関して結ぶと、図中点線で示したように限界線が描かれる。これは「Snoek（スネーク）の限界」といわれ、

$$\langle S \rangle_{\text{limit}} = \langle (\mu_i - 1) f_r \rangle_{\text{limit}} = 5.6 \ [\text{GHz}] \quad \cdots (5)$$

と表わされる。ここで、$\mu_i$ 直流時の透磁率で初透磁率と呼んでいる。$f_r$ は共鳴周波数、〈 〉は平均的な値を意味している。この関係から、$\mu'$ (=$\mu_i$) が高い値

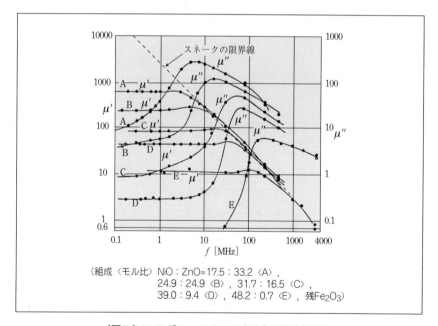

（組成〈モル比〉NiO：ZnO=17.5：33.2〈A〉,
24.9：24.9〈B〉, 31.7：16.5〈C〉,
39.0：9.4〈D〉, 48.2：0.7〈E〉, 残Fe₂O₃）

〔図7〕Ni-Zn系フェライトの透磁率の周波数特性

のものほどはやく共鳴を起こし、$\mu'$の低いものは高周波まで特性が伸びていることがわかる。通常のフェライトの透磁率特性には、このような限界が存在する。従って、フェライト電波吸収体は、この制約を受け高周波域での適用には限度がある。この限界をはるかに破るものとして、後述の六方晶系フェライトがある。

## 5．整合条件

次に、前図5に示すように、フェライト単板の背面に導体板を密着させた、いわゆる単層型フェライト電波吸収体の整合条件について調べてみる。ここでは、フェライトの複素比透磁率を $\dot{\mu}_r\ (=\mu'_r - j\mu''_r)$、$\dot{\varepsilon}_r\ (=\varepsilon'_r - j\varepsilon''_r)$とする。

いま、同図の電波吸収体に平面波が垂直に入射した場合の規格化入力インピーダンスを$z_{in}$（真空中の平面波に対する電波インピーダンス$Z_0=120\pi$［Ω］で規格化したもの）とする。この$z_{in}$は、ネットワークアナライザを用いなくても、基本的には図8に示すように、同軸管終端を短絡したものにドーナツ型フェライトを装荷して、定在波比を測定して求められる。この場合の反射係数$S$は次の式で示される。

$$S = \frac{z_{in}-1}{z_{in}+1} \quad \cdots\cdots(6)$$

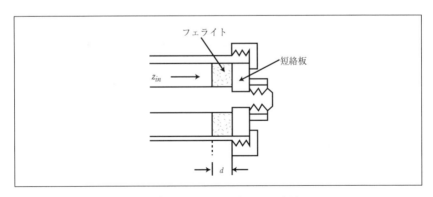

〔図8〕入力インピーダンス$z_{in}$の測定

$$z_{in} = \sqrt{\frac{\dot{\mu}_r}{\dot{\varepsilon}_r}} \tanh\left( j\frac{2\pi}{\lambda}\sqrt{\dot{\varepsilon}_r \dot{\mu}_r} d \right) = \sqrt{\frac{\dot{\mu}_r}{\dot{\varepsilon}_r}} \tanh\gamma \quad\cdots\cdots(7)$$

ここに、$\gamma = j\dfrac{2\pi}{\lambda}\sqrt{\dot{\varepsilon}_r \dot{\mu}_r} d$、$\lambda$：入射平面波の波長、$d$：フェライトの厚さ、

$j$：虚数単位

式(6)において、反射係数$S=0$、つまりこのフェライト吸収体が電波を完全に吸収する条件は$z_{in}=1$であることがわかる。いま、整合をとろうとしている周波数に対し、フェライトの材料定数（$\dot{\varepsilon}_r$, $\dot{\mu}_r$）および厚さ$d$が、この条件を満たすとき、電波吸収体が構成されたことになる。VHS帯やマイクロ波低周波帯で用いられるフェライト厚は、$d=6\sim12$［mm］程度である。また、この場合には、$d/\lambda\ll1$の関係が成立するが、一般に上式の$\gamma$が$|\gamma|\ll1$となるか否かは、$d/\lambda$、および$|\dot{\varepsilon}_r \dot{\mu}_r|$の大小で決まり、これによって整合厚$d_m$（整合時の$d$）が次のように定められる。

## 5—1　$|\gamma|\ll1$の場合

この場合は、$\tanh\gamma \cong \gamma$と近似でき、また整合がとれる周波数では通常$\mu_r'' \gg \mu_r' \geq 1$が成立するから、式(7)は、

$$z_{in} = \sqrt{\frac{\dot{\mu}_r}{\dot{\varepsilon}_r}} \tanh\gamma \cong \sqrt{\frac{\dot{\mu}_r}{\dot{\varepsilon}_r}} \gamma$$
$$= j\frac{2\pi}{\lambda}(\mu_r' - j\mu_r'')d \cong \mu_r'' \frac{2\pi}{\lambda} d \quad\cdots\cdots(8)$$

ここで、電波を完全に吸収する条件は $z_{in}=1$ のときであるから、式(8)から、

$$d = \frac{\lambda}{2\pi\mu_r''}(= d_m) \quad\cdots\cdots(9)$$

これが電波を完全に吸収する場合のフェライトの厚さであり、$d_m$を整合厚といっている。また、整合がとれる場合の中心周波数を$f_m$で表わし、整合周波数と呼ぶ。結局、整合条件としては、材料の透磁率特性が、$\mu_r'' \gg \mu_r' \geq 1$で、かつ厚さ$d = \dfrac{\lambda}{2\pi\mu_r''}$であれば、電波吸収体として作用する。

## 5—2 $|\gamma| \ll 1$ が成立しない場合

この場合には、式(7)で $z_{in}=1$ として、定数 ($\dot{\mu}_r$, $\dot{\varepsilon}_r$, $\lambda$, $d$) のうち1つを除いて既知であれば、未定定数についてコンピュータ解析することができる。すなわち、$\lambda$, $\dot{\varepsilon}_r$, $d$ がわかっている場合は、式(7)で $z_{in}=1$ とおいて、整合時の $\dot{\mu}_{rm}$ を算出できる。

ところで、式(9)からも明らかなように、整合厚 $d_m$ を薄くするには $\mu_r''$ の大きな値が必要となるが、前述のSnoek's limit（スネークの限界）に支配され、通常の焼結フェライトでは、4mm程度が限界である。この整合厚の限界を破る基本的なヒントを与えるのが、次に述べる磁化フェライト電波吸収体である[4,5]。フェライト電波吸収体をSnoekの限界で制約される厚さ以下に薄くするには、図9に示す点線のような透磁率特性が得られればよい。これは、フェライト内マイクロ波磁界と直交するように（今の場合、フェライト面に垂直に）静磁界 $H_{dc}$ を印加すれば実現できる。すなわち、透磁率の実部、虚部が共に高周波側へシフトすれば、その結果として $\mu_r''$ の値が増加し、式(9)から明らかなように、整合厚の薄層化が達成できる。図10に、本来の整合厚が6.2 [mm] で、0.2 [GHz] 前後で整合がとれる材料に静磁界 $H_{dc}$ をフェライト面に垂直に印加し、かつフェライト厚を薄くしていった場合の電波吸収特性の例を示す。これは、同軸管短絡導体の前面に円筒状フェライトを密着するように装荷し、外導体に巻き付けたコイルに電流を流し定在波を測定したものである。図中の磁界の値は、フェライト表面上に垂直に印加された静磁界の強さの測定値である。同図から、静磁界 $H_{dc}$ を印加し、フェライト厚 $d$ を薄くしていくにつれ、整合の中心

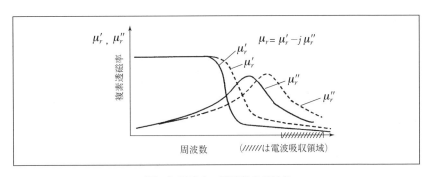

〔図9〕透磁率の周波数分散特性

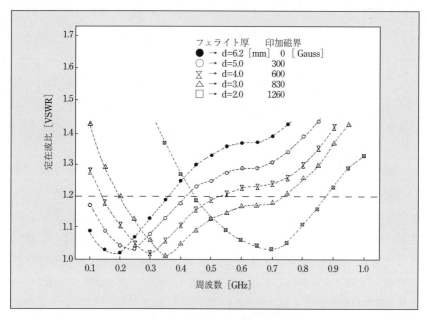

〔図10〕磁化フェライトの電波吸収特性

周波数$f_m$が高周波領域へ移行していくが、厚さ2[mm]でも整合がとれることがわかる。

## 6．電波吸収材としてのフェライト
### 6−1 スピネル型フェライト材

一般に磁性体は、磁気的な硬さによって「硬質磁性材料」と「軟質磁性材料」に分類される。この'硬'、'軟'は、図11に示すように磁性体に静磁界を加えていくときに描かれるヒステリシス・ループの保持力に関係している。つまり、同図(a)のように保持力$H_c$が大きい値をとる磁性材を硬質、また、(b)のように$H_c$が小さいものを軟質磁性材料と呼んでいる。図11の(a)に示すように硬質磁性材料は、保持力が大きいことから、一旦磁化すると、その磁化状態をいつまでも保持し続けている[6]。この代表例が永久磁石である。一方、軟質磁性材料は、保持力が小さいために、磁化しても再び元の状態に戻ってしまい、永久磁石にはならない。しかし、軟質磁性材料は、その磁気的な性質が広く利用され、

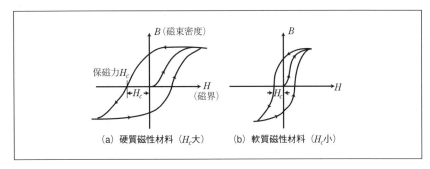

〔図11〕ヒステリシス・ループ

変圧器のコア材などに利用されている。この硬質、軟質の呼称法は、一般に焼入鋼が機械的に強くかつ保持力も高く、これに対し、焼き戻しによって軟化されて鋼は、保持力が低下することに由来している。硬質、軟質磁性材料の明確な区別はないが、100 [Oe]（≒8000 [A/m]）以上の保持力を持つものを硬質磁性材料と定義するのが一般的である。これまで多く利用されてきた電波吸収材は、このうちの軟質磁性材料に属している。

さて、電波吸収材として用いられる主なフェライトは、2価の金属酸化物MOと鉄$Fe_2O_3$の化合物で、$MO \cdot Fe_2O_3$の化学式で表わされる。結晶構造の立場からは、この$MO \cdot Fe_2O_3$で表わされるフェライトは、スピネル型立方晶に属する。スピネルとは、天然に産出する鉱石スピネル（尖晶石、$MgAl_2O_4$）と同型の結晶構造をもつことから名付けられている。2価の金属イオンMとして、$Mn^{2+}$, $Zn^{2+}$, $Fe^{2+}$, $Co^{2+}$, $Ni^{2+}$, $Cu^{2+}$, $MG^{2+}$などが挙げられる。通常スピネル型フェライトでは、これらを二種以上混含した「多結晶複合フェライト」が、電波吸収材として用いられている。なお、結晶構造を含めたスピネル型フェライト材の詳細は、月刊EMC、1988年7月号を参照されたい[7]。

## 6—2 六方晶系フェライト

これまで電波吸収体に用いられてきた一般的な多結晶フェライトについて述べてきたが、最近ミリ波領域の電波吸収体やミリ波デバイスの開発要求から、ミリ波帯域でも磁気特性を維持し得る六方晶系フェライトが導入されている。これは、マグネトプランバイト（magnetoplumbite）型の酸化物と呼ばれるもので、フェライトの$Fe^{3+}$イオンと2価の金属イオン$M^{2+}$の他に、イオン半径の大き

いBa$^{2+}$, Sr$^{2+}$, Pb$^{2+}$等を含む酸化物である。Ba$^{2+}$, Sr$^{2+}$, Pb$^{2+}$等のイオン半径は、それぞれの1.43, 1.27, 1.32Åと大きく、酸素イオンO$^{2-}$の1.32Åとほぼ同じ大きさである。このためO$^{2-}$の位置で置換されたような結晶構造をとり、六方晶を形成している。この場合、第3イオンBa$^{2+}$等を含む層構造やスピネル層との割合によってM, W, Y, Z型等に分類され、種々の化合物が生成される。この六方晶系フェライトは、材料の異方性磁界が大きいため、前述の「磁化フェライト電波吸収体」のように、あたかも磁化されているかのように振る舞い、高周波領域でも透磁率特性が維持されている。このため、ミリ波領域における電波吸収体の構成が可能となる。

## 7．むすび

磁性電波吸収体のうち、フェライト電波吸収体を中心にその設計や測定の基礎となる事項を中心に解説を試みた。本稿で述べたように、これまでフェライトを用いた各種高周波デバイスでは、Snoekの限界に阻まれ、その応用は高々マイクロ波領域までとの潜在意識が強かった。

しかし、近年、内部異方性磁界の大きいことを特徴とする六方晶系フェライトへの技術志向は、数十GHz帯のミリ波領域におけるフェライト電波吸収を実現させ始めている。これは単一な異方性で特徴づけられており、この意味では一面特性上の自由度が制約される。この視点からは、特にミリ波領域での電波吸収材として、より精緻にスピンを制御した材料開発が望まれる。"ナノ技術新世紀"を迎え、新たな電波吸収体研究の前途に、こうした磁性材料開発を一つの道標に据えていくことを、この誌面をお借りして再び提言させていただくことにする。

## 参考文献

1）小塚：「フェライト電波吸収体」，日本磁気応用学会誌，Vol.21, No.10, pp.1159-1166, 1997年10月
2）河辺，池田他：「フェライトとカーボンシートの複合の検討」，日本建築学会構造系論文集，532号，pp.1-5, 2000年6月
3）末武，内藤，清水：「フェライトの特殊な利用について」，電気学会全国

大会シンポジウム, S.8, P.10, 1971年3月
4) 小塚:「薄層化・広帯域フェライト電波吸収体」, 電磁環境工学情報EMC, No.1, pp.17-19, 1988年5月
5) Y.Kotsuka, H.Yamazaki:"Fundamental Investigation on a Weakly Magnetized Ferrite abosorber", IEEE. Trans EMC, Vol.42, No.2, May, 2000
6) 小塚:「電気磁気学―その物理像と詳論」, p.189, 森北出版
7) 小塚:電磁環境工学情報EMC, No.3, pp.82-87, 1988年7月

## V-6 電波散乱・吸収とEMI/EMC
# 電波無響室とEMI/EMC

東京都市大学　　　　　　徳田　正満
株式会社 リケンエレテック　島田　一夫

## 1. まえがき

　電波無響室は、外部からの妨害波を遮蔽し、かつ、内部で放射された電波の反響を防止する機能を持った測定室である。電波無響室を構造で分類すると、床面が金属で、それ以外の内面に電波吸収体を装着した電波半無響室（5面電波無響室）と、床面にも電波吸収体を装着した電波全無響室（6面電波無響室）がある。電波半無響室は大地上の無限空間を模擬しているのに対して、電波全無響室は自由空間を模擬している。

　電気電子機器から放射される電磁エミッションの測定用としては、床面が金属で構成された電波半無響室が、30MHz～1GHz周波数における適合試験用として現在使用されている。しかし、1GHz以上の周波数に対しては、床面にも電波吸収体を装着した電波全無響室の使用が、CISPR（国際無線障害特別委員会）で検討されている[1,2]。一方、外来電磁妨害波に対する機器のイミュニティを試験する場合は、電波全無響室の使用が前提になっている。従って、1GHz以下の放射エミッションだけが、電波半無響室を使用することになっており、エミッションとイミュニティを連続して測定する場合に大きな問題になってくる。そのため、1GHz以下の放射エミッションも電波全無響室で測定しようとする試みが、CISPRでも提案されている[3]。

　一方、通常の電気電子機器に対する放射無線周波電磁界イミュニティ試験法（IEC 61000-4-3）は、適用周波数が80MHz～1GHzであるが、ディジタル携帯電

話から発射される電波に対するイミュニティ試験法を追加する規格が平成10年8月に発行され、適用周波数が2GHzまで拡大されている[4,5]。また、医療機器のEMCを規定したIEC 60601-1-2に準拠したJIS規格（JIS T 0601-1-2）が現在検討されており、平成14年末には制定される見通しであるが、放射無線周波電磁界イミュニティ試験法の適用周波数を2.5GHzまで拡大している[6]。放射無線周波電磁界イミュニティ試験はフェライトタイルのみを電波吸収体として用いた簡易電波無響室で大部分実施されているが、その適用周波数が30MHz～1GHzであるため、上記の適用周波数拡大に対応できず、大きな問題となっている[5]。

本報告では、上記の問題点を解決するために開発された発泡フェライト電波吸収体と、それをさらに改良したピラミッドフェライト電波吸収体を紹介する。

## 2．今までの電波吸収体

電波無響室に使用される電波吸収体としては、発泡ポリウレタン等にカーボンを含浸させたものが最も古くから存在し、数百MHz以上の周波数におけるアンテナ特性評価用として使用されてきた。ところが、EMC用電波無響室では、30MHzの低周波数から使用する必要があり、カーボン含浸電波吸収体だけでは、数m以上の厚さになってしまうという問題があった。その解決策として、フェライトタイルとカーボン含浸電波吸収体を組み合わせた複合型電波吸収体が開発され[7]、比較的小型の電波無響室では、1m前後の厚さまで低減することができた。また、30MHz～1GHzの周波数範囲に限定するならば、カーボン含浸電波吸収体を使用せず、フェライトタイルだけを電波吸収体に使用した電波無響室が開発されている。しかし、1GHz以上の周波数帯で使用するためには、フェライトタイルのみの電波無響室では無理で、どうしてもカーボン含浸電波吸収体との複合型電波吸収体を使用する必要がある。その結果、吸収体の厚さが1m前後必要になってしまい、簡易電波無響室3m(W)×3m(H)×7m(L)のような限定した空間しか許容されない場合は、電波無響室の建設が困難になってしまう。

## 3. 発泡フェライト電波吸収体

上記の問題点を解決するために開発されたのが発泡フェライト電波吸収体であり、それをフェライトタイル吸収体の上に装着した状態の断面図を図1に示す。金属板の上に合板を置き、その上にフェライトタイルを敷いた電波吸収体は従来からよく使用されており、30MHz～1GHzの周波数で適用可能であるが、1GHz以上の周波数では適用できない。それを改善するために、フェライトタイルの上に、発泡フェライトを置いた構造になっている。発泡フェライトの厚さは10cmであり、フェライトタイルと合板を合わせても12cm以内と極めて薄い電波吸収体になっている。この電波吸収体の反射減衰量特性を図2に示すが、30MHz～500MHzまでは、発泡フェライトの反射減衰量がほとんど零のため、発泡フェライト+フェライトタイルの反射減衰量は、フェライトタイルの反射減衰量とほとんど同じである。しかし、それ以上の周波数になると、発泡フェライトの反射減衰量が増加し、2GHz以上の周波数になると発泡フェライトの反射減衰量が支配的になっている。そして、13GHz程度の周波数まで、20dB以上の反射減衰量が確保されている。

発泡フェライト電波吸収体は、(株)リケンで独自に開発され、平成9年度に

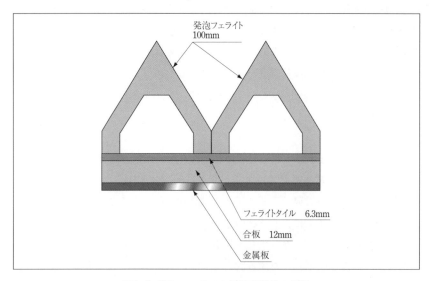

〔図1〕発泡フェライト電波吸収体の構造

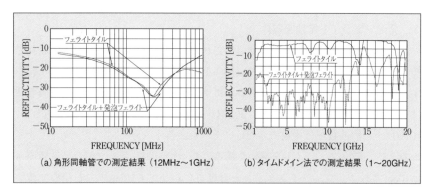

〔図2〕発泡フェライト電波吸収体の反射減衰量特性

九州工業大学に建設された電波無響室で初めて使用された。九州工業大学の電波無響室は、5面の電波半無響室ばかりでなく6面の電波全無響室でも、30MHz～18GHzの周波数で放射エミッションを測定することが可能である。上記の周波数範囲で、正規化サイト減衰量（NSA：Normalized Site Attenuation）を規格値±4dB以内にできることを確認した。また、26MHz～18GHzにおける放射無線周波電磁界イミュニティ試験も可能である[8～11]。これらの特性は、図2に示した電波吸収体の反射減衰量特性と同じように、後述するフェライトピラミッド電波吸収体を用いた電波無響室と同等の性能であるため、重複を避けるためにここでは割愛した。なお、九州工業大学では、通常の大学用建物の5階と6階をぶち抜いて電波無響室を建設しているため、シールドルームの寸法が7m(L)×6.6m(W)×7.9m(H)という狭い空間にもかかわらず、上記性能を満足させている。

## 4．ピラミッドフェライト電波吸収体とそれを用いた電波無響室の特性

発泡フェライト電波吸収体により、厚さ12cmで30MHz～18GHzの周波数で、放射エミッションと放射イミュニティの試験が可能であることを確認した。しかし、発泡フェライトは、液体状のセラミックスラリにフェライト粉末を混合させ、その後、セラミックスラリを発泡させてから焼結していたために、製造の歩留まりが悪く、形状に対する制約も多く、フェライト粉末の混入量も少ないという欠点があった。九州工業大学の電波無響室で反射減衰量やNSAを詳細

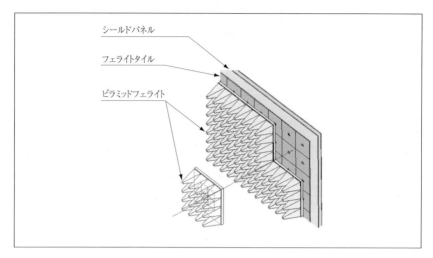

〔図3〕ピラミッドフェライト電波吸収体の構造

に検討した結果、フェライトの焼結による効果は少ないことが判明したため、ポリプロピレンというプラスチックにフェライト粉末を混合し、射出成形で作成することを(株)リケンが試みた。その結果、図3に示すようなピラミッドフェライト電波吸収体を開発することができた。射出成形のため複数個のピラミッドを一括して成形でき、製造歩留まりもよいため、製造原価を大幅に低下することができた。なお、ピラミッドフェライト吸収体の厚さは8cmであり、フェライトタイルと組み合わせても10cmの厚さに収まっている。フェライトピラミッド＋フェライトタイル電波吸収体の反射減衰量特性を図4に示す。図2の発泡フェライト吸収体と比較すると、フェライトタイルとの複合特性は、フェライトピラミッド吸収体と発泡フェライト吸収体とでほとんど同じであることがわかる[12,13]。

　自由空間を模擬した6面の電波全無響室にフェライトピラミッド吸収体を適用した例を図5に示す。電波全無響室の寸法は、3.0m(W)×7.0m(L)×3.42m(H)であり、壁や天井ばかりでなく、床にもフェライトピラミッド＋フェライトタイル電波吸収体を敷いている。この電波全無響室に対するNSA特性を図6に示す。ANSI C63.4に従った金属大地上無限空間のNSA計算値である規格値を基にしているため、電波全無響室のNSA測定結果に補正値を導入している。タ

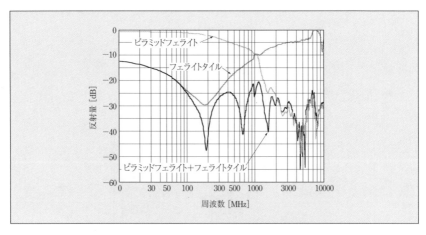

〔図4〕ピラミッドフェライト電波吸収体の反射減衰量特性

〔図5〕ピラミッドフェライト電波吸収体を用いた電波全無響室の内部写真

ーンテーブルの中心、前後と左右に75cm移動した点の5点におけるNSAを測定している。それらのすべての点で、かつ30MHz～18GHzの範囲で、NSAが規格値±4dB以内に入っており、極めて優れた特性であることを確認した。また、IEC 61000-4-3で規定された放射無線周波電磁界イミュニティ試験法における電界の均一性も30MHz～5GHzの周波数範囲で測定しており、規格値である0～6dB（75％）の条件を満足している。

大地上の無限空間を模擬した5面の電波半無響室にフェライトピラミッド吸

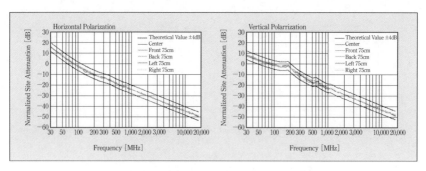

〔図6〕電波全無響室の正規化サイト減衰量特性

〔図7〕ピラミッドフェライト電波吸収体を用いた電波半無響室の内部写真

収体を適用した例を図7に示す。電波半無響室の寸法は、4.7m(W)×7.0mm(L)×3.1m(H)であり、壁と天井にフェライトピラミッド＋フェライトタイル電波吸収体を敷いているが、床だけは金属面になっている。この電波半無響室に対するNSA特性を図8に示すが、NSAの測定法は図6の電波全無響室と同じである。30MHz～18GHzの範囲で、5点すべての点のNSAが規格値±4dB以内に入っており、電波半無響室の場合も極めて優れた特性であることが確認された。また、放射無線周波電磁界イミュニティ試験法における電界の均一性も測定しており、30MHz～5GHzの周波数範囲で規格値を満足していることを確認している。

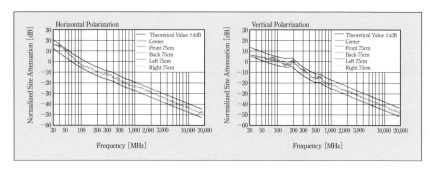

〔図8〕電波半無響室の正規化サイト減衰量特性

〔表1〕ディジタル携帯電話機からの放射電波に対する機器のイミュニティ試験レベル

周波数範囲:800MHz～960MHz および1.4GHz～2.0GHz

| レベル | 試験電界強度（V/m） |
|---|---|
| 1 | 1 |
| 2 | 3 |
| 3 | 10 |
| 4 | 30 |
| X | 特別 |

注:Xはオープン試験レベル。このレベルは製品仕様に示してよい。

## 5．ピラミッドフェライト電波吸収体を用いた既設簡易電波無響室のリフォーム

　ディジタル携帯電話から発射される電波に対するイミュニティ試験法（通常の電気電子機器が試験対象）を、IEC 61000-4-3（放射無線周波電磁界イミュニティ試験法）に追加する規格が平成10年8月に発行されている。この規格では、表1に示すように、ディジタル携帯電話の存在する周波数範囲で実施することになっている。また、試験レベルには、通常の機器からの無線周波電磁界よりも厳しいレベル4（30V/m）を追加している。変調方法は今までの方法と同じであり、1kHzの正弦波を80％でAM（振幅変調）する方法が採用されている。ディジタル携帯電話ではパルス変調されているため、正弦波AMで十分かとの疑問があるが、正弦波AMの方が他の変調方法よりも多少厳しめであるものの、最も優れた方法であることが附属書で説明されている。

ディジタル携帯電話に対するイミュニティ試験法がIEC 61000-4-3に追加されたことによる最大の問題は、試験をする電波無響室である。IEC 61000-4-3は、通常フェライトタイルだけで構成された簡易電波無響室で試験する場合が多い。ところが、簡易電波無響室では、周波数が最大1GHzのため、表1に示した周波数1.4～2GHzでは試験を実施できない。フェライトタイルの上にカーボンを含浸した電波吸収体を装着する必要があるが、約1m弱の厚さがあるため、作業空間が狭くなって試験できなくなる。この問題を解決するために、ピラミッドフェライト電波吸収体を既設の簡易電波無響室の内面に貼り付けて、電界の均一性を改善する試みがなされている。その実施例を図9に示す。フェライトタイルのみを装着した既設簡易電波無響室の内面の一部に、ピラミッドフェライト吸収体を装着している。電界均一性に関する改善効果を図10に示すが、

〔図9〕フェライトタイルのみを装着した
既設電波全無響室にフェライト電波吸収体を装着してリフォームした電波全無響室

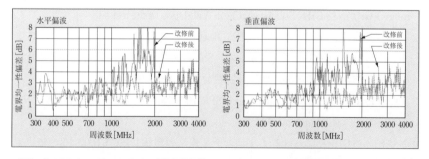

〔図10〕ピラミッドフェライト電波吸収体でリフォームした電波全無響室の電界均一性

リフォーム前では、1.5GHz以上の周波数になると、6dBの電界均一性偏差を超過しているが、リフォーム後は、4GHzの周波数まで、6dB以内に収まっている。従って、ピラミッドフェライト吸収体は、既設の簡易電波無響室の特性改善に極めて有効な方法であることが確認された。

## 6．まとめ

放射エミッションと放射イミュニティを測定する電波無響室に関する規格動向と、それに対応するために開発された新しい電波吸収体を紹介した。発砲フェライトとピラミッドフェライト電波吸収体という新しい電波吸収体を放射エミッション試験用電波無響室に適用することにより、30MHz～18GHzの周波数範囲で、5面と6面の正規化サイト減衰量特性を規格値±4dB以内にできることを確認した。また、放射無線周波電磁界イミュニティ試験時の電界均一性についても、30MHz～5GHzの周波数範囲でIEC 61000-4-3の規格値を満足していた。さらに、既設の簡易電波無響室に対するリフォームにピラミッドフェライト電波吸収体を適用した結果、1GHz以上の周波数でIEC 61000-4-3の規格値を満足させることができた。ピラミッドフェライト電波吸収体の厚さは8cmのため、既設簡易電波無響室の作業空間をほとんど狭めないことがこのリフォームの大きな特徴である。

## 参考文献

1）CISPR/A/303/CD, CISPR/A/321/CC : Amendment to CISPR 16-1 : Clause 5.12 : Test sites for measurement of radio disturbance field strength for the frequency range 1 GHz to 18 GHz ; Subclause 5.12.2 : Validation of the test site

2）篠塚，野島，山中，杉浦，徳田，雨宮：「CISPRの現状と動向－ブリストル会議の結果を踏まえて－ 第3章 Sub-Committee A（無線妨害波測定及び統計的手法）」，不要電波問題対策協議会，pp.9-21, 2001年9月

3）CISPR/A/332/CD : Amendment to CISPR 16-1, New Clause 5.6.8 : Alternate test site suitability without ground plane

4）徳田：「GHz帯におけるイミュニティ規格の現状」IEC 61000-4-3の修正1（1998年6月），電磁環境工学情報EMC, No.127, pp.76-86, 1998年

5) 徳田：「EMC・ノイズ対策技術のうねり「最新ノイズ対策技術」総論」，エレクトロニクス（オーム社），pp.34-37，1999年10月
6) 菊池：「医用機器EMCの国際規格，JIS制定，許認可条件の実際」，第8回EMCフォーラム，セッション9；医用機器のEMC—JISへの実務対応策，pp.3-9，2002年6月
7) 清水，杉浦，石野：「最新電磁波の吸収と遮蔽」，日経技術図書，1999年9月
8) 徳田，島田，石井：「九州工業大学に建設された電波無響室の仕様と特性（その1）」，電子情報通信学会技術研究報告，EMCJ98-16，pp.41-48，1998年5月
9) 島田，石井，徳田：「九州工業大学に建設された電波無響室の仕様と特性（その2）」，電子情報通信学会技術研究報告，EMCJ98-17，pp.49-56，1998年5月
10) M. Tokuda, K. Shimada and H. Ishii: Site Attenuation Characteristics of Anechoic Chamber Using Foamed Ferrite as New Absorbing Material, International Symposium on Electromagnetic Compatibility, Tokyo, pp.240-243, 1999.5.
11) T. Hayashi, S. Inoue, K. Shimada and M. Tokuda: Anechoic Chamber Using Foamed Ferrite for Immunity Tests in the Frequency Range Over 1 GHz, International Symposium on Electromagnetic Compatibility, Tokyo, pp.256-259, 1999.
12) K. Shimada, T. Hayashi and M. Tokuda : Fully Compact Anechoic Chamber Using High Frequency Ferrite Pyramid Absorber, International Symposium on Electromagnetic Compatibility, Washington DC, pp.225-230, 2000.8.
13) 島田：「電波無響室設計の最前線」，EMC・ノイズ実践対策集，エレクトロニクス（オーム社），pp.27-29，2001年12月

# VI. 生体とEMC

## VI. 参考文献

# VI-1 生体と電波

名古屋工業大学 王　建青、藤原　修

## 1．まえがき

　本稿は、「生体と電波」に関する解説を主目的とするが、ここでは近年爆発的に普及してきた携帯電話に注目し、その発する電波の生体影響を次のような順序で述べたい。まず、電磁波とそれが引き起こすバイオエフェクトを概説し、次に電波の発熱作用とそれに基づく人体安全基準の考え方を示す。最後に、携帯電話の頭部ドシメトリに関する最近の研究成果を紹介し、携帯電話の発する電波の安全性評価について解説する。

## 2．電磁波のバイオエフェクト

　電界と磁界の振動が伝搬する波動の総称を電磁波という。この波動は波長$\lambda$[m]、周波数$f$[Hz]、光量子エネルギー$E$[J]、温度$T$[K]の四つのパラメータで特徴づけられ、それらの間には、

$$\lambda = c/f,\ E = hf,\ T = E/k = hf/k \quad (1)$$

という関係が成り立つ。ここに、$c$[m/s]は波動速度で真空中では$c \simeq 3\times 10^8$ m/s、$h$[Js]=$6.626\times 10^{-34}$はプランク定数、$k$[J/k]=$1.381\times 10^{-23}$はボルツマン定数である。上式から、周波数が高いほど波長が短くなって、光量子エネルギーや温度は増大することがわかる。

　電磁波を周波数ごとの成分に分解したものをスペクトルという。周波数が

300GHz以下（波長では1mm以上）の電磁波は電波といい、無線周波またはRF（radio frequency）波とも呼ばれる。人体が電磁波を浴びて体内に誘導された電磁界が引き起こす生物学的反応を「バイオエフェクト（bioeffect）」といい、界成分の作用は周波数によって大きく異なる。電波と呼ばれる周波数領域では、界成分の作用は体内において電流が支配的な作用因子となり、体内の電磁界による誘導作用をいう。一般には、周波数「100kHz」以上でジュール損に基づく発熱作用、それ以下の周波数では電流の直接的な刺激作用が優勢に働くとされる[1]。体温の上昇や神経細胞・感覚器の興奮などはいずれも電流作用の結果として生ずる。

現在の世界各国の電波に対する安全基準は発熱作用に基づいて構築されているが、以下に基準の理論根拠となった発熱作用とそれによるバイオエフェクトの尺度とについて述べる。

## 3．電波の発熱作用と安全基準
### 3―1　電波の強さとは

電波の強さは電界または磁界の大きさで表わすが、放射アンテナから遠く離れた空間を伝搬する電波の強さに対しては電力密度で表わす場合が多い。このような電波は平面波と呼ばれ、伝搬する電界または磁界を遠方界という。さて、電力密度とは、単位面積あたりの電波が運ぶ電磁界の電力をいい、単位は[W/m²]（ワット／平方メートル）である。一般に、平面波の電界の大きさをE、磁界のそれをH、電力密度をSとすれば、これらの間には、

$$S = \frac{1}{2} E \cdot H = \frac{1}{2} \frac{E^2}{Z} = \frac{1}{2} Z \cdot H^2 \quad \cdots (2)$$

という関係式が成り立つ。ここで、$Z$は空間の固有インピーダンスといい、$Z \fallingdotseq 120\pi \fallingdotseq 377\Omega$である。例えば、電力密度$S$が1mW/cm²（=10W/m²）の電波とは、電界強度$E$が$E = \sqrt{S \times 2Z} \fallingdotseq 86.8\text{V/m}$（実効値では61.4V/m）、磁界強度$H$が$H = \sqrt{2S/Z} \fallingdotseq 0.230\text{A/m}$（実効値では0.163A/m）の電波をいう。なお、携帯電話の発する電波はアンテナの近くでは平面波ではなく、上式は成り立たない。この場合の電波の強さは電力密度ではなく電界または磁界の大きさで表わす。

これらの電磁界は、遠方界に対して近傍界と呼ばれる。

## 3—2　発熱作用とSAR

電波の発熱作用は体温を上昇させることで熱ストレスによるバイオエフェクトを起こすとされるが、これと電波のパラメータとの関係は単純でない。人体は電気的には複雑な複合損失誘電体であるため、電波の強さ、周波数や偏波などで体内の発熱分布が大きく変わってしまうからである。バイオエフェクトを引き起こす発熱量の閾値がわかれば、これを超えない電波のパラメータは逆に決定できる。ラットなどの小動物を用いた電波の照射実験によると、全吸収エネルギーの時間率（全吸収電力）を全身にわたって平均した値が体重1kgあたり「4〜8W」という狭い範囲で可逆的な行動分裂が生じたという[2]。しかも、この値は、電波の周波数や偏波、実験小動物の種に依存しないことが確認されている。現在の世界各国の安全基準は発熱量の上述した閾値がヒトに対しても適用できるものとして構築されている。これの根拠を科学的に立証することは困難であるが、ほ乳動物の代謝量を発熱量の観点から種別に比較すれば、電波安全基準の考え方が妥当なものであることが理解できる。いろいろな動物の体重あたりの基礎代謝率（BMR：basal metabolic rate）[3]を「W/kg」という単位で表わし、これと体重との関係[4]を示すと図1のようになる。ただし、ヒト以外

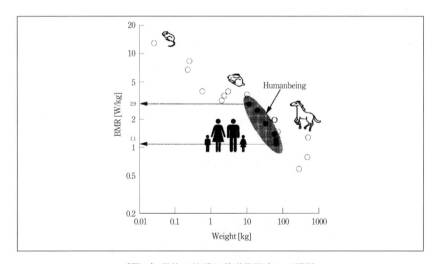

〔図1〕動物の体重と基礎代謝率との関係

の動物のBMRは安静時の代謝率に代えている。BMRとは生命の維持だけに必要な最低のエネルギー代謝をいうが、体重あたりのBMRと体重との関係は両対数グラフでは種によらずほぼ直線上に並び、体重が重い動物ほどBMRは低くなる。例えば、0.5kg以下の小動物のBMRは4W/kg以上であるのに、乳・幼児から成人を含む10～70kgのヒトでは1～3W/kgの範囲にある。ヒトの電波による発熱量がBMRの何倍まで許せるかは熱調節機能に強く依存する。しかしながら、少なくともBMRと同じ程度の発熱量が体内で生ずれば自然の状態になく、バイオエフェクトの発現確率は高まる。

　一般に電波による発熱量は、生体内への侵入電界で誘起された電流のジュール損で表わされ、上昇温度を引き起こす発熱源に相当する。生体内の侵入電界を$E$、誘起電流密度を$J$、生体組織の導電率を$\sigma$とすれば、単位体積あたりのジュール損は$J^2/2\sigma$ ($=\sigma E^2/2$) [W/m$^3$]で与えられ、これを単位体重あたりに換算した物理量が「SAR (specific absorption rate：比吸収率)」と呼ばれる。単位は「W/kg」である。従って、生体組織の密度を$\rho$とすれば、SARは、

$$SAR = J^2/2\sigma\rho = \sigma E^2/2\rho \quad \cdots\cdots\cdots (3)$$

と表わされる。このSARは生体内のポイントでの発熱源になるが、SARと上昇温度との空間分布は必ずしも対応せず、後者のほうが一般には緩やかであることが知られている。しかしながら、遠方界曝露に伴う生体内SARの全身にわたる平均値は深部上昇温度に並行するため、全身平均SARが電波の発熱作用によるバイオエフェクトの評価尺度として用いられるようになった。一方、ポイントでのSARは熱作用に基づく安全性評価にはそのまま適用できず、現状ではSARの局所的な組織平均値を指針値として使用されてはいるものの、組織平均化の生理学的根拠は不明である。

　さて、体重$W$[kg]のヒトの全身平均SARについては、これを$<SAR>$と記せば、体重$dm$[kg]あたりの電波の吸収電力がSAR$\times dm$[W]となるので、

$$<SAR> = \frac{1}{W}\int_{whole-body} SAR \times dm \quad \cdots\cdots\cdots (4)$$

で与えられる。組織$\Delta m$グラムあたりの局所SARは、これをSAR$_{\Delta mg}$とすれば、

$$\mathrm{SAR}_{\Delta mg} = \frac{1}{\Delta m}\int_{\Delta m} \mathrm{SAR} \times dm \quad \cdots\cdots\cdots\cdots\cdots\cdots\cdots\cdots\cdots\cdots\cdots\cdots\cdots\cdots\cdots\cdots\cdots\cdots\cdots\cdots\cdots (5)$$

となる。米国の安全指針値は$\Delta m$=1g、欧州・日本では$\Delta m$=10gをそれぞれ採用している。

### 3—3　安全基準の考え方

　電波のバイオエフェクトは全身平均SARの一定レベルを超えると現われ、その程度がSARの全身平均値に並行するとの考えは、電離放射線に対する急性効果（非確率的影響）のそれに類似し、微弱電波の人体に及ぼす晩発効果（確率的影響）はないという仮説に基づく。この仮説は非電離放射線の電波に対しては合理的と認識されており、人体に対するバイオエフェクトの閾値としては全身平均SARが米国規格協会（ANSI）では4〜8W/kg、米国環境保護庁（EPA：United State Environmental Protection Agency）では1〜2W/kgと見積もられ、同閾値の10倍または2.5倍の安全率を見越した「0.4W/kg」が世界各国における電波安全基準の指針値として確立されたものとなっている[5,6]。この値を超えない電波の強さが安全基準となるが、SARは電波源、周波数や偏波、人体のサイズなどによって大きく変わる。それゆえに、平面波を全身に対して浴びたときを最悪ケースとし、この場合のSAR指針値を超えない電波レベルを基準値としている。

　図2は1mW/cm$^2$（=10W/m$^2$）の強さの平面波に対する人体の全身平均SAR値が周波数に応じてどのように変わるかを示している[7]。図の実線は人体ブロックモデルの計算値である。電波の強さが同じでも周波数や身長の高低に応じてSARが著しく変わっているが、いずれもピーク値は0.4W/kgを超えていない。一般に、自由空間においては電界と身長方向とが平行で身長の半波長に相当した周波数の電波が最も吸収されやすく、SARも最大となる。グラウンド面上の人体では身長の1/4波長の周波数でSARが最大となり、このときの値は自由空間の場合の倍近くにもなる。結局、乳・幼児から成人までの人体に対しては同じ強さの電波でも周波数30〜300MHzの範囲（図中の網掛け領域）でSARが極大になるので、世界各国の安全基準ではこの周波数帯の電波レベルを最も厳しく抑えている。

　なお、携帯電話などの低電力電波放射機器に関しては、アンテナ近傍の電磁

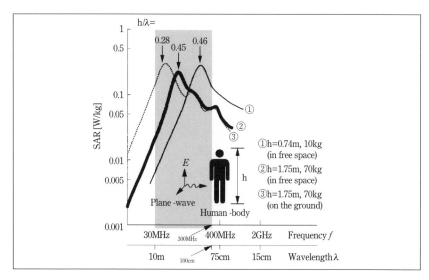

〔図2〕遠方界曝露に対する全身平均SARの周波数依存性（電力密度：1mW/cm²）

界レベルが指針値を超えても全身平均SARは上述の「0.4W/kg」を大幅に下回ることが知られているので、以前にはその適用を特別措置として除外している場合が多かった。しかしながら、移動体通信技術の飛躍的な発達と携帯電話の爆発的な普及でアンテナ近傍界の人体影響が懸念され、今日では無線周波の電波を利用する小型端末機に対しては局所的な組織でのSAR指針値が決められている。例えば一般公衆に対しては、米国[5]は頭部の任意組織1グラムあたりの局所SARを1.6W/kg、欧州勧告[8]のICNRP（International Commission on Non-Ionizing Radiation Protection）および日本の局所吸収指針[9]では10グラムあたり2W/kgと定めている。

## 4．携帯電話に対するドシメトリ

「ドシメトリ（dosimetry）」とは、人体が電磁波を浴びたときに体内に誘導される電流密度やSARを定量することをいう。携帯電話に対しては、それが発する電波で頭部内に生ずるSARまたはSARを発熱源として誘起される上昇温度がドシメトリの対象となる。本章では携帯電話の頭部に対して筆者らの行ったドシメトリの解析評価を述べる。

## 4—1 頭部数値モデル

　頭部ドシメトリの解析評価には頭部を解剖学的に正確に模擬した数値モデルが必要である。この種の数値モデルは、当初は解剖図に基づきモデル的に作られたが、最近では人体のMRI（Magnetic Resonance Imaging）またはCT（Computed Tomography）の濃淡像データからリアルに製作され、年を追うごとに組織構造や空間分解能が高精度かつ複雑になっている。しかしながら、MRIやCT画像の濃淡像は、そのままでは人体組織とは直接対応せず、それゆえに濃淡像から組織像を一意的に求めることはできない。現時点においては、濃淡像から解剖学的知識に基づき対応の組織像を手作業で逐次同定し、これによって数値モデルを作成している。

　図3は、日本人成人男性の頭部MRIデータから筆者らが製作した頭部数値モデルを示す。MRIデータは、各水平面断面において256×256ピクセル（約1mm四方）の空間分解能、9ビットグレースケールの濃淡分解能を有する。このMRIデータを基に、各ピクセルを放射線医師の指導を仰ぎながら17種類のRGB（Red-Green-Blue）コードのいずれかに指定することで17種類の組織を同定した。なお、17種類のRGBコードは、それぞれ皮膚、脂肪、筋肉、骨、硬膜、脳髄液、灰白質、白質、軟骨、耳下腺、水晶体、レンズ、角膜、鞏膜、骨髄、血管、粘膜の各組織に対応させた。こうして得られた頭部数値モデルは、一辺2mmの立方体セルを約53万個集積して構成されている。

## 4—2 数値解析法

　計算機の著しい進歩に伴い、複雑な構造を有する頭部でのドシメトリの高精度評価が可能となりつつある。現在、SARの解析評価に最も多く用いられる手法はFDTD（Finite-Difference Time-Domain）法[10]であり、計算結果の信憑性、有用性はすでに広く認められている。FDTD法とは、電界$E$、磁界$H$に関するMaxwellの方程式を時間領域と空間領域とで差分化し、その差分式を時間領域で逐次計算することで計算領域内の電磁界を数値的に求める手法をいう。空間領域における差分は、計算対象を格子状に分割し、各微小格子（セル）に電気定数を割り付けることで、人体頭部のような複雑形状の不均質媒質を模擬する。FDTD法で求めた組織内の電界強度から、式(5)によりSARを決定する。なお、頭部各組織の電気定数については、Gabriel氏[11]が40種類にも及ぶ人体組織に対

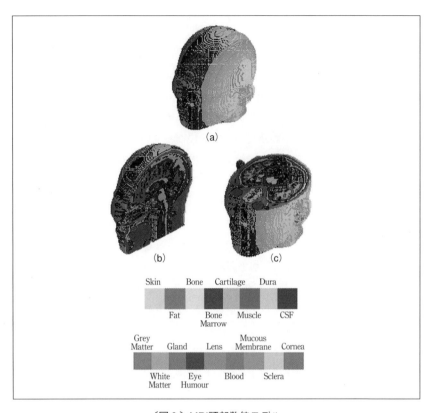

〔図3〕MRI頭部数値モデル

して1MHzから20GHzまでの電気定数を測定しており、そのデータは米国連邦通信委員会(FCC)に推奨され、携帯電話のドシメトリ評価に広く用いられている。

　一方、携帯電話の発する電波による頭部内SARをFDTD法で求めた後、これを熱源とする熱伝導方程式を同じくFDTD法で解析して頭部内での上昇温度を数値的に求めることができる[12,13]。なお、熱平衡状態にある生体内上昇温度の計算に際しては、熱源による熱発生と組織内および組織間の熱伝導による熱移動、血流による放熱、皮膚表面から外気への熱放散を考慮する必要がある。実際にはヒトの体温冷却行動には発汗作用と代謝量調節作用などもあるが、携帯電話の放射電力レベルでは熱源による発熱レベルが十分低く、これらの作用は

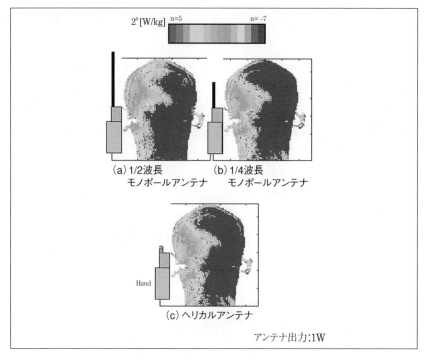

〔図4〕携帯電話による頭部垂直断面内のSAR空間分布

生じないものと仮定できる。

### 4—3 頭部局所SARの解析結果

図4は筆者らの計算による頭部垂直断面内のSAR空間分布を示す。(a)は1/2波長モノポールアンテナ、(b)は1/4波長モノポールアンテナ、(c)はヘリカルアンテナである。(a)と(b)は携帯電話機のアンテナを引き出した状態に相当し、(c)はアンテナを収納した状態に相当する。図から、SARの最大値は携帯電話機側の頭部表面（耳）上で生じており、そこから遠ざかるに従ってSARは減衰し、頭部内部にはホットスポットは形成されないことがわかる。また、アンテナ収納時には電流が短いアンテナ部および筐体上方に集中した結果、高SAR領域は耳付近に集中するが、アンテナ引き出し時にはそれが頭部上方に分散され、曝露領域が広くなるもののSARの最大値は低くなることがわかる。

携帯電話の頭部ドシメトリに関しては、90年代後半から盛んになり、現時点

で各研究グループ間でほぼ整合した結果が得られている。以下に主な知見をまとめて示す[14]。

(1) 局所SARを決定づける最大の要因はアンテナの種類である。局所ピークSARは、ヘリカルアンテナを使用するときが最も高く、ついで1/4波長モノポール、3/8・5/8波長モノポール、1/2波長ダイポール・モノポールアンテナの順に低下し、背面装着PIFA（Plannar Inverted F Antenna）が最も低くなる。アンテナ種類によって、アンテナおよび筐体上に流れる電流が異なり、この電流の大小および頭部との距離で局所ピークSARが決定される。

(2) 局所ピークSARは周波数の上昇と共に高くなる。結果として、高周波帯域ほど局所指針値を満たすためのアンテナ出力は低くなる。

(3) 現用の携帯電話では欧州・日本の局所指針値（2W/kg@10グラム平均）を超えることはまずない。

(4) 1/4波長モノポールアンテナまたはヘリカルアンテナによる局所ピークSARは、米国評価法の指針値（1.6W/kg@1g平均）を超えるが、欧州・日本の評価法では指針値（2W/kg@10g平均）を満たし、両者による安全性評価は整合しないことが起こりえる。

## 4—4 頭部上昇温度の解析結果

同一の携帯電話に対して局所SARの評価値が米国と欧州・日本とで異なる場合があり、それゆえに安全性評価に国際的な混乱を招く恐れがある。こうした状況は、生理学的影響が未解明の局所ピークSARを携帯電話の近傍電磁界曝露に対する安全性の評価尺度に採用したことでもたらされたものと筆者らは考える。すなわち、SAR指針値の生理学根拠は、電波を全身に浴びた場合の深部体温上昇に対応する全身平均SARだけにあって、局所SARには元来なかったのである。現在の近傍界曝露における局所SAR指針値は、遠方界曝露に対する局所ピークSAR値がその全身平均値の20倍を超えないとの仮定に基づいて定められているにすぎない。

ヒトの体温は脳内における体温調節中枢で制御される。無線周波電波の人体影響が体温上昇の熱的作用に基づくものとする限り、局所SARの指針値も体温調節中枢を含む頭部内の上昇温度との関連において決定すべきである。

図5は、900MHz帯1/4波長モノポールアンテナ携帯電話による頭部内上昇温

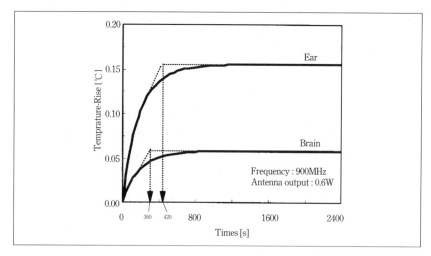

〔図5〕携帯電話による頭部内上昇温度の時間推移

度の時間推移を耳(携帯電話側)と脳組織とで示す。図から、上昇温度は、携帯電話の使用開始から最初の6～7分で急速に増加、十数分で定常に達し、その値は耳で0.16℃、脳では0.06℃であることがわかる。また、上昇温度量の60％に達するのに約3分間、90％に達するには6～7分間を要することがわかる。なお、定常状態の上昇温度分布は局所SARのそれに類似しているが、両者のピークとなる場所は異なっている。すなわち、SARは耳付近の皮膚でピークに達しているのに対し、上昇温度は皮膚表面での空気への熱拡散があるため皮下組織でピークが生じている。

また、900MHzと1.5GHzにおいて、体温調節機能を有する脳組織での最大上昇温度は、米国指針値(1.6W/kg@1g)の局所吸収では0.06℃、欧州・日本指針値(2W/kg@10g)に対しては0.11℃となり、ヒトの基礎代謝で生ずる深部体温変動1℃に比べて前者は1/17、後者では1/9となる。このことから、局所ピークSARが米国指針値を超えたとしても欧州・日本の指針値レベル以下であれば、熱的ストレスを受けることはないものと判断できる。

## 5．むすび

電波の人体影響に関しては、誘導電流の発熱作用に基づく急性効果が主流で

あり，影響度は閾値を超えた曝露界のレベルに並行するとの考えが世界の共通認識に達していることを述べた．人体の影響発現が閾値以下の曝露界のレベルに依存するといった晩発効果の存在は現時点では見いだされていない．急性効果の評価尺度には全身平均SARが用いられており，これの閾値を超えない遠方界の電波レベルで電波安全基準が制定されているが，近傍界については，四肢や体表，これらを除く任意組織で局所SARの限度値が基準運用の観点から医学的根拠なしに設けられている．携帯電話の爆発的な利用で局所吸収指針が世界主要国で制定される運びとなったが，局所SARの評価法が米国と欧州・日本とで大きく異なり，同一の携帯電話でもピークSAR値の平均化組織量で安全性評価が左右される．

　全身平均SARが指針値を大きく下回る条件下で局所SARが指針値を上回る場合の安全性に関する議論は少ない．SARの局所値がどのようなバイオエフェクトを引き起こすか，それはどの程度まで許容できるか，このような状況下における安全性評価の適切な尺度は何か，といった研究が今後に残された課題である．

## 参考文献

1) 斉藤正男：「電磁界の生体への影響」, テレビジョン学会誌, vol. 42, no.9, pp.945-950, 1988年9月

2) 雨宮好文：「高周波電磁界の生体影響と防護基準」, 信学誌, vol. 78, no.5, pp.466-475, 1995年5月

3) 中山昭雄，入来正躬（編集）：「エネルギー代謝・体温調節の生理学」, pp.47-54, 医学書院, 1987年

4) 藤原修：「電磁波のバイオエフェクト」, 電子情報通信学会誌, vol. 75, no. 5, pp. 519-522, 1992年5月

5) American National Standards Institute : "Safety levels with respect to exposure to radio frequency electromagnetic fields, 3 kHz to 300 GHz", ANSI/IEEE C95.1-1992

6) 郵政省電気通信技術審議会答申, "諮問第38号「電波利用における人体の防護指針」", 1990年

7) Om P. Gandhi : "Biological effects and medical applications of RF electromagnetic

fields", IEEE Trans.on Microwave Theory and Tech., vol.30, no.11, pp.1831-1847, Nov. 1982

8) International Commission on Non-Ionizing Radiation Protection : "ICNIRP statement-Health issues related to the use of hand-held radiotelephones and base transmitters", Health Physics, vol. 70, no. 4, pp. 587-593, April 1996

9) 郵政省電気通信技術審議会答申, "諮問第89号「電波利用における人体防護の在り方」", 1997年

10) A. Taflove : "Computational Electrodynamics: The Finite-Difference Time-Domain Method", Norwood, MA, Artech House, 1995

11) http://www.fcc.gov/fcc-bin/dielec.sh

12) J. Wang and O. Fujiwara : "FDTD computation of temperature rise in the human head for portable telephones", IEEE Trans. Microwave Theory Tech., vol. 47, no. 8, pp. 1528-1534, Aug. 1999

13) 藤原修, 城向剛博, 王建青:「携帯電話に対する頭部のドシメトリ解析と安全性評価」, 信学論(B), vol. J83-B, no.5, pp. 720-725, 2000年5月

14) 王建青, 藤原修:「携帯電話に対する頭部のドシメトリ評価」, 信学論(B), vol. J84-B, no.1, pp.1-10, 2001年1月

# VI-2 ハイパーサーミア

東海大学 小塚 洋司

## 1. まえがき

　ハイパーサーミア（癌温熱療法）については、本誌（月刊EMC）2000年2月号「電磁波による癌治療」の中で概説させていただいた。そこでは、本療法の基礎となっている生物学的根拠や加熱方法について記している。本稿では、これらの内容に関し、より具体的な解説を試みることにする。

　ハイパーサーミアとは、42.5度以上の加熱によって、細胞の生存率が急激に低下するという実験事実に基づいた癌の温熱療法である。最近では、ハイパーサーミアと放射線の併用療法が、放射線単独よりも有効であるというデータが多く示されている。ハイパーサーミアの研究は、上記の実験事実を根拠に始まったことが強調されるあまり、ともすれば、単に"熱によって癌の治療ができる"という知識だけで実施されていると理解されがちである。ここでは、ハイパーサーミアへの理解を深める一助として、細胞レベルにおける研究に立ち入り、その一端を紹介し、こうしたミクロな研究から組織レベルに至る、幅広い背景の下に治療および研究が進められていることについて触れる。ついで、電磁波による加熱原理と実際の加熱法について併記し、電磁波による深部局所加熱技術の確立がいかに困難なものであるかについて指摘する。また、ハイパーサーミアの加熱技術と表裏一体の関係にある温度計測法について簡単に述べる。

## 2．温熱療法の作用機序
### 2－1　細胞について

　次節2－2で、温熱による細胞レベルの変化として、どのような点が注目され、また検討されているのか、その具体的な一例を示している。この理解を助けるために、ここでは、細胞についての基礎的な解説を試みる。

　まず図1に、細胞の構造の概略を示す[1]。細胞は、同図に示すように、主に遺伝情報を保存している物質である「DNA」を格納している「核」と、種々の物質を生産したり加工、貯蔵する役割をもつ「細胞小器官」と呼ばれるもの、これらを形成している「細胞膜」などから成っている。この場合、細胞内に核膜を持っているか否かで、「真核細胞」と「原核細胞」に分かれる。核膜を細胞内に持っているものが「真核細胞」でゾウリムシやアメーバなどの原生動物から、菌類、植物、動物に至るまで広くこの真核細胞に分類できる。ちなみに後者の「原核細胞」には、大腸菌などの細菌類やアオコなどの藍藻類が例として挙げられている。ここでは、真核細胞だけを考え、取り上げていく。

　この細胞モデルにおいて、とりわけ温熱の作用機序として重要となるのが、遺伝に深くかかわっているDNA（デオキシリボ核酸）とRNA（リボ核酸）である。

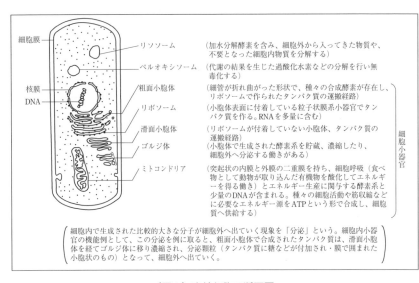

〔図1〕真核細胞の断面図

主に細胞内の核に含まれている物質に、塩基とリン酸とリボースから成る「核酸（nucleic acid）」と呼ばれるものがある。これは全体として酸性を示すことから核酸と呼ばれ、図2 (a) に示すように、この核酸は結びついている糖の種類によって、大きく2つに分けられる。デオキシリボース（deoxyribose）と呼ばれる糖が上述の塩基とリン酸に介在する形で結びついたものが「デオキシリボ核酸（DNA:deoxyribo nucleic acid）」であり、リボースという糖が結びついたものが「リボ核酸(RNA：ribo nucleic acid)」である。DNAは図3 (a) に示すように2本の鎖がよじれあった2重らせん構造モデルで表わされる。

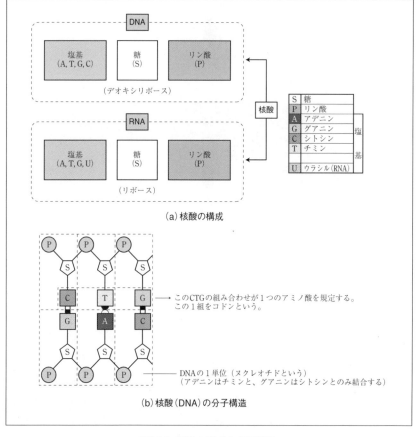

〔図2〕核酸の構成と分子構造

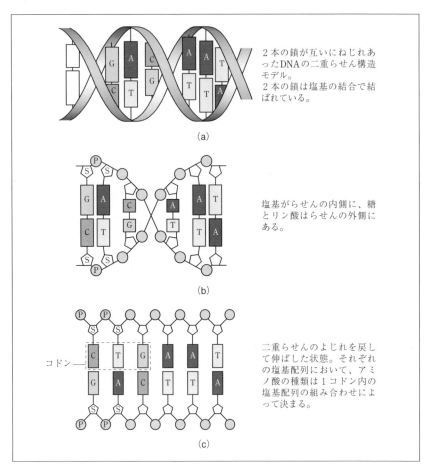

〔図3〕DNAの二重らせん構造の概念図

　ところで、遺伝的形質の発現（形質転換）をつかさどる因子のことを「遺伝子」と呼んでいる。簡単に言えば遺伝子にはタンパク質（アミノ酸が鎖状につらなったもの）を作るための情報が含まれている。DNAはこの複数個の遺伝子から成るいわば遺伝子の本体としてとらえることができる。このDNAの役割をさらに詳しく述べると、DNAを構成する塩基は、図2(a)に表示したように「アデニン（A）」、「グアニン（G）」、「シトシン（C）」、「チミン（T）」の4種類から成っており、これら4種類の塩基のうち、3つの組み合せ（例えば、CTG

など）で一つのアミノ酸をコードする遺伝情報としての意味を形成している。つまり、ある種のタンパク質を構成しているアミノ酸の「種類と結合順序」が、A, T, G, Cいずれかの組み合わせの3文字からなる単語（コドンという）で指定されるわけである。これらA, T, G, Cの塩基の組み合わせとしては64（＝4×4×4）通りがあり、生体に必要な20種類のアミノ酸を決定するにはこれで十分である。すなわち、この3文字の組み合わせ、コドンによってアミノ酸の種類が定まり、複数のコドンの一連の並びによって、アミノ酸の結合順序が決められ様々なタンパク質が作られる。細胞にはこのようにして作られた各種のタンパク質が含まれており、この細胞の無数の集まりが、生体である。組織や機能によって、さまざまな種類のタンパク質が必要になり、これらタンパク質の性質をつかさどっているのが遺伝子であるといえる。実際にはDNAに収められている情報は、RNAに転写されてからアミノ酸合成に利用されるのであるが、興味深いことは、この転写において、コドン配列のどこからどこまでが1つのタンパク質の情報であるかを判定するための「開始コドン」と「終止コドン」と呼ばれる「制御配列」が、64種類の塩基の組み合わせのうち4個を用いて構成されていることである。これはバーコードの読みとりの原理と全く同じである。バーコードにも読みとり開始のスタートコードとストップコードが記されている[2]。余談になるが、この意味では「人もコードで識別されている」といえる。

　次に細胞を特徴づける他の現象に細胞分裂がある。生体を構成している細胞は、図4に示すように、一定の細胞周期と呼ばれる周期で分裂を繰り返している。分裂を繰り返すといっても絶えず分裂し続けるのではなく、分裂する時期「M期（mitotic period）、有糸分裂期」と分裂しない「間期（静止期）」と呼ばれる時期がある。この間期では、やがて始まる分裂に備えて、DNAなどの細胞内物質を2倍に増加させる作業（複製）、つまり細胞内物質のコピーが行われる。細胞分裂後のこの間期には、同図4に示すように「$G_1$期（合成準備期）」と「S期（synthetic period）」、DNA合成期」、「$G_2$期（分裂準備期）」という状態がある。この$G_1$、$G_2$の期間では、各々において、主として細胞構成成分の合成および分裂のための核の二分化の作業が行われる。S期では主としてDNAの複製が行われている。なお$G_1$、$G_2$はGapを意味している。結局、「$G_1$期―S期―$G_2$期―M期」

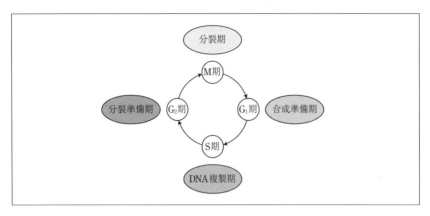

〔図4〕細胞周期

という周期で分裂を繰り返しているわけである。

2—2 温熱による細胞の損傷

　まえがきで述べたように、温熱、とりわけ放射線との併用が、癌治療に有効とされている理由については、月刊EMC誌（2000年2月号、No.142）において、「細胞生存率と温熱感受性」、「細胞周期依存性」、など、通常指摘されている生物学的効果の範囲内で概説した[3〜5]。

　ここでは、電気磁気学とやや懸け離れるが、細胞レベルで見た温熱の作用機序（医療分野では、機構のことを機序といっている）について、一例を示し、どのような点が注目され、また考究されているのかを紹介する。

　温熱による細胞損傷機構は、現状ではまだ不明な点が多く残されているとされており、以下ではこれまでの検討されている中から主な項目について例示する。文献6)によれば、細胞損傷機構は、表1に示すように細胞へ直接作用する場合と間接的に作用する場合に分類されている。まず、直接作用としては、温熱による核酸の合成能力の低下、すなわち「核酸代謝障害」の他、「タンパク代謝障害」、「細胞内小器官への障害」、「細胞膜障害」などが挙げられている。また、細胞に対する温熱の間接作用としては、「腫瘍血管における障害」や「血流に関連する問題」などが指摘されている。とくに上述の核酸代謝障害においては、DNAレベルにおいて、この合成抑制が生じたり、しかもその修復が十分行われなくなるなどの現象が考えられている。

〔表1〕温熱療法の作用機序

| 細胞に対する温熱の直接作用: | |
|---|---|
| ○核酸代謝障害 | DNA、RNAの合成、修復の抑制。核内に存在するある種のタンパク質が過剰に誘導され、これがDNAと付着し、ヌクレオソーム*1などのDNA関連酵素の接触を妨げ、DNAの合成や修復を妨げる。 |
| ○タンパク代謝障害 ・タンパク合成障害 | ポリソーム[タンパク質合成が行われている細胞で、数個から数十個細かいmRNA（細胞の核から運ばれた伝令RNA、mはmessengerの意）の糸で連なったリボソームの集合体]の急激な分離のためタンパク質合成が抑制されることが一因とされている。 |
| ○細胞内小器官への障害 ・リソソーム障害 | 温熱によるリソソーム*2内に存在する酵素の活性化やリソソーム膜の脆弱化、破壊による障害が考えられている。 |
| ・ミトコンドリア障害 | 温熱が細胞の呼吸（有機物を酸化してエネルギーを得る働き）障害とこれに伴う好気的解糖*3の障害をもたらすと考えられている。 |
| ・その他、細胞骨格障害など。 | |
| ○細胞膜障害 | 温熱により脂質成分など細胞そのものが変化し、膜の能動輸送にも変化をきたす。 |
| 細胞に対する温熱の間接作用: | |
| ○腫瘍血管内の血流停滞、閉塞、アシドーシス*4の発生、PHの低下 | 温熱によって正常組織の血流が増加するが、腫瘍部では血流が停滞する。この結果、嫌気的解糖*5が主体となり乳酸が発生しPHが低下する。 |

*1：染色体を構成している小球状の塩基性タンパク質をヌクレオソームという。
*2：ゴルジ体の中で酵素が直接膜に作用しないよう膜で包んだ小顆粒。
*3：多くの細胞では、好気的状態（呼吸状態）では、乳酸またはエタノールの生成はほとんどない。しかし腫瘍細胞や障害を受けた細胞は好気的状態でも大量の乳酸を発生する。これを好気的解糖という。
*4：血中の酸と塩基の関係が酸性位になった状態のこと。
*5：通常、解糖（糖を分解してエネルギーを得る）作用といわれるもので、酸素の補給なしにグリコゲンやグルコースが分解されて乳酸が生成される過程。

　また、細胞周期の立場からは、先に月刊EMC誌（2000年2月号，No.142）で述べたように、温熱療法と放射線療法とは相補的な関係にあり、このことが温熱と放射線の併用療法を有効とする一つの根拠となっている。ここでは医学的な領域に、立ち入ることは避けさせていただくが、同表から温熱が細胞レベルにおいても、何らかの変化を与えていることを読み取ることができるであろう。なお、温熱にはこのような細胞殺傷効果があるからといって、即癌治療に有効であると考えるのは適切ではない。これはあくまで細胞レベルの効果であり、さらに組織レベルでの検討や、生体のいくつかに階層化されている複雑な制御機能を経て総合的結果として効果が現われると言われているからである。

## 3．加熱原理と主なアプリケータ

　電磁波や超音波などを利用した放射器を医療や加熱器具の分野では、アプリケータと称している。電波を利用する加熱用アプリケータは、その加熱原理か

ら「誘電加熱型」と「誘導加熱型」に分類される。ここでは、加熱原理と実際のアプリケータについてやや詳しく紹介する。なお、ハイパーサーミアでは、加熱のことを「加温」と呼んでいるが、ここでは理工学の立場から現象の解説を試みており、従来どおり「加熱」と表記する。

### 3—1 誘電加熱の基礎

誘電加熱とは、プラスチックのような誘電体（絶縁体）に高周波の電界を加えて、誘電体を発熱させる方法である。通常、誘電体内の原子や分子は、原子、分子間結合力によって束縛されており、高周波電界を加えると、この結合力による抵抗を受ける。従って、高周波電界を誘電体に加えると、エネルギー損失が生じ、この損失分が熱の形で現われると考えられている。この現象は、誘電体の「分極」と深く関わっている。

いま分極について、原子1個に着目した場合を例にとると、電界（ここでは静電界を考えている）を印加しない場合は、通常電子は陽核まわりに対称に分布している。しかし、電界が加わると電界と反対方向に電子がわずかに変位する。この結果、電気双極子を形成する。これは電子が電界によって変位したのであるから「電子分極」と呼ばれている[7]。また、塩化水素（HCl）や水（$H_2O$）などでは、分子構造が対称の中心をもたないために、図5に示すように自然に(電界を印加しなくても)双極子を形成している。このような分極を「配向分極（方位分極）」と呼び、この場合の双極子を「永久双極子」などと呼んでいる。この他、印加電界により分子の電子間距離が大きくなったり、結合角が変化して双極子を構成する場合のように、分子内の原子そのものが変位する「原子分極（イオン分極）」がある。

さて、ここで水分子に代表されるような永久双極子を含む液体（有極性液体）

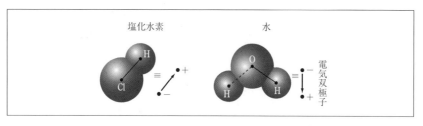

〔図5〕永久双極子の例

を考え、この液体に急に静電界をかけてみる。このとき永久双極子は、電界方向を向こうとするが、誘電体の原子や分子が、その周囲の原子や分子と結合することによる分子間結合力や、熱運動による抵抗を受ける。このため、永久双極子が電界方向を向こうとする運動（配向する）には時間遅れが生じる。一方、この液体にあらかじめ静電界が印加されていて、一様な分極$P$（一般には、ベクトル表示される）を生じている状態で、ある時刻（$t=0$）で急に電界を断ち切ると、この分極が零に戻るまでにある時間を要する。この様子を図示したものが図6である。図中の式の$\tau$は「緩和時間」と呼ばれるもので、分極が定常値の$1/e$に減少するまでの時間である。ところで、静電界$E$と分極$P$の関係は、次式で表わされる。

$$p = \varepsilon_0 E(\varepsilon_s - 1) [C/m^2] \quad \cdots (1)$$

このように、緩和現象をもつ誘電媒質に、振動電界$E=E_0 e^{j\omega t}$を印加すると上述のように分極$P$が電界に対して位相の遅れをもつ。この分極の遅れを誘電率に含めて表現する手段として「複素誘電率」が導入されている。この複素誘電率を$\dot{\varepsilon} = \varepsilon'_s - j\varepsilon''_s$と表わすと、振動電界$E=E_0 e^{j\omega t}$が印加された場合の式(1)に対応する関係は、次式で表わされる。

$$\dot{p}(t) = \varepsilon_0 (\dot{\varepsilon}_s - 1) E_0 e^{j\omega t} \quad \cdots (2)$$

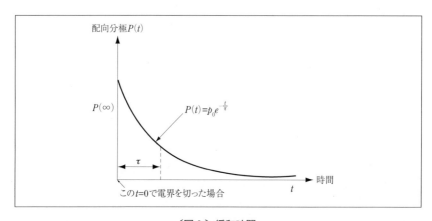

〔図6〕緩和時間

この複素誘電率を用いると、図7のような平行平板コンデンサを考え、誘電体に交流電圧$V=V_0 e^{j\omega t}$を加える時に、誘電体に吸収される損失電力$W$が求められる。この結果、誘電体単位体積あたりの電力損失は、電界の実効値$E=V/d$の関係を用いて、次式で表わされる。

$$W_0 = \omega\varepsilon''E^2 = 2\pi f\varepsilon''E^2 \tag{3}$$

ただし、$\omega=2\pi f$（$f$：周波数）

この電力損失は、誘電体が単位体積、単位時間に振動電界から吸収するエネルギーを意味し、誘電体自身を発熱させる加熱電力となる。結局、誘電加熱では、誘電体物質の複素誘電率の虚部$\varepsilon''$と周波数$f$および電界$E$の2乗に比例して加熱できることがわかる。

## 3－2 実際の誘電加熱型アプリケータの場合

### 3－2－1 RF誘電加熱型アプリケータ

RF波で駆動する誘電型アプリケータとして図8に示すような容量結合型と呼ばれるシステムがある[8,9]。周波数は8MHzと13.56MHzのものが製作されている。これは同図に示すように人体病巣部を挟むようにして加熱するものである。また図9に示すような、ほぼ同じ原理の体腔用アプリケータが開発されている。これは、体外にアプリケータと称する一方の電極を密着させ、他方の内腔アプリケータと称する棒状電極を体内管腔臓器内の病巣部位に挿入し、電界

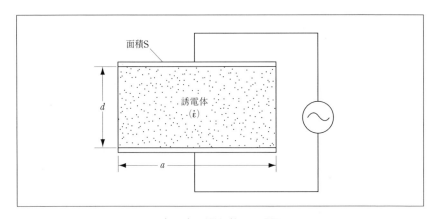

〔図7〕誘電加熱の説明図

を収束させて加熱する方式である。発振周波数は13.56MHzである。
　さて、この場合の加熱原理であるが、実際の人体は純粋な誘電体ではない。電気定数的に見ても誘電率の他、導電率も考慮されなければならない。しかも媒質構成は不均質である。このような媒質を前節3—1で述べたような平行平

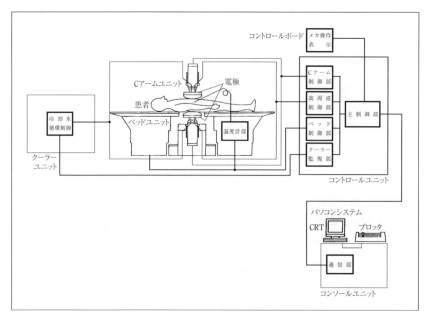

〔図8〕容量結合型アプリケータ（(株)オムロン資料から）

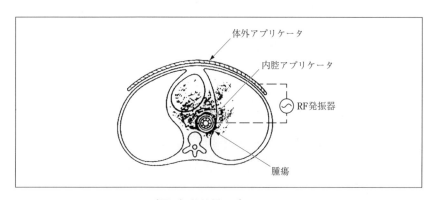

〔図9〕体腔用アプリケータ

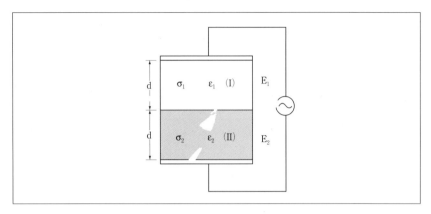

〔図10〕二層不均質媒質モデル

板電極を用い、振動電界を印加して加熱する場合、イオン流に基づくジュール熱の発生がある。このことを不均質媒質を単純化して、図10に示すような二層媒質のモデルを例にとって示す。

　この場合の等価的な複素比誘電率、つまり二層媒質を単層媒質で等価的に表した場合の複素比誘電率 $\dot{\varepsilon}_s$ は、次式で表わされる。

$$\dot{\varepsilon}_s = \varepsilon_s' - j\varepsilon_s''$$
$$= \varepsilon_e\left(1 + \frac{k}{1+\omega^2\tau^2}\right) - j\left(\frac{\sigma}{\omega\varepsilon_0} + \frac{\omega k \varepsilon_e \tau}{1+\omega^2\tau^2}\right) \quad \cdots\cdots (4)$$

ただし、$\varepsilon_0$：真空の誘電率、

$$\varepsilon_e = \frac{\varepsilon_1\varepsilon_2}{\varepsilon_1+\varepsilon_2}, \quad \tau = \frac{(\varepsilon_1+\varepsilon_2)\varepsilon_0}{\sigma_1+\sigma_2}$$

$$k = \frac{(\varepsilon_1\sigma_2+\varepsilon_2\sigma_1)^2}{\varepsilon_1\varepsilon_2(\sigma_1+\sigma_2)^2}, \quad \sigma = \frac{\sigma_1\sigma_2}{\sigma_1+\sigma_2}$$

従って、上式(4)の複素比誘電率の虚部を前節の式(3)へ代入すれば、単位体積あたりの損失電力が次のように求まる。

$$W_0 = \omega\varepsilon_0\left(\frac{\sigma}{\omega\varepsilon_0} + \frac{\omega k\varepsilon_e\tau}{1+\omega^2\tau^2}\right)E^2$$

$$= \left(\sigma + \frac{\omega k\varepsilon_0\varepsilon_e\tau}{1+\omega^2\tau^2}\right)E^2 \quad\quad\quad\quad\quad\quad\quad\quad\quad\quad\quad\quad (5)$$

誘電体に物性的あるいは化学的変化に伴うエネルギー吸収や発熱がない理想的な物質条件下では、この電力に相当する発熱が生じる。式(5)の第1項は、ジュール熱を表わし、第2項は高周波分による損失である。この単純なモデルが示唆するように、誘電率、導電率が不均質に混在する媒質に対し、平行平板電極で振動電界を印加すると、ジュール熱が発熱に寄与する。図8に示した構造のアプリケータは、RF波の比較的低い周波数であり、原理的には分極に起因する発熱とジュール熱が混在しているが、実際にはジュール熱が大きく寄与していると考えられている。

一般の誘電加熱でも純粋な誘電体の加熱は少なく、多くの場合誘電率や導電率が混在する物質に対して工業的にも誘電加熱が応用されている。ここで例示したアプリケータは、通常「容量結合型」と呼ばれているが、筆者が誘電加熱型として分類したのは、この理由に基づいている。

ところで、この容量結合型アプリケータは通常人体の皮下脂肪や頭部頭蓋骨の大きなインピーダンス層に電界が垂直になることから、この部位の発熱が大きくなる。また、円形電極直径 $a$ と対向電極間間隔 $d$ との間に $a \geq 1.5d$ の関係が満たされていることが必要となり、このとき深部まで $a$ の幅で一様な加熱が可能となる。このように深部加熱は、電極直径と被加熱体の厚さとの関連で一様加熱領域が実現でき、単に $a$ の幅を狭めても、この電極直下にホットスポットが発生するだけで、深部を一様に局所加熱することはできない。図11は、容量結合型アプリケータを用いた被加熱体（筋肉と等価な媒質を仮定）の電界分布を筆者らが解析したもので、電極直径が小さい場合は、電極直下に電界が集中している。実際、この部分がホットスポット（局所的な温点）として観測される。従って深部の局所一様加熱は困難となる。この問題に対し、筆者らは「二重電極構造」のアプリケータを提案している[10]。この場合の電界分布を図11(c)に示す。このアプリケータでは、小型電極のほぼ電極直径に応じた幅で一様な深部領域加熱が可能となる。

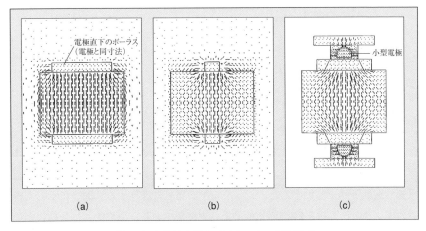

〔図11〕容量結合型アプリケータの電界分布

## 3-2-2 マイクロ波誘電加熱

マイクロ波誘電加熱型アプリケータは、電子レンジの加熱原理そのものを応用している。生体の大半が水分子から構成されており、前節で述べた分極による発熱の立場からは、配向分極が大きく寄与する。すなわち、マイクロ波帯では、水分子の作る永久双極子が、高周波電界の速い変動に追従できず大きな損失を示すようになる。この場合の電力損失が熱の形となって表わされる。

さて、この配向分極に基づく誘電体の複素比誘電率は、

$$\dot{\varepsilon}_s = \varepsilon_\infty + \frac{\varepsilon_1 - \varepsilon_\infty}{1+\omega^2\tau_0^2} - j\frac{(\varepsilon_1 - \varepsilon_\infty)\omega\tau_0}{1+\omega^2\tau_0^2} \quad \cdots\cdots(6)$$

と表わされる(水の場合は、マイクロ波帯の915MHzや2.45GHzで大きなtanδとなる)。

ただし、$\varepsilon_\infty$は高周波における比誘電率の値で、周波数に関係している。また、

$$\tau_0 = \frac{\varepsilon_1 + 2}{\varepsilon_\infty + 2}\tau, \quad \tau = \frac{\xi}{2k_0 T}$$

$\xi$:内部摩擦力、$T$:絶対温度、$k_0$:ボルツマン定数である。

従って、図7の加熱モデルにおいて単位体積あたりの損失電力は、前式(3)へ式(6)の虚数部を代入し、
$\xi$：内部摩擦力、$T$：絶対温度、$k_0$：ボルツマン定数である。

$$W_0 = \omega \varepsilon_0 \varepsilon_s'' E^2 = \varepsilon_0 (\varepsilon_1 - \varepsilon_\infty) \frac{\omega^2 \tau_0^2}{1 + \omega^2 \tau_0^2} E^2 \quad \cdots\cdots\cdots (7)$$

で与えられる。理想的な物質条件下では、この電力に相当する熱が発生する。

3－2－3　実際のマイクロ波誘電加熱

マイクロ波誘電加熱は、電子レンジと同じ加熱原理であるため、種々のアプリケータが開発されている。主なアプリケータは、図12に分類するようにアプリケータを体表面に接触あるいは非接触の方法で、体表面上にセットしマイクロ波を照射する方法、細径同軸を用いたアプリケータを体腔内に挿入する方法や体内に刺入する方法などがある。図12(a)のようなアプリケータを用いる方法では、多くの場合2.45GHzが使われているが、「電波の浸透の深さ」($d = \sqrt{\rho/\pi f \mu}$　$\rho$：抵抗率）に制約され深部加熱ができない。また、ホーンアンテナに電波レンズを採用して430MHzのマイクロ波を収束させることによっ

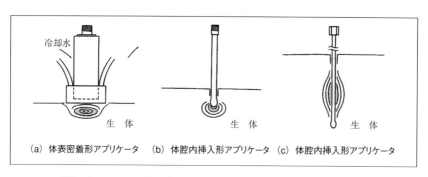

(a) 体表密着形アプリケータ　(b) 体腔内挿入形アプリケータ　(c) 体腔内挿入形アプリケータ

〔図12〕マイクロ波アプリケータの分類（アロカパンフレットより）

て局所加熱を目指すものが開発されている。

3－3　誘導加熱の基礎

前節の交番電界による誘電加熱に対し、交番磁界に基づく「誘導加熱」がある。

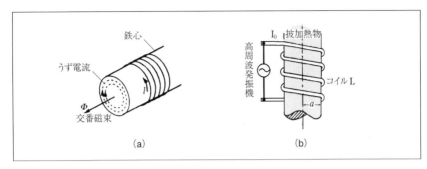

〔図13〕誘導加熱の原理

　この誘導加熱はうず電流が抵抗体に流れるときに発生するジュール熱に基づくが、この加熱法も温熱療法に利用されている。
　いま、図13に示すように円筒状導体にコイルを巻き、これに交番磁束を加えると導体中に電界が発生し、起電力を生じ、うず状に電流が流れる。これを「うず電流」という。うず状に電流が流れることは、次式で示すようにファラデーの電磁誘導則から明らかである。すなわち電磁誘導則の微分形

$$rot E = -\frac{\partial B}{\partial t}$$

　　$E$：電界、$B$：磁束密度
と電流密度と電界の関係を表わす式、

$$i = \kappa E$$

　　$\kappa$：導電率
から、

$$rot\, i = -\kappa \frac{\partial B}{\partial t}$$

得る。
　この式は「導体内で磁束が時間的に変化する所で、電流の回転がある」ことを意味しており、うず状に電流が発生していることが想像できる[11]。

いま、図13(a)に示すような円柱導体の被加熱物にコイルを巻き、これに高周波電流を流して正弦波的に交番する磁界を発生させ、円柱導体を加熱する場合について考えてみる。この場合の電力損失（吸収電力）の解析は、変形ベッセル関数と関連するber, bei関数が現われ複雑となるため[11]、ここでは結果だけを示す。すなわち、円柱の断面積A〔cm²〕の軸方向の長さ$l$〔cm〕に対する電力損失は、

$$W_0 = \frac{1}{2} f\mu H_s^2 A l Q\left(\sqrt{2}\frac{a}{p}\right) \times 10^{-7} \quad\quad\quad\quad\quad\quad\quad\quad\quad\quad (8)$$

で与えられる。ここに、$f$：周波数〔Hz〕、$\mu$：透磁率、$a$：円筒の半径、$P$：電流の被加熱体表面からの浸透の深さで、$p = \frac{1}{2\pi\sqrt{f\mu\kappa}}$、$\kappa$：導電率、$H_s$：円柱表面の磁界の強さ、$Q$は図14のように与えられる。ここでは、解析モデルに選んだ被加熱体の寸法が、小さいことからc, g, s単位を用いている。

　図14から明らかなように、この電力損失には、最大特性が現われる。これは同図から、$\sqrt{2}\frac{a}{p}$がほぼ2.5のときに最大となる。すなわち、$\frac{a}{p} \cong 1.75$のとき、電力吸収が最大となる。また、上式(8)は、電流の浸透の深さ$P$とも関連しており、使用周波数が高くなると、この浸透の深さ$P$が小さくなり表面近傍だけが加熱されることになる。

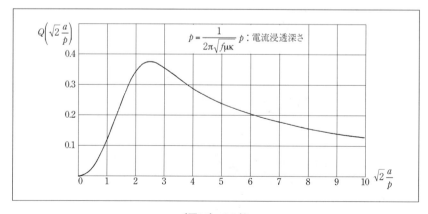

〔図14〕　$Q$の値

## 3-4 実際の誘導加熱型アプリケータ

　前節の誘導加熱の基礎で述べたように、誘導加熱では、うず電流が被加熱体表面に分布する傾向を示し、人体深部を加熱することは、一般に困難となる。しかし、誘導加熱は、人体の皮下脂肪や頭蓋骨などの高インピーダンス層の影響を受けることなく、病巣部位を加熱できるという特徴がある。すなわち、一般に生体は組織から細胞に至るまで、絶縁性の高い生体膜で覆われている。また皮下脂肪層も絶縁性が高い。しかし、磁界は原理的にこれら絶縁性物質を透過しその内部にうず電流を発生し、発熱させることができる。

　また、うず電流や磁気損失によって発熱する物質を用い、これを病巣部に留置すれば、高周波磁界印加によって局所加熱が可能となる。誘導加熱には、このような利点があるが、上述のうず電流の性質から、単に誘導加熱原理に従って、アプリケータを構成しても人体深部を加熱することはきわめて困難である。

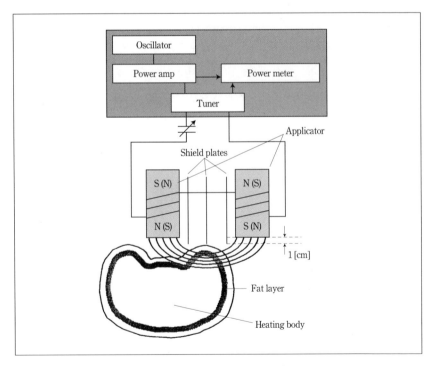

〔図15〕フェライトコアを用いたアプリケータ

従って、常に磁界の分布とその結果として発生するうず電流分布を見極めてシステムを構成する必要がある。図15は胸部癌治療用として、筆者らが開発したフェライトコアを用いたアプリケータシステムである[13]。磁界分布が深部にいくように、このシステムでは磁気シールド板を利用している。磁気シールド板がある場合とない場合の磁束分布を図16(a), (b) に示す。磁気シールド板を用いることによって磁束が迂回し深部に至っていることがわかる。この構成で胸部の深部 (8cm以上) の領域加熱を可能にしている。

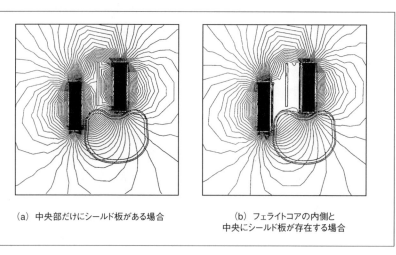

(a) 中央部だけにシールド板がある場合　　(b) フェライトコアの内側と中央にシールド板が存在する場合

〔図16〕磁束密度分布

## 4. 温度計測法

ハイパーサーミアでは、温度計測法の確立も重要な課題である。体内用温度の測定法は大きく「侵襲的方法」と「無侵襲的方法」に分類される。侵襲的方法では、銅・コンスタンタンなどの熱電対を用いる温度計が一般に多く用いられている。これは、金属リード線を用いており、ハイパーサーミアのような強い電磁界を利用する環境では、電磁波との干渉の問題に注意する必要がある。これに対し、光ファイバ温度計も利用されている。これは、光ファイバ先端に付着させた蛍光体を発光ダイオードのパルス放射光で励起させ、励起停止後の

残光積分輝度の温度依存性を利用して温度計測を行っている。光ファイバ方式は、無誘導性のため、強い電磁界を用いる温熱療法の電磁環境では、熱電対方式に比べ有利である。また、筆者らによって、体内留置型のMMIC発信器を用いた微小なワイヤレス温度計が提案されている[14]。

無侵襲的方法には、生体が体温に応じて放射する微弱な電磁波スペクトルを計測する方法がある。受動計測法の代表は、サーモグラフィーである。また、電波天文学の分野の微弱電波を観測する技術から発展した温度計測法として、多周波ラジオメトリが研究されている。さらに、生態組織の電気的特性が温度によって変化することを利用したものとして、近年注目されているMRIや、マイクロ波CT、マイクロ波ホログラフィー技術を導入したものが研究されている[15]。これら温度計測法については、別途詳細を記すことにしたい。

## 5．むすび

ハイパーサーミアについて、やや立ち入って細胞レベルで見た生物学的効果の側面とアプリケータ、温度計測の技術的な両側面から解説を試みた。

周知のように癌治療法に関しては、未だ決定的な治療法は確立されていない。繰り返し述べてきたように、ハイパーサーミアは、42.5度以上の熱を加えることによって、細胞の生存率が急激に低下するという実験事実に基づく治療法である。この場合、さらに高温度で細胞を加熱すれば、より効果的に細胞は死滅する。しかし、加熱領域の選択を誤れば、癌細胞と同時に正常細胞も殺傷してしまう。それゆえ、正確に局所ないし領域加熱できるアプリケータ技術の確立が要求され続けている。とくに深部局所加熱に関しては、ビーム状放射波を得るために高周波を用いれば、電波浸透の深さの関係から深部加熱はできず、また低周波では局所的なエネルギー放射の実現が困難であるという二律背反の問題に遭遇する。しかし、もし局所化できたとすれば、患者に大きな負担を掛けることなく摘出不可能な局所の癌治療に、高温度ハイパーサーミアが実施でき、治療実績が向上することが期待される。

筆者らは、最近侵襲的な方法であるが、局所加熱可能な高効率発熱特性を持つ微小インプラント材（例えば、厚さ1.6mm、幅5.6mm）を実現することができた。これは患部の形状に合わせて用いることができる特徴がある。誘導加熱

では，長さ，幅共に数ミリ以下のインプラント材を用いて，初期温度に対し十数度以上の温度上昇を得ることは一般に困難であった。電磁波を用いる方法で，万能型のアプリケータの実現がほとんど不可能である現状において，このインプラントには，ハイパーサーミアの定義にこだわらず，①局所高温度加熱の実施と，②使用目的を特化した加熱法の開発という考え方が込められている。ハイパーサーミアの今後進むべき加熱技術の方向も，この2点に集約されていくものと筆者は考えている。

　本稿2－1の細胞の節の執筆に関しては，東海大学医学部分子生命科学科中江太治教授に用語を含めご指導いただきましたことに対し，この紙面をお借りして深謝いたします。

## 参考文献
1) 例えば，大田，室伏：「細胞生物学入門」
2) 小塚：「バーコードの秘密」, p.21, ポピュラーサイエンス，裳華房，1996年
3) 小塚：「電磁波による癌治療」，電磁環境工学情報EMC, pp.122-130, 2000年2月
4) 松田忠義編：「ハイパーサーミアマニュアル―効果的な癌温熱療法を実施するために」，マグロス出版，1991年
5) 電気学会高周波電磁界の生体効果に関する計測技術調査専門委員会編：「電磁界の生体効果と計測」，コロナ社，1995年
6) 小磯，隅田，佐野編：「温熱・低温・レーザー」，金原出版，1992年
7) 小塚：「電気磁気学―その物理像と詳論」, pp.87-89, pp.257-259, 森北出版，1998年
8) M.Hiraoka, Y. Tanaka, K. Sugimachi, Y. Kotsuka et al.: Development of RF and Microwave Heating Equipment and Clinical Application to Cancer Treatment in Japan. IEEE Trans. MTT. vol. 48. no. 11. pp. 1789 - 1799, Nov. 2000
9) Y. Kotsuka and T.Tanaka: Method of Improving EM field Distribution in a Small Room with an RF radiator, IEEE Trans. EMC, vol. 41, no. l, pp. 22 - 29, Feb. 1999
10) Y. Kotsuka et al.: Development of Double-Electrode Applicator for Localized

Thermal Therapy, IEEE Trans. MTT, vol. 48, no.11, pp.1906-1908, Nov. 2000
11) 小塚：「光・電波解析の基礎」, pp.9-13, p.169, コロナ社, 1995年
12) Y. Kotsuka *et al.*: Development of Ferrite Core Applocator System for Deep-Induction Hyperthermia, IEEE Trans. MTT, vol. 44, no. 10, 1803 - 1810, Oct. 1996
13) Y. Kotsuka *et al.*: Development of Inductive Regional Heating System for Breast Hyperthermia, IEEE Trans. MTT, vol.48, no.11, pp.1807-1814, Nov. 2000
14) Y. Kotsuka *et al.*: New Wireless Thermometer for RF and Microwave Thermal Therapy Using an MMIC in an Si BJT VCO Type, IEEE Trans. MTT, vol.47, no.12, pp.2630-2635, Dec. 1999
15) 電気学会放射波の医療応用と計測技術調査専門委員会編：「先端放射医療技術と計測」, コロナ社, 2001年

# VI-3 高周波電磁界の生体安全性研究の最新動向（I）
## 疫学研究

首都大学東京　多氣　昌生

## 1．はじめに

　電磁界の健康影響については、本誌でも何度か取り上げられてきた。電磁界の両立性（Compatibility）を考えるときに、電子機器間の干渉だけでなく、電子機器と共存すべき人体との両立性が無視できない問題だからである。実際には、人体は外部からの電磁界にほとんど影響を受けない。高周波電磁界による影響は熱作用が支配的で、非熱的な影響は仮にあるとしても、熱作用が生じるよりはるかに高レベルの曝露でなければ問題にならないと考えられてきた。このような考えに基づいて、電磁界に対する防護指針が作られ、それに基づいて人体の防護が行われてきた。

　1990年代になって携帯電話が急激に普及したことを契機に、高周波電磁界の健康影響を再検証しなければならない、という機運が高まった。世界保健機関（WHO）による国際電磁界プロジェクト[1]（1996年～）は世界各国の取り組みを調整し、5年間でこの問題に決着をつけるはずであった。しかし、10年が経過してようやく低周波電磁界の環境保健基準（EHC）文書が最終段階を迎え、2007年初頭には公表される予定というところまでたどり着いたにすぎない。高周波電磁界についてのWHOによるEHC文書が刊行されるまで、今後かなりの期間を要すると思われる。

　本稿では、高周波電磁界の生体作用および健康影響に関する最近の研究動向を概説する。最終的にはWHOのEHC文書による評価が重要であることはいうま

でもないが、EHC文書では学術論文として公表された研究結果に基づいて評価を行うので、学術論文の研究動向をアップデートしておくことは、今後の動きを把握するために重要である。ここでは、ヒトの健康影響を評価する際にもっとも重視される疫学研究に関し、WHOのプロジェクトの一環として実施されているインターフォン研究を中心に最近の動向を報告する。

## 2. インターフォン研究

WHOによる国際電磁界プロジェクトの一環として、国際がん研究機関（IARC）を中心に携帯電話の使用と頭頸部がんとの関連についての疫学研究プロジェクト（インターフォン研究）が実施された。このプロジェクトは2000年に開始され、わが国を含む13か国が参加した。可能な限り同一の研究方法を用いてデータ収集と解析を行い、各国のデータをまとめることにより、統計的な検出感度を高めることを目的としている。研究は症例対照研究で行われ、数千人規模の患者を集める大規模な疫学研究としてその成果が期待されている。

全体研究については現在解析中であり、未公表である。一方、各国で行われた個別研究は、かなりの部分がすでに報告されている。インターフォン研究の結果は、今後予定されている高周波電磁界についてのIARCによる発がん性評価の基礎資料となり、また高周波電磁界についてのEHC文書に大きな影響を与えることになるので注目されている。以下に、インターフォン研究の一部として実施され、現在までに報告されている各国の研究結果について概要を述べる。

## 3. 聴神経腫に関する研究

聴神経腫と携帯電話利用の関連性についての研究結果は、2004年にデンマークとスウェーデンからそれぞれ報告されている。デンマークの研究[2]は、聴神経腫の患者106名と、整合させた対照212名との比較を行った。携帯電話の使用による聴神経腫の相対リスクは0.90（95％信頼区間CI=0.51-1.57）でリスクの上昇は見られなかった。なお、携帯電話を使用している症例では、腫瘍がやや大きい傾向があるとのコメントが付されている。その理由についての詳細な分析はなされていないが、偶然の結果でないとしても、電波が腫瘍の進行を促進した可能性のほか、携帯電話使用者の方が多忙のために受診が遅れた可能性も考

えられる。

　スウェーデンの研究結果[3]では、6か月以上にわたり週1回以上携帯電話を使用する人として定義される規則的利用者の聴覚神経腫の相対リスク（オッズ比、OR）が1.0（95%CI=0.6-1.5）でリスクの増加が見られなかった。しかし、規則的利用者のうち使用歴10年以上の長期利用者については、相対リスクの推定値が1.9（95%CI=0.9-4.1）に増大した。また長期使用者について、腫瘍と同側での使用者に限定した場合、相対リスクは3.9（95%CI=1.6-9.5）であった。前述のデンマークの研究結果との一貫性については、10年以下の利用者ではリスクが上昇していないことでは一致しており、10年以上の長期継続利用者の結果については、デンマークの研究では症例数が少ないため比較できないので、両者は一貫性があるとしている。

　これらスウェーデンとデンマークのデータと、新たなデータとしてフィンランド、ノルウェー、英国でそれぞれ行われた研究で用いられた患者および対照のデータをジョイントした研究が行われた[4]。この研究には、聴神経腫の患者計678例、対照は3,553例が用いられた。日常的に携帯電話を使用していると報告したのは患者の53%、対照の54%であり、相対リスクはOR=0.9（95%CI=0.7-1.1）で、増加傾向は見られなかった。また、使用開始からの時間および累積使用年数と聴神経腫は関連しなかった。また累積通話回数、累積使用時間に関連したリスクの増加もなかった。腫瘍と同側での携帯電話使用によるリスク増加もなかったが、10年以上の規則的使用の場合に、同側でのリスク増加が見られた（OR=1.8、95% CI=1.1-3.1）。これらの結果について著者らは、10年以内の使用については聴神経腫のリスクが増加していないが、10年以上の使用期間や潜伏期を経た場合のリスク増加の可能性を否定することはできないと述べている。

## 4．脳腫瘍（神経膠腫、髄膜腫）に関する研究

　神経膠腫（グリオーマ）と髄膜腫についてのインターフォン研究ではデンマークの研究が最初に報告された[5]。2000年9月から2002年8月の期間に5つの神経外科で診断された20～69歳の神経膠腫の患者464例を基盤データとし、その内354例を適格データとして抽出した。この中の252例（71%）に対しインタ

ビューを実施できた。髄膜腫については同様に291例、238例、175例（74％）であった。対照は住民登録から1対1のマッチングによって同定され、応答率は64％であった。

日常的携帯電話使用者（平均週1回以上、6か月間以上の使用者）の割合は、神経膠腫患者で42％、髄膜腫患者で38％、対照では47％であった。悪性度が低い神経膠腫では、少なくとも10年以上前からの使用開始により若干のリスクの増加傾向が見られたが（OR=1.6、95％ CI=0.4-6.1）、信頼区間が広く有意な結果ではなかった。一方、悪性度が高い場合、リスクの減少傾向がみられた（OR=0.5、95％ CI=0.2-1.3）。累積使用時間との関連については、悪性度にかかわらず明確な傾向はなかった。髄膜腫については、使用開始からの時間との関連はなかった。

続いて、スウェーデンの研究結果[6]も報告された。2000年9月から2002年8月までの間に診断された患者（診断時の年齢は20～69歳）が抽出された。対照は住民登録から抽出された。参加率は、神経膠腫患者で74％（N=371）、髄膜腫で85％（N=273）、対照では71％（N=674）であった。規則的携帯電話使用者は、神経膠腫患者で42％、髄膜腫で43％、対照で59％であった。携帯電話の規則的使用は、2つの腫瘍のいずれとも関連しなかった（神経膠腫OR=0.8、95％ CI=0.6-1.0；髄膜腫OR=0.7、95％ CI= 0.5-0.9）。使用開始からの時間との関連性については、全機種、アナログ端末のみ、ディジタル端末のみのいずれでも見られなかった。

髄膜腫についても、携帯電話の使用開始からの時間や累積使用時間との間に関連性は見られなかった。携帯電話の持ち手と腫瘍の側にも関連は見られなかった（同側使用において、神経膠腫OR=1.1、95％ CI=0.8-1.5；髄膜腫OR=0.8、95％ CI=0.5-1.1）。10年間以上にわたり携帯電話を規則的に使用した場合に、携帯電話使用側と同側での神経膠腫リスクに若干の増加傾向が見られたが有意ではなかった。

英国での携帯電話と神経膠腫に関する研究も新たに報告された[7]。英国の5地域で実施された人口集団準拠の症例対照研究である。2000年12月から2004年2月末の期間に確認された18～69歳の神経膠腫966例が症例として用いられた。対照は住民登録から年齢・性別・地域をマッチさせて無作為に抽出された。全

体として神経膠腫の携帯電話使用に関するオッズ比は0.94（95%CI=0.78-1.13）であった。神経膠腫のリスクは、使用開始からの期間、使用年数、通話の累積回数ならびに通話時間と関連が見られなかった。携帯電話の使用側と同側における有意なリスク増加（OR=1.24、95%CI=1.02-1.52）と、反対側使用での有意なリスク減少（OR=0.75、95%CI=0.61-0.93）が並行して見られた。反対側使用でリスクが減少することは不自然であるため、著者らはこの結果について、「使用側に関する結果は想起バイアスによる可能性がある」と考察した。また、「短期・中期で見た場合、携帯電話の使用は神経膠腫リスクの増加に関連せず、これまで公表された多くの研究結果と一致している」と考察した。

　ドイツからも、神経膠腫および髄膜腫に関する国内研究の結果が報告された[8]。インターフォン研究の一部としてドイツ国内3地域で実施された人口集団準拠の症例対照研究の結果である。2000～2003年の間に確認された30～69歳の神経膠腫および髄膜腫の症例が用いられた。対照は住民登録から年齢・性別・地域をマッチさせて無作為に抽出された。神経膠腫366例、髄膜腫381例、対照1,494例に対しインタビューが実施された。全体としては、携帯電話使用は脳腫瘍リスクに関連が見られず、オッズ比は神経膠腫で0.98（95%CI=0.74、1.29）、髄膜腫で0.84（95%CI=0.62、1.13）であった。10年以上の使用者では、有意ではないものの神経膠腫のリスク増加傾向が見られた（OR=2.20、95%CI=0.94-5.11）が、髄膜腫では見られなかった（OR=1.09、95%CI=0.35、3.37）。

　以上のように、インターフォン研究の各国における結果は、少なくとも10年以内の使用に関しては、リスクの増加を示していない点で一貫している。

## 5．曝露評価

　携帯電話の使用に関する自己申告データの信頼性について、いくつかの研究結果が報告されている。これらの研究もインターフォン研究の一部として行われたもので、調査の信頼性評価を目的としている。いずれもボランティアによる携帯電話の使用についての短期の想起期間（多くの研究は6か月）における研究で、自己申告データとオペレータや特殊なソフトウェアを備えた携帯電話（SMP：Software Modified Phone）に記録された客観的情報とを比較検討したものである。

93人のボランティアを用いた英国の研究[9]では、着信情報がオペレータから得られなかったために、発信情報についてのみ検討されている。その結果、通話回数については比較的よい一致がみられ、通話時間ではさらによい一致が見られた。しかし、通話回数、通話時間とも申告値の方が大きかった（それぞれ1.7、2.8倍）。

68人のボランティアを用いたドイツの研究[10]では、想起期間を3か月としている。1日の平均通話回数は申告1に対してオペレータ記録は1.3、平均通話時間は2分に対して1.4分であった。モニター期間中の累積通話時間は3.2時間に対して3.1時間であった。

別のドイツの研究[11]は45人のボランティアを用い、ソフトウェアを変更した携帯電話（SMP）を1か月間使わせ、モニター期間の終了時にインタビューを行った。通話回数の記録に対する申告の割合は0.71であり、総通話時間は、同じく1.14であった。

これらの結果から、自己申告による測定誤差は、たとえ短期の想起であってもかなり大きいことが示唆される。もしこの誤差が無差別的であればリスク推定値を1に近づけるバイアスとなる。しかし、患者と対照で比較評価した研究報告はなく、想起バイアスの可能性についてのデータは得られていない。

## 6．選択バイアス

フィンランドでインターフォン研究における選択バイアスについて検討した研究[12]が報告された。インタビューへの完全な参加は拒否したが、電話での短時間のインタビューにのみ応じた患者103例、対照321例を調査対象とした。患者、対照共に、拒否者は参加者より携帯電話使用者の割合が少なかった。日常的使用者の割合は、対照においては、参加者で83％に対して拒否者で73％であり、患者においては76％対64％であった。

同様の結果がスウェーデンの研究でも得られた[13]。日常的使用者は参加者で59％に対して、非参加者で33％であった。ただし、この調査は非参加者のごく一部に電話で行ったため、家にいることが少なく電話による接触ができなかった非参加者が除外されている。家にいない非参加者の携帯電話使用者の割合は実際には高い可能性があることに注意が必要である。

## 7. インターフォン研究以外の研究

インターフォン研究以外にも多くの研究報告がされている。しかし、インターフォン研究の一部として実施された研究に比べて、調査対象数が不十分な研究や、調査方法や解析方法に対して疑問点が指摘されている例がある。

スウェーデンでは、Hardellらの研究グループが1990年代後半から、一連の研究を数多くの論文として報告している。初期の研究として報告された脳腫瘍についての症例対照研究[14]では、症例209人、対照425人を分析し、アナログ端末、ディジタル端末の使用者いずれにおいても、携帯電話端末の使用に関連した脳腫瘍および聴神経腫のリスクの増加は見られなかった一方、脳腫瘍となった携帯電話使用者において、腫瘍がある頭部側面と携帯電話使用時に電話機を当てる頭部側面（インタビューに対して本人が答えたもの）との間に関連があり、携帯電話使用側と同側で2.4倍リスクが高かったことを報告した。しかし、全体として携帯電話の使用は脳腫瘍の発生リスクには影響せず、携帯電話の使用側のみでリスクが上昇するということは、携帯電話を使用しない側のリスクが小さくなるということになり、回答に想起バイアスによる偏りがあったという解釈が自然である。また、この研究は、記載された症例選択基準にしたがった症例の同定を行わなかった問題など、多くの問題点が指摘されている[15]。

Hardellらは、その後も様々な研究を報告している。たとえば、都市部に比べて基地局の密度が低い郊外では、平均的に携帯電話は高い出力を要する[13]ことに着目し、研究都市部と郊外での携帯電話使用のリスクの違いを検討した結果を報告している[16]。すべての脳腫瘍を合計したところ、都市部より郊外のほうが高いリスク推定値が得られた。ディジタル方式の携帯電話で顕著であったが、同様の傾向がアナログ電話やコードレス電話（注：わが国のPHSのような方式）でも見られた。しかし都市部と郊外で携帯電話端末の出力に差が生じるのはディジタル方式の携帯電話だけであり、アナログ電話やコードレス電話の場合、都市部と郊外で送信局の違いによる曝露に違いはないはずであり、バイアスが含まれる可能性が高い。しかし、そのような分析をしていない。

スウェーデン放射線防護協会（SSI）は、携帯電話の健康リスクに関する疫学研究のレビューを報告している[17]。本稿はこのレビューの解説に多くを負っている。その報告ではHardellの研究に対して非常に批判的である。Hardellらの

結果は他の研究結果と一貫せず、特に、他の研究では十分な分析精度が得られている、短い利用期間についても他の研究と一貫しない結果を示している点に疑問があるとしている。このように、Hardellらの一連の研究報告については、研究の手法やデータの信頼性について多くの疑問があることに注意しなければならない。

## 8．むすび

　インターフォン研究は、患者の数および同定の確かさ、曝露評価、対照の質などに注意を払って、国際的に計画され実施された研究で、現時点で可能な疫学調査としては最善のものといえる。しかし、それでも限界がある。曝露評価は携帯電話使用の自己報告に頼っているため、想起バイアスの影響を受けやすい。また対照の参加率の低さは選択バイアスを招きやすい。方法論を検証した研究でも、調査への参加者に携帯電話使用者が多く含まれる傾向が指摘されている。また携帯電話の利用が始まってからの期間がまだ短いため、がんの発病までの潜伏期に関して限界がある。

　SSIによるレビュー[17]は、これまでの疫学研究の結果を総括して、脳腫瘍に関しては否定的、聴神経腫に関しては一貫性がない、と評価している。SSIによれば、聴神経腫では携帯電話の長期間（10年間以上）使用によるリスク増加傾向がみられるが、現時点は結論をいうことは困難であるとしている。方法論の評価研究から、短期間でも携帯電話の使用についての報告の精度が高いとはいえず、10年間以上の長期使用者でのリスク増加傾向が想起バイアスによるものである可能性は排除できない。

　一部の研究とはいえ、10年以上の長期使用者にリスクの上昇を示唆する報告があることは、低周波磁界の0.4$\mu$T（マイクロテスラ）以上の曝露について報告された小児白血病のリスクの上昇と類似した傾向かもしれない。低周波磁界の場合は、不確かながらも2倍程度のリスクの上昇の可能性が否定できなかった。これが低周波磁界の「ヒトに対する発がん性があるかもしれない」（グループ2B）という評価につながった。携帯電話の使用期間が10年以上のカテゴリーに含まれる対象者は、スウェーデンを除いてごく少数であるため、スウェーデンの結果が国際共同研究の結果にも強く反映したものになる可能性がある。

少なくとも、北欧と英国のジョイント研究には、その傾向が見られる。インターフォン研究の結果について、今後も注目する必要がある。

**参考文献**

1) http://www.who.int/peh-emf/en/
2) Christensen HC, Schuz J, Kosteljanetz M, Poulsen HS, Thomsen J, Johansen C. 2004. Cellular telephone use and risk of acoustic neuroma. Am J Epidemiol 159 (3) :277-83.
3) Lönn S, Ahlbom A, Hall P, Feychting M. 2004a. Mobile phone use and the risk of acoustic neuroma. Epidemiology 15 (6) :653-9.
4) Schoemaker MJ, Swerdlow AJ, Ahlbom A, Auvinen A, Blaasaas KG, Cardis E, Christensen HC, Feychting M, Hepworth SJ, Johansen C and others. 2005. Mobile phone use and risk of acoustic neuroma: results of the Interphone case-control study in five North European countries. Br J Cancer 93 (7) : 842-8.
5) Christensen HC, Schuz J, Kosteljanetz M, Poulsen HS, Boice JD, Jr., McLaughlin JK, Johansen C. 2005. Cellular telephones and risk for brain tumors: a population-based, incident case-control study. Neurology 64 (7) : 1189-95.
6) Lönn S, Ahlbom A, Hall P, Feychting M. 2005. Long-term mobile phone use and brain tumor risk. Am J Epidemiol 161 (6) :526-35.
7) Hepworth S J, Schoemaker MJ, Muir KR, Swerdlow AJ, van Tongeren MJA, McKinney PA. 2006. Mobile phone use and risk of gliomain adults: case-control study. Br Med J (E published. 20 January 2006)
8) Schüz J, Bohler E, Berg G, Schlehofer B, Hettinger I, Schlaefer K, Wahrendorf J, Kunna-Grass K, Blettner M. 2006. Cellular phones, cordless phones, and the risks of glioma and meningioma (interphone study group, Germany). Am J Epidemiol 163 (6) : 512-20.
9) Parslow RC, Hepworth SJ, McKinney PA. 2003. Recall of past use of mobile phone handsets. Radiat Prot Dosimetry 106 (3) : 233-40.
10) Samkange-Zeeb F, Berg G, Blettner M. 2004. Validation of self-reported cellular phone use. J Expo Anal Environ Epidemiol 14 (3) : 245-8.

11) Berg G, Schuz J, Samkange-Zeeb F, Blettner M. 2005. Assessment of radiofrequency exposure from cellular telephone daily use in an epidemiological study : German Validation study of the international case-control study of cancers of the brain--INTERPHONE-Study. J Expo Anal Environ Epidemiol 15 (3) : 217-24.

12) Lahkola A, Salminen T, Auvinen A. 2005. Selection bias due to differential participation in a case-control study of mobile phone use and brain tumors. Ann Epidemiol 15 (5) : 321-5.

13) Lönn S, Forssen U, Vecchia P, Ahlbom A, Feychting M. 2004b. Output power levels from mobile phones in different geographical areas; implications for exposure assessment. Occup Environ Med 61 (9) : 769-72.

14) L Hardell, A Näsman et al (1999). Use of cellular telephones and the risk of brain tumors: a case-control study. Int. J. Oncol. 15:113-116.

15) Ahlbom A, Feychting M. (1999) . Re : Use of cellular phones and the risk of brain tumours: a case-control study [letter]. mt J Oncol 15:1045-1047.

16) Hardell L, Carlberg M, Hansson Mild K. 2005b. Use of cellular telephones and brain tumour risk in urban and rural areas. Occup Environ Med 62 (6) : 390-4.

17) SSI's Independent Group on Electromagnetic Fields, 2005. Recent Research on EMF and Health Risks. Third annual report from SSI's Independent Expert Group on Electromagnetic Fields.
http://www.ssi.se/PdfUpload/SSI_EMF_2005.pdf

# VI-4 高周波電磁界の生体安全性研究の最新動向（II）
## 実験研究

首都大学東京 多氣 昌生

## 1. はじめに

　高周波電磁界の健康影響について、月刊EMCNo.223では、疫学研究の動向を述べた[1]。少なくとも、短期間の携帯電話利用が、脳腫瘍や聴神経腫瘍のリスクを増大させることはないと推定される一方、一部の研究が、長期間（10年以上）の利用者で、リスクが増大する可能性を示唆しており、さらなる検討が必要だという声がある。しかし、時間的に10年以上さかのぼって曝露評価を行うことには限界があり、また携帯電話端末を左右どちらで使用していたか、という問いに対し、腫瘍の部位と相関した記憶の偏り（リコールバイアス）を排除することが困難であるという問題が残されている。大規模な調査対象を設定し、携帯電話の利用状況と疾病を調査する、コホート研究の計画もあるが、実施されたとしても、結果が出るのは20年以上後である。このため、実験室研究が再び重要になっている。ここでは、実験室研究の最近の状況について紹介する。

## 2. ボランティア被験者による研究
### 2—1 認知タスク

　携帯電話と類似の高周波電磁界による側頭部への照射が、認知タスクの反応時間を速めるとのPreeceらの研究報告があり[2]、ほぼ同じころにKoivistoらも類似の報告を行った[3]。このため、電波によって脳の活動に変化が生じる可能性に関心が集まった。しかし、Koivistoらの研究グループが実験条件に注意して

再現実験を試みたところ、現象は再現しなかった[4,5]。

　これらの研究グループは、その後、小児への影響について同じ現象の有無を検討した。Preeceらは、10歳～12歳の18名の小児に、902MHzの携帯電話からの高周波電磁界を曝露し、認知機能への影響を評価した。市販のGSM方式の携帯電話端末を用いて曝露を行い、曝露レベルは、0W/kg（偽曝露）、0.025W/kg、0.25W/kgとした。曝露時に反応時間が短縮する傾向が見られたが、基準となる反応速度が成人に比べて非常に遅い点が疑問視された。また、多重比較を補正した結果、統計的に有意差は得られなかった[6]。著者は、過去の陽性データがアナログ方式の波形を用いた結果であり、この実験がディジタル方式であるGSM方式を用いている点が、影響が一致しなかった理由かもしれないと指摘している。KoivistoとHaaralaのグループも小児への影響についての実験を実施した。32人の小児（10歳～14歳、男児16人・女児16人）を対象に携帯電話の電波を照射または偽照射しながら認知テストを行った。認知テスト質問紙は同じものを用いて、曝露と偽曝露を正順、逆順で2度実施した。認知テスト項目は先行研究で成人に使ったものの一部から作成した。統計的分析の結果、反応時間および正確度のいずれも、携帯電話のオン、オフ状態による有意差を示さなかった[7]。すなわち、携帯電話からの電波の曝露が認知機能を促進する可能性を示唆した先行研究は再現していない。

　この種の現象についてのその後の陽性報告として、イスラエルの研究グループが、GSM携帯電話端末を用いて、脳の特定部位に集中した曝露を行うことにより、認知タスクの結果に影響が見られると報告した[8]。報告では、左脳を曝露すると、2つの空間知覚タスクにおいて左手の反応時間が有意に遅くなるという。ただし、再現性は確認されていないし、一貫性のある結果であるかどうかも不明である。

## 2－2　電磁過敏症

　携帯電話を使用するときにさまざまな症状を訴える人がいる。症状が、携帯電話に限らず、電磁界に関係する環境一般に反応する、いわゆる「電磁過敏症」と自覚している人がいる。また、携帯電話を使用しているときにだけ症状を感じる人もいる。オランダのTNO（応用科学研究機構）は、携帯電話基地局からの高周波電磁界による人体の主観的な反応についてのボランティア実験の結果

を報告した[9]。携帯電話基地局からの高周波電磁界を模擬した電磁界を曝露あるいは偽曝露して、反応時間およびアンケート調査による検査を行った結果、欧州で使われている第3世代携帯電話システムの波形に類似した高周波電磁界による曝露があった場合に、アンケート調査における「安寧」(well-being)のスコアが曝露時に有意に低下し、それ以外の波形では影響がなかった。この実験では、電磁過敏症の自覚症状を持つ被験者と、症状を持たない被験者への影響を比較検討したが、結果は電磁過敏症の自覚の有無に関係がなかった。

TNOの研究については、いくつかの追試研究がスイス、デンマーク、英国、日本で実施されている。そのうち、スイスでの再現実験が報告されたが、結果は再現しなかった[10]。

電磁過敏症に関しては、2005年12月にWHOがファクトシートを公表している[11]。この中でWHOは、電磁過敏症は人によって異なる多様な非特異的症状であり、症状としては、皮膚への症状(発赤、チクチク感、灼熱感)、神経衰弱症、自立神経系の症状(倦怠感、めまい、どうき)など、人によってさまざまであること、患者数や症状に地域的なばらつきがあること、などを指摘し、このような症状が存在することを認めた。その一方で、これまでの研究結果に基づいて、電磁過敏症の症状と電磁界による曝露を因果的に結び付けるような科学的根拠は存在しないと言明した。すなわち、これまでの大多数の研究の結果は、電磁界曝露の有無を、電磁過敏症の症状を自覚する人が一般の人より正確に検出できる訳ではないこと、十分に統制された実験条件で、二重盲検法を用いて実施された研究では、症状が電磁界曝露と関連しないことを示していると述べた。さらに、電磁界とは直接関係していない環境因子(空気の質、騒音、照明のちらつき等)や電磁界の健康影響を恐れる結果としてのストレスを原因の1つとして示唆する研究もあることを指摘した。

## 3．動物実験
### 3—1 血液脳関門

高周波電磁界の熱作用によって脳の温度が上昇すると、血液脳関門(BBB)の透過性が高まることが以前から知られていた[12,13]。これに対し、Salfordらが、防護指針値より弱い曝露でも、BBBの透過性が高まり、アルブミンが漏洩する

ことを報告した[14]。この報告では、曝露が微弱でも影響が見られる一方、比較的強い曝露でも結果があまり変わらず、曝露と影響の関係が一貫しないため、再現性に疑問が持たれている。この研究グループはその後も携帯電話で生じるSARより小さな0.02W/kgおよび0.2W/kgというSAR値でのアルブミンの透過を報告し、神経細胞の損傷を示す「ダークニューロン」の頻度が曝露の大きさに依存して増えると主張している。

D'Andreaは、血液脳関門への影響に関する25の研究論文を精査した結果、携帯電話からの曝露程度の弱い曝露では、Salfordと共同研究者のPerssonのグループによる報告だけが影響を報告し、他の報告はすべて影響を否定していると述べた[15]。なお、Salfordによる実験と共通のプロトコルによる複数の実験室での再現実験が行われているが、その結果については、一部が口頭発表されただけで、最終結果はまだ報告されていない。少なくとも、再現性がありそうだという報告は今のところされていない。

携帯電話の使用によって頭部に照射される高周波電磁界が小児の健康に影響を及ぼすのではないかという問題提起[16]を踏まえて、Kuribayashiらは携帯電話端末から放射される高周波電磁界による幼少ラットの血液脳関門への影響を調べた[17]。日本の携帯電話で独自に使用されている1439MHzのPDC方式の変調波形の高周波電磁界を生後4週および10週の幼少・若年ラットの頭部に局所曝露し、血液脳関門に関係する遺伝子の変化をタンパクおよびmRNAのそれぞれのレベルで調べた。曝露群の脳平均SARは2W/kgと6W/kgで、曝露時間は90分／日で1週間ないしは2週間の曝露であった。その結果、これらの遺伝子への影響は認められなかった。また、FITC蛍光標識されたデキストラン(FD20)の透過性で評価した血管透過性にも影響がなかった。

3－2 発がん性

Belyaevらは、915MHzのGSM方式の携帯電話の波形でラットをインビボで曝露して、DNA鎖切断、クロマチンコンホメーションの変化、遺伝子発現への影響を調べた[18]。SARは0.4W/kgで2時間の曝露であった。曝露後にラットの脳組織、脾臓、胸腺の細胞懸濁液のサンプルを採取し、ストレス応答と遺伝毒性の指標となるクロマチンのコンホメーション変化をAVTD法で測定した。また、DNAの2本鎖切断をパルス場ゲル電気泳動法により調べた。いずれについても

曝露による影響は見られなかった。なお、遺伝子発現については変化が見られた。すなわち、8800のラット遺伝子を評価できるAffymetrix U34遺伝子チップを用いて遺伝子発現のプロファイルを調べた結果、曝露されたラットの小脳で11の遺伝子の発現が1.34倍〜2.74倍に増強され、1つの遺伝子の発現が0.48倍に抑制された。

発がん性物質との複合的な影響を調べるために、VerschaeveらはRF曝露と飲料水中突然変異源および変異原性ハロゲンMX（3-chloro-4-(dichloromethyl)-5-hydroxy-2(5H)-furanone）との複合曝露の影響を調べた[19]。各群（雌ラット72匹）は、全身平均SAR値0.3W/kgまたは0.9W/kgの900MHz GSM電磁界に2年間（2時間／日、5日／週）曝露した。3、6、24か月目に採血を行い、脳と肝臓の組織標本を実験終了時に採取して検査した。DNA鎖切断については、アルカリコメット法で調べ、小核は赤血球で検索した。MX単独曝露とは対照的に、RF曝露動物ではDNA鎖切断または小核の増加の証拠は得られなかった。

## 4．細胞実験
### 4—1　遺伝毒性

高周波電磁界の遺伝毒性についてはH.Laiの研究グループが、インビボで2.45GHzのパルス波および連続波に曝露したラットで脳のDNA鎖切断を示唆したものの[20]、他の研究者による追試報告がすべて影響を再現していなかった。これらの結果を踏まえ、高周波電磁界はDNA切断や小核形成などの遺伝毒性を示さないことが確認されている。

2004年5月末に欧州の研究プログラム「敏感な細胞実験による低エネルギー電磁界による影響の可能性のリスク評価」（REFLEX）が完了し報告書が公開された[21]。このプロジェクトで実施された細胞レベルの研究では、携帯電話程度の弱い高周波電磁界曝露による生体影響のさまざまな陽性結果が報告された。REFLEXプロジェクトの研究結果は、他の研究機関による同種の研究で観察されておらず、一貫していないため、再現性に対して疑問の声が多い。

REFLEXプロジェクトの研究グループによる研究結果として、ヒト線維芽細胞とラット顆粒層細胞の培養細胞でDNAの一本鎖および二本鎖切断が高周波電磁界によって生じるという結果が報告されている。曝露条件は、1800MHzの携

帯電話で使用する高周波電磁界で、SARは1.2W/kgおよび2W/kgである。連続照射と、5分オン、10分オフの繰り返しで照射する間歇照射をインビトロで4、16、24時間行った。アルカリコメットアッセイおよび中性コメットアッセイを曝露16時間後に行った結果、DNA鎖の切断がいずれの細胞でも見られたという。また、影響は間歇曝露の方が顕著であったという[22]。この結果は、H. Laiらの報告と類似であるが、他の多くの報告でDNA鎖の切断が認められていないという事実と一貫性がない。Vijayalaximiは、これらの研究方法とデータの解釈に疑問を表明した[23]。実際に、データ解析に問題があったことが判明したが、データの解釈にはまだ議論の余地があるようである。

DNA鎖の切断についての最近の否定的な結果として、Zeniらはヒト末梢血リンパ球にインビトロで900MHzの高周波電磁界を0.3W/kgおよび1W/kgで2時間曝露し、コメットアッセイによりDNA鎖の切断を調べたが、影響は見られなかった[24]。また、Sakumaらは、ヒトの神経膠芽腫（glioblastoma）細胞A172と正常なヒトのIMR90線維芽細胞を用いて、第3世代携帯電話W-CDMA方式の変調波形の2.1425GHzの高周波電磁界および同じ周波数の連続波の照射がDNA鎖切断を生じさせる可能性を調べた。誘電体レンズを用いた曝露装置を用いて、最大0.8W/kgで2時間および24時間の連続曝露の結果、コメットアッセイで評価したDNA鎖切断は認められなかった[25]。

小核形成についても、REFLEXの最終報告書[20]には陽性結果が報告されている。しかし、これらはまだ査読付き論文として発表されていないようである。REFLEXのグループ以外からも、小核形成に関する陽性報告がなされている。Zotti-Martelliらは、9名のドナーから採取したヒト末梢血リンパ球試料にインビトロで1800MHzの連続波を20mW/cm$^2$で120分および180分間曝露し、小核形成の頻度を調べ、マイクロ波曝露が小核形成を増加させることを示唆した[26]。この研究では、再現性確認のために3か月後に同じドナーによるデータを調べているが、ドナー間の違い、同じドナーでも採血時期による違いが著しく、小核の増加が曝露の影響によるものかどうかの結論を得ることは困難であることが示唆されている。なお、曝露条件についてSARでの評価がなく入射電力密度のみで記述している点から、曝露条件が十分に統制されていたかどうかに疑問が残る。

小核形成を否定する報告として、Gorlitzらはマウスの末梢血および骨髄の赤血球、ケラチノサイト、脾臓リンパ球における小核の誘導に対する、GSMおよびDCS方式の端末からの高周波電磁界を模擬した曝露による影響を調べた。902MHzおよび1747MHz（それぞれ、GSM900、DCS1800方式の上り回線の周波数帯の中心周波数）の高周波電磁界をチューブ内のマウスに、全身平均SAR 33.2W/kg、11.0W/kg、3.7W/kg、0W/kgで1週間、または24.9W/kg、8.3W/kg、2.8W/kgで6週間にわたり全身曝露した。遺伝毒性を示す可能性のある熱作用がないことは確認されている。尾根部からのケラチノサイト、脾臓からの白血球に加えて、1週曝露の実験ではマウスの大腿骨の骨髄、6週曝露の実験では末梢血の赤血球を採取し、小核の解析を行った。その結果、いずれについても高周波の照射による小核の増加は見られなかった[27]。また、Komatsubaraらは、2.45GHzの高周波曝露がマウスのm5S細胞の染色体異常に与える影響を調べた。曝露はSAR 5W/kg、10W/kg、20W/kg、50W/kg、100W/kgで、連続波およびパルス波（ピークSAR＝900W/kg）で2時間の曝露であった。曝露による染色体異常は認められなかった[28]。

他の因子と複合的に影響する可能性の検討も行われている。Stronatiは、強度1W/kgまたは2W/kgの935MHz GSM方式の電磁界に24時間曝露したヒトリンパ球への影響を、RF電磁界単独の場合および電磁界曝露前後にX線曝露を組み合わせた場合について調べた。DNA鎖切断（アルカリコメットアッセイ法）、染色体異常、姉妹染色分体の変化、小核形成などを検出目標としたが、すべての項目についてRF単独の影響はなく、また、RFはX線の影響に変化を及ぼさなかった[29]。

### 4－2 細胞内情報伝達と遺伝子発現

細胞内情報伝達や遺伝子発現への高周波電磁界による影響には古くから関心がもたれている。1970年代に、16Hz付近の低周波で振幅変調された微弱な電磁界曝露が細胞内カルシウムイオンの流出を増加させる、と問題提起された[30]。1986年の米国放射線防護審議会（NCRP）の報告[31]で、低周波で変調された高周波電磁界の曝露を連続波の場合より厳しく制限する勧告を出していたのは、この報告を考慮したものであった。その後、米国EPAのBlackmanらがこの報告を再現したという研究結果を報告したことから[32]、再現性のある現象であると

評価された。しかし、健康に与える意味は明らかでなかったし、これら2つの研究グループ以外で再現性を報告することもなかった。このため、1990年代以降はほとんど顧みられなくなった。最近になって、警察や消防などの業務無線に使われている地上基盤無線（TErrestrial Trunked RAdio, TETRA）と呼ばれる無線通信システムの信号波形が17.6Hzで振幅変調されていることから、健康への影響について調査する必要性が指摘された。Greenらは、TETRAシステムの電磁界、すなわち17.6Hzでパルス変調された（デューティサイクル25%）380.8875MHzの高周波電磁界が細胞内カルシウムの情報伝達に影響を与えるかどうかを調べた。ラット小脳の顆粒細胞を培養し、曝露による細胞内カルシウム濃度への影響を、fura-PE3、fluo-3、fluo-4を用いた蛍光色素測定により評価した。SARは、5mW/kg、10mW/kg、50mW/kg、400mW/kgであった。その結果、変調波の曝露によって細胞内カルシウムの動態に影響は見られなかった[33]。

Merolaらは、携帯電話に用いられ、ICNIRPガイドラインの職業的曝露参照レベルを超えたSARを生じる強さの変調高周波電磁界が、神経芽細胞腫の増殖、分化、アポトーシスに与える可能性について実験した。900MHzの高周波電磁界の24、48、72時間曝露の作用、および高周波電磁界と化学的因子（レチノイン酸、カプトテシン）との複合作用を調べた。結果として、900MHzの電磁界は72時間曝露でも、細胞の3つの基本的活動である増殖、分化、アポトーシスに有意な変化を与えなかった[34]。

Lantowらは、ヒトの免疫関連細胞系（ヒトMono Mac6とK562細胞）を用いて、1800MHzの高周波がフリーラジカルの産生、または熱ショックタンパク（HSP）の発現を引き起こすかどうかを実験した。コントロール、偽曝露、高周波曝露、化学物質（PMA、LPS処理）による刺激、熱刺激（40℃）、ならびにこれらの複合曝露も実験した。高周波電磁界曝露は、SAR値0.5W/kg、1.0W/kg、1.5W/kg、2.0W/kgの各レベルとなる強さで、さまざまな携帯電話の信号を用いた。熱およびPMA処理は偽曝露、コントロールに比較して、スーパーオキサイド・ラジカル陰イオンおよび活性酸素（ROS）産生を有意に増加させた。高周波曝露およびそのコントロールにおいて、フリーラジカル産生の差異は検出されなかった。高周波とPMAまたはLPS処理の複合曝露によりスーパーオキサイド・ラジカルアニオン産生に付加的な影響はなかった。フリーラジカル産生の抑制因子

としてのHSP関与を検証するために、高周波曝露後のHSP発現についても調べたが、有意な影響はなかった[35]。

Leszczynskiら（2002）は、ヒト内皮細胞に携帯電話によって脳に生じるくらいのレベルの曝露を行い、熱ショックタンパク27の発現を報告した[36]。著者らはこの現象が血液脳関門の透過性の増加に結びつく可能性を指摘しているが、血液脳関門自体を対象とした研究ではない。Leszczynskiら（2004）は、この実験結果を根拠にマイクロ波の曝露がタンパク質リン酸化に影響を及ぼす可能性を問題提起している[37]。この現象の追試報告はない。

## 5．むすび

高周波電磁界の健康影響に関して、多くの研究が行われている。WHOによる国際電磁界プロジェクトのもとで、再現性の確認に重点が置かれるようになり、曝露の有無によって結果が違った、というだけの無秩序な研究報告は少なくなるとともに、研究の一貫性も高まった。問題を提起した研究報告で、再現性が確認された現象はないといって良い。このことは、高周波電磁界が、熱作用を除いて、健康に影響を及ぼすことは考えにくい、という結論に近づいていることを示している。前に報告した、疫学研究の一部が、長期の携帯電話利用による聴神経腫瘍の増加の可能性を示唆しているとの解釈もあるが、本稿でレビューした実験室研究は、高周波電磁界の傷害性を裏付けていない。

2007年4月に、わが国の総務省生体電磁環境研究推進委員会による最終報告が公表された[38]。この研究プロジェクトは、平成9年から平成18年度までの9年間にわたり、高周波電磁界の安全性評価を行ってきたものである。この結果からも、防護指針値程度の強度の高周波電磁界が健康に影響を及ぼす証拠は認められなかった。また、これまで影響の存在を示唆した研究報告の再現性を調べた研究では、いずれも再現性が確認されなかったことが報告されている。

このような状況であっても、高周波電磁界の健康影響に対する懸念が終息するのかどうかは定かでない。悪影響があるかもしれない、という問題提起は現在もあり、今後も続くと思われる。その一方で、WHOのプロジェクトはこれ以上の延長が合理的に認められる状況ではなく、研究の統制がとれなくなることが懸念される。

しかしながら、この分野に係わってきた研究者には、健康影響の不安を持つ人々に研究の経過を見守るよう求め、多くの研究資源を費やした研究を行った結果について解答を示すべき時が来ていることを自覚する責任がある。絶対に安全であることを証明することはできないものの、多くの研究がなされたにもかかわらず、悪影響が存在する証拠を示すことができていない、という事実の重みを我々はもっと評価すべきである。問題提起や可能性の示唆は、研究の初期には重要であるけれども、10年以上にわたるWHOのプロジェクトを経て、なお同じ段階にとどまっているわけにはいかない。発がんなどの強い健康影響が存在すると信じる研究者がいるならば、その根拠となる現象を問題提起するだけにとどまらず、再現性をも明らかにすべきである。実在する作用であれば、医療やバイオテクノロジーに有効に応用できないはずはない。応用の道が開かれれば、研究資源を投入する価値も生まれ、また結果としてその現象の存在は確立されるだろう。もし、そのような展開ができないならば、おそらく確信に足る根拠がないことを研究者自身が認めていると判断せざるを得ない。そうであるならば、多くの人を不安にさせるだけの根拠はないと認めるべきではないだろうか。終わりのない議論を続けることで、より優先すべき課題を見落とす、あるいは先送りにしてしまうことにならないようにすべきであると感じている。

**参考文献**

1) 多氣昌生：「EMI/EMC測定の電磁気と回路 [21] 高周波電磁界の生体安全研究の最新動向（I）：疫学研究」，電磁環境工学情報EMC，No.223，ミマツコーポレーション，2006年11月

2) Preece AW, G Iwi et al : "Effect of a 915-MHz simulated mobile phone signal on cognitive function in man", Int J Radiat Biol 75, 447-456, 1999

3) Koivisto M, Revonsuo R et al : "Effects of 902MHz electromagnetic field emitted by cellular telephones on response times in humans", Neuroreport 11, 413-415, 2000

4) Haarala C, Ek M, Björnberg L, Laine M, Revonsuo A, Koivisto M, Hämäläinen H : "902MHz mobile phone does not affect short term memory in humans",

5) Haarala C, Björnberg L, Ek M, Laine M, Revonsuo A, Koivisto M, Hämäläinen H : "Effect of a 902MHz electromagnetic field emitted by mobile phones on human cognitive function : A replication study", Bioelectromagnetics 24, 283-288, 2003

6) Preece AW, Goodfellow S, Wright MG, Butler SR, Dunn EJ, Johnson Y, Manktelow TC, Wesnes K : "Effect of 902MHz mobile phone transmission on cognitive function in children", Bioelectromagnetics Suppl, 7, S138-43, 2005

7) Haarala C, Bergman M, Laine M, Revonsuo A, Koivisto M, Hamalainen H : "Electromagnetic field emitted by 902MHz mobile phones shows no effects on children's cognitive function", Bioelectromagnetics Suppl 7, S144-50, 2005

8) Eliyahu I, Luria R, Hareuveny R, Margaliot M, Meiran N, Shani G : "Effects of radiofrequency radiation emitted by cellular telephones on the cognitive functions of humans", Bioelectromagnetics 27 (2), 119-26, 2006

9) Zwamborn APM, Vossen SHAH et al : "Effects of Global Communication system radio-frequency fields on Well Being and Cognitive Function of human subjects with and without subjective complaints (Report FEL-03-C148)", The Hague, The Netherlands, Netherlands Organization for Applied Scientific Research (TNO), 2003

10) Regel SJ, Negovetic S, Roosli M, Berdinas V, Schuderer J, Huss A, Lott U, Kuster N, Achermann P : "UMTS base station-like exposure, well-being, and cognitive performance", Environ Health Perspect 114(8) : 1270-5, 2006

11) WHO : Environmental health Criteria 232, Static Fields. Geneva, 2005

12) Moriyama E, Salcman M, Broadwell RD : "Blood-brain barrier alteration after microwave-induced hyperthermia is purely a thermal effect : I. Temperature and power measurements", Surg Neurol 35, 177-182, 1991

13) Lin JC, Lin MF : "Microwave hyperthermia-induced blood-brain barrier alterations", Radiat Res 89, 77-87, 1982

14) Salford LG, Brun A, Sturesson K, Eberhardt JL, Persson BR : "Permeability of the blood-brain barrier induced by 915MHz electromagnetic radiation, continuous wave and modulated at 8, 16, 50 and 200Hz", Micro Res Tech 27, 535-542, 1994

15) D'Andrea JA, Chou CK, Johnston SA, Adair ER : "Microwave effects on the

nervous system", Bioelectromagnetics, Volume 24, Issue S6, S107 - S147, 2003

16) IEGMP Independent Expert Group on Mobile Phones (Chairman: Sir William Stewart) : "Mobile phones and health. Chilton", Didcot, 2000

17) Kuribayashi M, Wang J, Fujiwara O, Doi Y, Nabae K, Tamano S, Ogiso T, Asamoto M, Shirai T : "Lack of effects of 1439MHz electromagnetic near field exposure on the blood-brain barrier in immature and young rats", Bioelectromagnetics 26 (7), 578-88, 2005

18) Belyaev IY, Koch CB, Terenius O, Roxstrom-Lindquist K, Malmgren LO, Sommer WH, Salford LG, Persson BR : "Exposure of rat brain to 915MHz GSM microwaves induces changes in gene expression but not double stranded DNA breaks or effects on chromatin conformation", Bioelectromagnetics, [Epub ahead of print], 2006-3.1

19) Verschaeve L, Heikkinen P, Verheyen G, Van Gorp U, Boonen F, Vander Plaetse F, Maes A, Kumlin T, Maki-Paakkanen J, Puranen L et al : "Investigation of cogenotoxic effects of radiofrequency electromagnetic fields in vivo", Radiat Res. 165 (5), 598-607, 2006

20) Lai H, Singh SP : "Acute low-intensity microwave exposure increases DNA single-strand breaks in rat brain cells", Bioelectromagnetics 16(3), 207 - 210, 1995

21) REFLEX : "Risk Evaluation of Potential Environmental Hazards From Low Energy Electromagnetic Field Exposure Using Sensitive in vitro Methods", A project funded by the European Union under the programme Quality of Life and Management of Living Resources Key Action 4 "Environment and Health" Contract: QLK4-CT-1999-01574 Start date: 01 February 2000 End date: 31 May 2004, Final Report, 2005

22) Diem E, Schwarz C, Adlkofer F, Jahn O, Rudiger H : "Non-thermal DNA breakage by mobile-phone radiation (1800MHz) in human fibroblasts and in transformed GFSH-R17 rat granulosa cells in vitro", Mutat Res. 583 (2), 178-83, 2005

23) Vijayalaxmi, McNamee JP, Scarfi MR, Comments on, "DNA strand breaks", by Diem et al : [Mutat. Res. 583 (2005) 178-183] and Ivancsits et al. [Mutat. Res. 583 (2005) 184-188]. Mutat Res 603(1):104-6; author reply 107-9, 2006

24) Zeni O, M. Romano, A. Perrotta, M.B. Lioi, R. Barbieri, G. D'Ambrosio, R. Massa,

M.R. Scarfi : "Evaluation of genotoxic effects in human peripheral blood leukocytes following an acute in vitro exposure to 900MHz radiofrequency fields", Bioelectromagnetics 26 (4), 258 - 265, 2005

25) Sakuma N, Komatsubara Y, Takeda H, Hirose H, Sekijima M, Nojima T, Miyakoshi J : "DNA strand breaks are not induced in human cells exposed to 2.1425GHz band CW and W-CDMA modulated radiofrequency fields allocated to mobile radio base stations", Bioelectromagnetics 27 (1), 51-57, 2005

26) Zotti-Martelli L, Peccatori M, Maggini V, Ballardin M, Barale R : "Individual responsiveness to induction of micronuclei in human lymphocytes after exposure in vitro to 1800-MHz microwave radiation", Mutat Res. 582(1-2), 42-52, 2005

27) Gorlitz BD, Muller M, Ebert S, Hecker H, Kuster N, Dasenbrock C : "Effects of 1-week and 6-week exposure to GSM/DCS radiofrequency radiation on micronucleus formation in B6C3F1 mice", Radiat Res.164(4 Pt 1), 431-9, 2005

28) Komatsubara Y, Hirose H, Sakurai T, Koyama S, Suzuki Y, Taki M, Miyakoshi J : "Effect of high-frequency electromagnetic fields with a wide range of SARs on chromosomal aberrations in murine m5S cells", Mutat Res.587 (1-2), 114-9, 2005

29) Stronati L, Testa A, Moquet J, Edwards A, Cordelli E, Villani P, Marino C, Fresegna AM, Appolloni M, Lloyd D : "935MHz cellular phone radiation. An in vitro study of genotoxicity in human lymphocytes", Int J Radiat Biol 82 (5), 339-46, 2006

30) Adey WR, Bawin SM, Lawrence AF : "Effects of weak amplitude-modulated microwave fields on calcium efflux from awake cat cerebral cortex" , Bioelectromagnetics 3 (3), 295 - 307, 1981

31) NCRP : "Biological Effects and Exposure Criteria for Radiofrequency Electromagnetic Fields", Report 86, National Council on Radiation Protection and Measurements, Bethesda, MD, 1986

32) Blackman CF, Benane SG, House DE, Joines WT : "Effects of ELF (1-120Hz) and modulated (50Hz) RF fields on the efflux of calcium ions from brain tissue in vitro", Bioelectromagnetics 6 (1), 1-11, 1985

33) Green AC, Scott IR, Gwyther RJ, Peyman A, Chadwick P, Chen X, Alfadhl Y,

Tattersall JE : "An investigation of the effects of TETRA RF fields on intracellular calcium in neurones and cardiac myocytes", Int J Radiat Biol. 81(12), 869-85, 2006

34) Merola P, Marino C, Lovisolo GA, Pinto R, Laconi C, Negroni A : "Proliferation and apoptosisina neuroblastoma cell line exposed to 900MHz modulated radiofrequency field", Bioelectomagnetics 27(3), 164-171, 2006

35) Lantow M, Schuderer J, Hartwig C, Simko M : "Free Radical Release and HSP70 Expression in Two Human Immune-Relevant Cell Lines after Exposure to 1800MHz Radiofrequency Radiation", Radiation Research 165(1), 88-94, 2006

36) Leszczynski D, Joenväärä S, Reivinen J, Kuokka R : "Non-thermal activation of the hsp27/p38MAPK stress pathway by mobile phone radiation in human endothelial cells : Molecular mechanism for cancer- and blood-brain barrier-related effects", Differentiation 70 (2-3), 120-129, (2002)

37) Leszczynski D, Nylund R, Joenvaara S, Reivinen J : "Applicability of discovery science approach to determine biological effects of mobile phone radiation.", Proteomics 4(2) 426-31, 2004

38) http://www.soumu.go.jp/s-news/2007/070326_2.html

● ISBN 978-4-904774-00-7          原著 Clayton R. Paul

# EMC概論演習

本体 22,200 円+税

## 著者一覧

電気通信大学
**上 芳夫**

東京理科大学
**越地耕二**

日本アイ・ビー・エム株式会社
**櫻井秋久**

拓殖大学
**澁谷 昇・高橋丈博**

前日本アイ・ビー・エム株式会社
**船越明宏**

**第1章 EMCで用いる基本物理量**
1.1 電気長
1.2 デシベル及びEMCで一般に用いる単位
1.3 線路での電力損失
1.4 信号源の考え方
1.5 負荷に供給される電力の計算(負荷が整合しているとき)
1.6 信号源インピーダンスと負荷インピーダンスが異なる場合
問題と解答

**第2章 EMCの必要条件**
2.1 国内規格で求められる要求事項
2.2 製品に求められるその他の要求事項
2.3 製品における設計制約
2.4 EMC設計の利点

**3章 電磁界理論(Electromagnetic Field Theory)**
3.1 ベクトル計算の基礎
3.2 曲線 に沿ったベクトル の線積分
3.3 曲面 上のベクトル の面積分
3.4 ベクトル の発散
3.5 発散定理
3.6 ベクトル の回転
3.7 ストークスの定理
3.8 ファラデーの法則
3.9 アンペア(アンペール)の法則
3.10 電界のガウスの法則
3.11 磁界のガウスの法則
3.12 電荷の保存
3.13 媒質の構成パラメータ
3.14 マクスウェルの方程式
3.15 境界条件
3.16 フェーザ表示
3.17 ポインティングベクト
3.18 平面波の性質
問題と解答

**第4章 伝送線路**
4.1 電信方程式
4.2 平行2本線路のインダクタンス
4.3 平行2本線路のキャパシタンス
4.4 グラウンド面上の単線路のキャパシタンスとインダクタンス
4.5 同軸線路のインダクタンスとキャパシタンス
4.6 導体線の抵抗
問題と解答

**第5章 アンテナ**
5.1 電気(ヘルツ)ダイポールアンテナ
5.2 磁気ダイポール(ループ)アンテナ
5.3 1/2波長ダイポールアンテナと1/4波長モノポールアンテナ
5.4 二つのアンテナアレーの放射電磁界
5.5 アンテナの指向性、利得、有効開口面積
5.6 アンテナファクタ
5.7 フリスの伝送方程式
5.8 バイコニカルアンテナ
問題と解答

**第6章 部品の非理想的特性**
6.1 導線
6.2 導線の抵抗値と内部インダクタンス
6.3 内部インダクタンス
6.4 平行導線の外部インピーダンスと静電容量
6.5 プリント基板のランド(銅箔)
6.6 特性インピーダンスと外部インダクタンス、静電容量
6.7 種々の配線構造の実効比誘電率

6.8 マイクロストリップラインの特性インピーダンス
6.9 コプレナーストリップの特性インピーダンス
6.10 同じ幅で対向配置された構造(対向ストリップ)の特性インピーダンス
6.11 抵抗
6.12 キャパシタ
6.13 インダクタ
6.14 コモンモードチョークコイル
6.15 フェライトビーズ
6.16 機械スイッチと接点アーク、回路への影響
問題と解答

**7章 信号スペクトラム**
7.1 周期信号
7.2 デジタル回路波形のスペクトラム
7.3 スペクトラムアナライザ
7.4 非周期波形の表現
7.5 線形システムの周波数領域応答を用いた時間領域応答の決定
7.6 ランダム信号の表現
問題と解答

**8章 放射エミッションとサセプタビリティ**
8.1 ディファレンシャルモードとコモンモード
8.2 平行2線による誘導電圧と誘導電流
8.3 同軸ケーブルの誘導電圧と誘導電流
問題と解答

**第9章 伝導エミッションとサセプタビリティ**
9.1 伝導エミッション(Conducted emissions)
9.2 伝導サセプタビリティ(Conducted susceptibility)
9.3 伝導エミッションの測定
9.4 ACノイズフィルタ
9.5 電源
9.6 電源とフィルタの配置
9.7 伝導サセプタビリティ
問題と解答

**第10章 クロストーク**
10.1 3本の導体線路
10.2 グラウンド面上の2導体線路
10.3 円筒シールド内の2導体線路
10.4 均一媒質中の無損失線路での特性インピーダンス行列
10.5 クロストーク
10.6 グランド面上の2本の導線における厳密な変換行列
問題と解答

**第11章 シールド**
11.1 シールドの定義
11.2 シールドの目的
11.3 シールドの効果
11.4 シールド効果の阻害要因と対策
問題と解答

**第12章 静電気放電(ESD)**
12.1 摩擦電気系列
12.2 ESDの原因
12.3 ESDの影響
12.4 ESD発生を低減する設計技術
問題と解答

**第13章 EMCを考慮したシステム設計**
13.1 接地法
13.2 システム構成
13.3 プリント回路基板設計
問題と解答

発行/科学情報出版(株)

本 編●ISBN978-4-903242-35-4
資料編●ISBN978-4-903242-34-7

編集委員会委員長　東北大学名誉教授　佐藤 利三郎

# EMC 電磁環境学ハンドブック

総頁1844頁　総執筆者140余名

本体価格：74,000円＋税

## 資料編　A4判444頁

【目次】

### 1. EMC国際規格

1.1　EMC国際規格の概要
1.2　IEC/TC77（EMC担当）
1.3　CISPR（国際無線障害特別委員会）
1.4　IECの製品委員会とEMC規格
1.5　IECの雷防護・絶縁協調関連委員会
1.6　ISO製品委員会とEMC規格
1.7　ITU-T/SG5と電気通信設備のEMC規格
1.8　IEC/TC106（人体ばく露に関する電界、磁界及び電磁界の評価方法）

### 2. 諸外国のEMC規格・規制

2.1　欧州のEMC規格・規制
2.2　米国のEMC規格・規制
2.3　カナダのEMC規格・規制
2.4　オーストラリアのEMC規格・規制
2.5　中国のEMC規格・規制
2.6　韓国のEMC規格・規制
2.7　台湾のEMC規格・規制

### 3. 国内のEMC規格・規制

3.1　国等によるEMC関連規制
3.2　EMC国際規格に対応する国内審議団体
3.3　工業会等によるEMC活動

## 本　編　A4判1400頁

【目次】

1　電磁環境
2　静電磁界および低周波電磁界の基礎
3　電磁環境学における電磁波論
4　環境電磁学における電気回路論
5　電磁環境学における分布定数線路論
6　電磁環境学における電子物性
7　電磁環境学における信号・雑音解析
8　地震に伴う電磁気現象
9　ESD現象とEMC
10　情報・通信・放送システムとEMC
11　電力システムとEMC
12　シールド技術
13　電波吸収体
14　接地とボンディングの基礎と実際

発行／科学情報出版（株）

●ISBN 978-4-903242-07-2

荒木　庸夫　著

# アース実践ハンドブック

本体 32,000 円＋税

## ■内容概略

**第1部　アースと雑音の基礎**

**第1章　アースとは（接地とグランド）**

1. アースの用語と図記号
2. 接地とグランドの目的
   - 2－1　危険防止対策
   - 2－2　雑音妨害対策
   - 2－3　静電気の帯電防止
3. ボンディングとその目的
   - 3－1　ボンディング
   - 3－2　ボンディングの目的

**第2章　雑音の伝送と誘導**

1. 遠距離伝送と近距離伝送（λ0/6の法則）
   - 1－1　電気現象（電気信号と雑音妨害）の伝搬の仕方
   - 1－2　直線状導体（ダイポールアンテナ）による電磁界
   - 1－3　環状導体（ループアンテナ）による電磁界
   - 1－4　導線上の伝搬における遠距離と近距離
   - 1－5　λ0/6の法則
2. 近距離における雑音妨害の誘導
   - 2－1　誘導の種類
   - 2－2　静電結合によるアナログ信号の誘導
   - 2－3　静電結合によるディジタル信号の誘導
   - 2－4　電磁結合による誘導電圧
   - 2－5　共通インピーダンス結合による誘導（一点接地と一点グランド）
3. 遠距離における雑音妨害の伝送
   - 3－1　遠距離における雑音妨害の伝搬経路
   - 3－2　空間における伝搬（アンテナ効果）
   - 3－3　導線による伝搬（導線妨害）
   - 3－4　接地系による同相雑音の誘導
4. 対地電圧と線間電圧
   - 4－1　伝送回路と大地
   - 4－2　同相（コモン）モードと差動（ノルマル）モード
   - 4－3　伝送線路上の電圧成分の呼び方
   - 4－4　伝送回路の不平衡による伝送モードの変換
   - 4－5　同相電圧と差動電圧の伝送特性
   - 4－6　同相雑音除去比（CMR）
   - 4－7　伝送モード間の速度差による雑音パルスの発生
5. 電圧線による導線妨害
   - 5－1　電源妨害
   - 5－2　電力線の伝送特性（減衰特性）
   - 5－3　配電幹線のインピーダンス特性

**第3章　グランド系のインピーダンス**

1. グランド系の漂遊インピーダンス
2. 導電結合の漂遊定数
   - 2－1　導体の抵抗
   - 2－2　導体の自己インダクタンス
   - 2－3　平面導体の自己インダクタンス
3. 漂遊容量
   - 3－1　漂遊容量によるグランド回路
   - 3－2　孤立導体の静電容量
   - 3－3　複数導体間の漂遊容量
4. グランド線路の漂遊定数と漂遊結合
   - 4－1　グランド線路の分布インピーダンス
   - 4－2　グランド導体における雑音妨害の誘導と放射

**第2部　接地（アース）**

**第1章　接地の目的と技術基準**

1. 目的及び接地の分類
   - 1－1　目的による接地の分類
   - 1－2　周波数による接地の分類
   - 1－3　電力のレベルによる接地の分類
2. 電気設備の障害現象と安全のための接地
   - 2－1　安全のための接地
   - 2－2　電気設備の障害現象
   - 2－3　保護対策
3. 接地とEMC
   - 3－1　MCの領域と接地との関係
   - 3－2　標準規格とEMCとの関係
   - 3－3　接地の図記号と用語
   - 3－4　雑音（noise）と電磁障害（EMI）
4. 接地をしない場合
   - 4－1　接地工事を省略しても所定の接地ができる場合
   - 4－2　「電技」の条文で接地をしない場合の規定
   - 4－3　接地不要機器
   - 4－4　接地を必要としない高周波回路
   - 4－5　移動体の場合
5. 電気機器の安全性の等級
   - 5－1　安全性に関する電気機器の分類
   - 5－2　機能絶縁のみで保証する方式（クラス 0 電気機器、Class 0 appliance）
   - 5－3　個別接地方式（クラス01電気機器、Class 01 appliance）
   - 5－4　専用接地線方式（クラス1機器、Class 1 appliance）
   - 5－5　クラス1機器用の3Pコンセント
   - 5－6　二重絶縁機器（クラス2機器、Class 2 appliance）
   - 5－7　超低電圧機器（クラス3機器、Class 3 appliance）
6. 接地の標準規格
   - 6－1　電気設備技術基準
   - 6－2　「電技」を補完する具体的な規定
   - 6－3　その他の法規または実施仕様

**第2章　電気設備の安全対策**

1. 感電障害
   - 1－1　感電障害の基本量
   - 1－2　感電障害現象の様相
   - 1－3　人体の電気的特性（交流の場合）
   - 1－4　人体の電気的特性と接地の技術基準との関係
   - 1－5　低圧機器の感電防止障害の様相
   - 1－6　接触状態
   - 1－7　EC 479-1による人体特性
   - 1－8　人体特性の見方と接地抵抗の技術基準の考え方
2. 地絡保護
   - 2－1　地絡保護とその目的
   - 2－2　地絡保護の基本方式
   - 2－3　特別な機会（場所）における地絡保護の方式
   - 2－4　地絡と短絡
3. 漏電火災
   - 3－1　電気火災の原因
   - 3－2　漏電火災の原因
   - 3－3　漏電火災の実例
   - 3－4　漏電火災の防止対策
4. アーク地絡
   - 4－1　アーク事故
   - 4－2　アーク短絡→アーク地絡
   - 4－3　アーク地絡の防止対策

**第3章　接地極と接地線の特性と工法**

1. 接地設備の基本条件と周囲条件
   - 1－1　接地設備に要求される基本条件
   - 1－2　接地抵抗
   - 1－3　周囲条件の影響
2. 接地極
   - 2－1　接地極の標準規定
   - 2－2　接地極の形状、寸法、及び配置
   - 2－3　大地の電位変動と接地極の相互干渉
3. 接地抵抗特性とその低減
   - 3－1　大地抵抗率と接地抵抗特性
   - 3－2　接地抵抗の低減工法
   - 3－3　接地インピーダンス
4. 接地線
   - 4－1　接地線の寸法と材質
   - 4－2　接地線の規格
   - 4－3　接地線
5. 接地方式
   - 5－1　接地方式に関する基本事項
   - 5－2　接地方式の分類と規定
   - 5－3　独立接地方式
   - 5－4　共用接地方式

**第4章　電力系の接地設備**

1. 電力系の接地設備の概要
   - 1－1　電力系の接地設備の規格と特徴
   - 1－2　電力系の接地工事の種類と分類
2. 電路の接地
   - 2－1　電路の接地
   - 2－2　系統接地の概要
   - 2－3　種接地工事
   - 2－4　電路のA種及びD種接地工事
   - 2－5　中性点接地工事
   - 2－6　変圧器と接地方式
3. 機器配管用の接地
   - 3－1　機器配管の接地工事の概要
   - 3－2　電路に施設する電気機器の金属体の接地
   - 3－3　電路の配管用の接地工事
   - 3－4　放電灯及び特殊施設の接地工事
   - 3－5　地絡故障以外の目的の接地
4. 電力機器の接地工事の種別毎の一覧表
5. 歩幅電圧・接触電圧
   - 5－1　歩幅電圧・接触電圧の原因
   - 5－2　歩幅電圧・接触電圧の定義とその考え方
   - 5－3　接地電流による大地電位上昇
   - 5－4　歩幅電圧・接触電圧の許容値

**第5章　避雷設備の接地**

1. 雷現象の基礎
   - 1－1　雷の発生
   - 1－2　雷現象の種類
2. 直撃雷による被害と対策
   - 2－1　人体への落雷
   - 2－2　建造物、送電線等への落雷
3. 避雷針と接地工事
   - 3－1　避雷設備の必要な建築物と関連法規
   - 3－2　避雷設備（避雷針）の基本事項
   - 3－3　JISによる建築物の避雷設備の構造と接地
   - 3－4　高い建造物の落雷設備
4. 直撃雷と誘導雷とがある場合の避雷設備
   - 4－1　テレビ受像機のアンテナの避雷設備
   - 4－2　配電線の雷害対策
   - 4－3　第３の配電線雷害原因
5. 誘導雷を主とした雷害対策
   - 5－1　雷サージの侵入経路と対策の概要
   - 5－2　誘導雷への対策部品
6. 共用接地と耐雷用接地
   - 6－1　避雷針と避雷器の接地
   - 6－2　接地の共用と一点接地

科学情報出版（株）

●ISBN 978-4-904774-07-6　（一社）電気学会／電気電子機器のノイズイミュニティ調査専門委員会

# 編 電気学会集 ノイズ耐性試験・計測ハンドブック

本体 7,400 円＋税

**1章 電気電子機器を取り巻く電磁環境と EMC 規格**
1.1 電気電子機器を取り巻く電磁環境と EMC 問題
1.2 電気電子機器に関連する EMC 国際標準化組織
1.3 EMC 国際規格の種類
1.4 EMC 国内規格と規制

**2章 用語・電磁環境とイミュニティ共通規格**
2.1 イミュニティに対する基本概念（IEC 61000-1-1）
2.2 機能安全性と EMC（IEC 61000-1-2）
2.3 測定不確かさ（MU）に対する概説ガイド（IEC 61000-1-6）
2.4 電磁環境の実態（IEC 61000-2-3）
2.5 電磁環境分類（IEC 61000-2-5）
2.6 イミュニティ共通規格
　（JIS C 61000-6-1、JIS C 61000-6-2、IEC 61000-6-3）
2.7 EMC 用語（JIS C 60050-161）

**3章 イミュニティ試験規格**
3.1 SC77A の取り組み
3.2 SC77B の取り組み
3.3 イミュニティ試験規格の適用方法（IEC 61000-4-1）
3.4 静電気放電イミュニティ試験（JIS C 61000-4-2）
3.5 放射無線周波電磁界イミュニティ試験（JIS C 61000-4-3）
3.6 電気的ファストトランジェント／バーストイミュニティ試験（JIS C 61000-4-4）
3.7 サージイミュニティ試験（JIS C 61000-4-5）
3.8 無線周波電磁界によって誘導する伝導妨害に対するイミュニティ（JIS C 61000-4-6）
3.9 電源周波数磁界イミュニティ試験（JIS C 61000-4-8）
3.10 パルス磁界イミュニティ試験（JIS C 61000-4-9）
3.11 減衰振動磁界イミュニティ試験（JIS C 61000-4-10）
3.12 電圧ディップ、短時間停電及び電圧変化に対するイミュニティ試験（JIS C 61000-4-11）
3.13 リング波イミュニティ試験（IEC 61000-4-12）
3.14 電圧変動イミュニティ試験（JIS C 61000-4-14）
3.15 直流から150kHz までの伝導コモンモード妨害に対するイミュニティ（JIS C 61000-4-16）
3.16 直流入力電源端子におけるリプルに対するイミュニティ試験（JIS C 61000-4-17）
3.17 減衰振動波イミュニティ試験（IEC 61000-4-18）
3.18 TEM（横方向電磁界）導波管のエミッション及びイミュニティ試験（JIS C 61000-4-20）
3.19 反射箱試験法（IEC 61000-4-21）
3.20 完全無響室（FAR）における放射エミッションおよびイミュニティ測定（IEC 61000-4-22）

**4章 情報技術装置・マルチメディア機器のイミュニティ**
4.1 CISPR/SC-I の取り組み
4.2 情報技術装置のイミュニティ規格（CISPR24）
4.3 マルチメディア機器のイミュニティ規格（CISPR35）

**5章 通信装置のイミュニティ・過電圧防護・安全に関する勧告**
5.1 ITU-T/SG5 の取り組み
5.2 イミュニティに関する勧告
5.2.1 通信装置のイミュニティ要求（K.43）
5.2.2 各電気通信装置の製品群 EMC 要求（K.48）
5.3 通信装置の過電圧防護・安全・接地に関する勧告
5.3.1 通信センタ内の接地構成法に関する勧告（K.27, K.66, K.71）
5.3.2 通信装置の過電圧防護の勧告（K.20, K.21, K.44, K.45）
5.3.3 通信装置の電気安全の勧告（K.50, K.51）
5.3.4 コロケーションにおける電気通信設備設置要求（K.58）
5.3.5 アンバランスされた通信ケーブルへの接続に関する要求（K.59）
5.4 電磁波セキュリティに関する勧告
5.4.1 高々度核電磁（パルス）（HEMP）に対する要求（K.78）
5.4.2 高出力電磁界（HPEM）および意図的 EMC 故障（IEMI）に対する要求（K.81）
5.4.3 電磁波セキュリティ要求の適用ガイド（K.87）
5.4.4 電磁波による情報漏洩に対する試験方法とガイド（K.84）
5.5 通信システムに対するイミュニティ対策
5.5.1 通信設備のイミュニティ対策法
5.5.2 無線 LAN における電波干渉測定法
5.5.3 電力線通信システムのイミュニティ対策法
5.6 通信システムに対する雷害観測・対策
5.6.1 通信機器の雷害対策法
5.6.2 デジタル加入者回線における雷害対策法
5.6.3 通信センタビルにおける雷観測システム
5.6.4 通信センタビルの雷害対策法

**6章 家庭用電気機器等のイミュニティ・安全性**
6.1 イミュニティに関する規格
6.1.1 CISPR/SC-F の取り組み
6.1.2 家庭用電気機器のイミュニティ規格（CISPR14-2）
6.2 安全に関する規格
6.2.1 TC61 の取り組み
6.2.2 家庭用電気機器等の安全規格（JIS C 9335-1）

**7章 工業プロセス計測制御機器のイミュニティ**
7.1 SC65A の取り組み
7.2 計測・制御及び試験室使用の電気装置 － 電気両立性（EMC）要求（JIS C 1806-1 及び JIS C 61326 原案）
7.3 安全機能を司る機器の電磁両立性（EMC）要求（JIS C 61326-3-1 原案）

**8章 医療機器のイミュニティ**
8.1 SC62A の取り組み
8.2 医療機器のイミュニティ規格（IEC 60601-1-2）（JIS T 0601-1-2 に見直す予定）
8.3 医療機器をとりまく各種規制・制度（薬事法・電安法・計量法／FDA／MDD）
8.4 携帯電話機及び各種電波発射源からの医療機器への影響

**9章 パワーエレクトロニクスのイミュニティ**
9.1 TC22 の取り組み
9.2 無停電電源装置（UPS）の EMC 規格（JIS C 4411-2）
9.3 可変速駆動システム（PDS）EMC 規格（JIS C 4321）
9.4 障害事例と対策

**10章 EMC 設計・対策法**
10.1 EMC 設計基礎
10.2 プリント基板の EMC 設計
10.3 システムの EMC 設計

**11章 高電磁界（HPEM）過渡現象に対するイミュニティ**
11.1 SC77C の取り組み
11.2 SC77C が作成する規格の概要
11.3 高々度核電磁パルス（HEMP）環境の記述─放射妨害（TR C 0030）
11.4 HEMP 環境の記述─伝導妨害（TR C 0031）
11.5 民生システムに対する高電磁界（HPEM）効果（IEC 61000-1-5）
11.6 国家による保護の程度（EM コード）（IEC 61000-5-7）
11.7 屋内機器の HEMP イミュニティ対する共通規格（IEC 61000-6-6）

発行／科学情報出版（株）

設計技術シリーズ
製品設計とノイズ／EMCへの知見
**EMC原理と技術**

2015年2月23日　初版発行
2016年4月15日　第二版発行

監　修　　髙木　相　　　　　　　　　　©2015
発行者　　松塚　晃医
発行所　　科学情報出版株式会社
　　　　　〒300-2622　茨城県つくば市要443-14 研究学園
　　　　　電話　029-877-0022
　　　　　http://www.it-book.co.jp/

ISBN 978-4-904774-29-8　C2054
※転写・転載・電子化は厳禁
＊本書は三松株式会社から以前に発行された書籍です。